Matthew N. O. Sadiku

Impressão 3D e suas aplicações

Matthew N. O. Sadiku

Impressão 3D e suas aplicações

ScienciaScripts

Cover image: www.ingimage.com

This book is a translation from the original published under ISBN 978-3-659-91459-1.

Publisher:
Sciencia Scripts
is a trademark of
Dodo Books Indian Ocean Ltd. and OmniScriptum S.R.L publishing group

120 High Road, East Finchley, London, N2 9ED, United Kingdom
Str. Armeneasca 28/1, office 1, Chisinau MD-2012, Republic of Moldova, Europe
Printed at: see last page
ISBN: 978-620-8-33707-0

A IMPRESSÃO 3D E AS SUAS APLICAÇÕES

Matthew N. O. Sadiku, Ph.D., P.E.
Professor Emérito Regents e Membro Vitalício do IEEE
Universidade de Prairie View A&M
Prairie View, TX 77446
Correio eletrónico: sadiku@ieee.org
Web: www.matthew-sadiku.com

DEDICADO AO MEU IRMÃO:

MOSES A. SADIKU

PREFÁCIO

Tradicionalmente, uma impressora é utilizada em casa ou no escritório para imprimir texto e imagens em papel. Esta impressora convencional imprime num espaço bidimensional (2D) plano, utilizando as dimensões de comprimento e largura. A impressão 3D é basicamente um processo de fabrico de um objeto físico a partir de um ficheiro tridimensional de desenho assistido por computador (CAD) através de uma abordagem por camadas. Uma impressora 3D tem mais capacidade de fabrico do que uma máquina de fabrico tradicional. É considerada uma tecnologia disruptiva que irá mudar o fabrico.

A impressão 3D é um domínio emergente e multidisciplinar que inclui a engenharia, a biologia, a medicina, a ciência dos materiais e a informática. Uma impressora 3D funciona formando materiais de acordo com os projectos informáticos que lhe são introduzidos. Em vez de utilizar tinta, utiliza materiais mais substanciais - plástico, metal, borracha e semelhantes. Digitaliza um objeto e corta-o em camadas que depois converte num objeto físico. As impressoras 3D estão a tornar-se uma das tecnologias mais interessantes do mundo, porque estas máquinas fantásticas podem criar quase tudo.

Este livro explora a utilização da tecnologia de impressão 3D em vários sectores. O livro está organizado em 17 capítulos que resumem a forma como a tecnologia é aplicada no fabrico, negócios, educação, cuidados de saúde, indústria alimentar, construção, arquitetura, produtos farmacêuticos, odontologia, escultura, moda, joalharia, automóvel, aeroespacial, espaço e defesa.

Capítulo 1 - Introdução: Este capítulo fornece uma visão geral da impressão 3D e serve de introdução a todo o livro. Apresenta a impressão 3D como um processo de fabrico em que o material é colocado, camada a camada, para formar um objeto tridimensional. A impressão 3D pode criar objectos físicos a partir de uma representação geométrica através da adição sucessiva de material.

Capítulo 2 - Fabrico aditivo: Este capítulo apresenta o fabrico aditivo como um fabrico camada a camada. O fabrico consiste essencialmente na conversão de matérias-primas em produtos e serviços. O fabrico aditivo (AM), também conhecido como impressão 3D, surgiu como um método de prototipagem. Adiciona material para criar um objeto e produz menos resíduos. O fabrico aditivo está a moldar o futuro da indústria transformadora e a tornar-se um processo de fabrico comum.

Capítulo 3 - Impressão 3D na atividade económica: O capítulo apresenta uma visão geral da impressão 3D nas empresas. Uma empresa de impressão 3D pode produzir vários produtos para várias empresas. É útil para protótipos e oferece vantagens significativas para produções de pequena e média dimensão. A impressão 3D para pequenas empresas está a tornar-se uma tendência.

Capítulo 4 - Impressão 3D na educação: Este capítulo apresenta uma visão geral da impressão 3D no sector da educação. A educação é um dos presentes mais preciosos que podemos oferecer à nossa geração futura. A impressão 3D no sector da educação é a aplicação mais interessante. A impressão 3D tem a grande vantagem de manter o interesse dos alunos através de um auxílio visual. No sector da educação, as tecnologias de impressão 3D facilitam uma melhor aprendizagem, o desenvolvimento de competências e um maior envolvimento dos alunos e professores com a matéria.

Capítulo 5 - Impressão 3D nos cuidados de saúde: Este documento fornece uma introdução sobre a forma como a 3DP é utilizada no sector da saúde. A impressão 3D permite aos fabricantes produzir dispositivos médicos personalizados de forma económica. Tem o potencial de mudar os cuidados de saúde, tornando-os mais económicos, acessíveis e personalizados.

Capítulo 6 - Impressão 3D na indústria alimentar: Neste capítulo, apresentamos uma visão geral da impressão 3D de alimentos. Tal como outros métodos de impressão, os alimentos impressos em 3D são construídos em formas complexas, camada a camada. A impressão 3D de alimentos permite que os fabricantes tenham um maior controlo sobre a forma final, a nutrição e as caraterísticas de sabor do produto. Atualmente, os restaurantes utilizam impressoras 3D para confecionar pratos deliciosos.

Capítulo 7 - Impressão 3D na construção: O capítulo examina a utilização da tecnologia de impressão 3D no sector da construção. A indústria da construção está a mudar devido à impressão 3D, tornando mais barata e rápida a construção de edifícios e outras estruturas através da automatização dos processos de construção. A impressão 3D pode ser uma forma mais económica, conveniente e ecológica de construir novos edifícios. Pode resolver muitos dos inconvenientes da construção tradicional.

Capítulo 8 - Impressão 3D na Arquitetura: Este capítulo examina a utilização da tecnologia de impressão 3D na indústria da arquitetura. A arquitetura é tanto o processo como o produto do planeamento, conceção e construção de estruturas físicas. A impressão 3D revoluciona os processos arquitectónicos tradicionais ao colocar materiais em camadas para criar estruturas tridimensionais a partir de modelos digitais. Está preparada para mudar a forma como construímos as nossas cidades e vilas no futuro.

Capítulo 9 - Impressão 3D em produtos farmacêuticos: Este capítulo examina os métodos de impressão 3D e as principais motivações para a sua utilização no sector farmacêutico. As empresas farmacêuticas estão constantemente a procurar inovações na conceção de medicamentos, concentrando-se nas propriedades dos materiais, processos e tecnologias. A impressão 3D está a transformar os produtos farmacêuticos em tratamentos mais precisos e eficazes. A tecnologia tem o potencial de revolucionar a indústria farmacêutica, permitindo a produção de produtos personalizados e adaptados às necessidades específicas de cada paciente.

Capítulo 10 - Impressão 3D em medicina dentária: Neste capítulo, examinamos a utilização da tecnologia de impressão 3D na medicina dentária. Há uma utilização crescente da impressão 3D na indústria dentária. Uma área de crescimento da tecnologia de impressão 3D é a medicina dentária digital, onde os dentistas utilizam impressoras 3D para produzir modelos, próteses, aparelhos e implantes. A impressão 3D tem sido uma aliada dos consultórios dentários em todo o mundo.

Capítulo 11 - Impressão 3D na escultura: Este capítulo explora a utilização da tecnologia de impressão 3D na arte e na escultura. A tecnologia de impressão 3D está a ser cada vez mais adaptada por artistas e escultores como uma ferramenta com a qual a realização de uma ideia quase não conhece limitações. Abre completamente novas possibilidades na criação de escrituras e de belas-artes. A impressão 3D permitiu que os artistas explorassem domínios onde antes era impensável.

Capítulo 12 - Impressão 3D na moda: Neste capítulo, iremos explorar a forma como a tecnologia de impressão 3D está a remodelar a indústria da moda. A indústria da moda é conhecida pela sua necessidade constante de inovação e criatividade, e a impressão 3D proporciona uma nova plataforma para os designers ultrapassarem os limites do que é possível. Os designers e produtores de vestuário podem utilizar a tecnologia para criar moda fantástica impressa em 3D com formas e geometrias nunca antes criadas.

Capítulo 13 - Impressão 3D na joalharia: Este capítulo discute o impacto da impressão 3D na indústria da joalharia, destacando a sua influência no design e na personalização. Tradicionalmente, a produção de jóias tem sido uma arte demorada e de trabalho intensivo que requer conhecimentos técnicos extensivos e investimento de tempo. A impressão 3D tornou-se uma nova forma de produzir jóias. Permite à produção de jóias criar protótipos rapidamente, reduzir o elevado investimento orçamental e desenhar livremente. Oferece aos joalheiros profissionais uma nova solução para a produção de jóias que é mais barata, mais fácil e mais rápida.

Capítulo 14 - Impressão 3D no sector automóvel: Este capítulo explora o impacto significativo da impressão 3D na indústria automóvel. A indústria automóvel continua a ser ferozmente competitiva a nível mundial. A indústria tem como objetivo criar formas novas e melhoradas de tornar os automóveis mais rápidos, mais leves e mais económicos. De muitas formas, a impressão 3D está a influenciar e a redefinir todo o espetro do design e fabrico automóvel. Atualmente, os fabricantes de automóveis estão a integrar cada vez mais a impressão 3D nas suas linhas de produção.

Capítulo 15 - Impressão 3D no sector aeroespacial: Este capítulo examina a utilização da tecnologia de impressão 3D na indústria aeroespacial. A impressão 3D é altamente valorizada na indústria aeroespacial, que tem estado sempre na vanguarda da inovação tecnológica. Atualmente, os fabricantes da indústria aeroespacial utilizam a tecnologia de impressão 3D para conceber, construir e manter aeronaves comerciais e militares. Ao abraçar todo o potencial da impressão 3D, o sector aeroespacial está pronto para atingir novos patamares.

Capítulo 16 - Impressão 3D no espaço: Este capítulo aborda a utilização da tecnologia de impressão 3D no espaço. A exploração do espaço e o facto de habitar outros corpos celestes são marcos importantes no progresso tecnológico. A impressão 3D é uma das principais inovações no fabrico espacial in-situ, uma vez que oferece capacidades de fabrico rápidas e a pedido sem precedentes no espaço. As agências espaciais de todo o mundo estão a explorar e a utilizar ativamente a impressão 3D para ajudar a atingir os seus objectivos de exploração, científicos, de segurança e comerciais.

Capítulo 17 - Impressão 3D no espaço: Este capítulo analisa a forma como a indústria da defesa adoptou a impressão 3D. Os militares têm estado sempre na vanguarda da tecnologia e a impressão 3D não é exceção. Num cenário militar cada vez mais complexo, a impressão 3D tem o potencial de satisfazer as principais necessidades da defesa. A tecnologia de impressão 3D está a revolucionar a indústria militar ao proporcionar uma forma rápida e económica de produzir peças sobresselentes, protótipos e até sistemas de armas completos.

Este livro é um texto abrangente sobre a utilização da tecnologia de impressão 3D em vários sectores. Fornece uma visão geral de como a impressão 3D é utilizada em cada indústria de uma forma que os principiantes podem compreender. É uma leitura obrigatória para os interessados na impressão 3D e na sua utilização global.

Estou grato pelo apoio da Dra. Annamalia Annamalai, chefe do Departamento de Engenharia Eletrotécnica e de Computadores, e da Dra. Pamela Obiomon, reitora

da Faculdade de Engenharia da Prairie View A&M University, Prairie View, Texas. Um agradecimento especial à minha mulher, a Dra. Janet Sadiku, por ter ajudado de várias formas.

- M. N. O. Sadiku

SOBRE O AUTOR

Matthew N. O. Sadiku obteve a sua licenciatura em 1978 na Universidade Ahmadu Bello, Zaria, Nigéria, e o seu mestrado e doutoramento na Universidade Tecnológica do Tennessee, Cookeville, TN, em 1982 e 1984, respetivamente. De 1984 a 1988, foi professor assistente na Florida Atlantic University, Boca Raton, FL, onde fez uma pós-graduação em ciências informáticas. No total, recebeu sete diplomas universitários. De 1988 a 2000, esteve na Temple University, Filadélfia, PA, onde se tornou professor catedrático. De 2000 a 2002, trabalhou na Lucent/Avaya, Holmdel, NJ, como engenheiro de sistemas e na Boeing Satellite Systems, Los Angeles, CA, como cientista sénior. Atualmente, é professor emérito de engenharia eléctrica e informática na Prairie View A&M University, Prairie View, TX.

É autor de mais de 1270 artigos profissionais e de mais de 130 livros, incluindo "Elements of Electromagnetics" (Oxford University Press, 7.ª ed., 2018), "Fundamentals of Electric Circuits" (McGraw-Hill, 7th ed., 2020, com C. Alexander), "Computational Electromagnetics with MATLAB" (CRC Press, 4.ª ed., 2019), "Principles of Modern Communication Systems" (Cambridge University Press, 2017, com S. O. Agbo) e "Emerging Internet-based Technologies" (CRC Press, 2019). Para além dos livros de engenharia, escreveu livros cristãos, incluindo "Secrets of Successful Marriages", "How to Discover God's Will for Your Life" e comentários sobre todos os livros da Bíblia do Novo Testamento. Alguns dos seus livros foram traduzidos para francês, coreano, chinês (e chinês em forma longa em Taiwan), italiano, português, espanhol, alemão, holandês, polaco e russo.

Recebeu o prémio McGraw-HillJacob Millman de 2000 por contribuições notáveis no domínio da engenharia eléctrica. Foi também galardoado com o prémio Regents Professor em 2012-2013 pelo Texas A&M University System. É um engenheiro profissional registado e membro vitalício do Instituto de Engenheiros Eléctricos e Electrónicos (IEEE) "pelas suas contribuições para a eletromagnetismo computacional e o ensino da engenharia". Foi Presidente do Comité de Actividades Estudantis da Região 2 do IEEE. Foi editor associado da IEEE Transactions on Education. É também membro da Association for Computing Machinery (ACM). Os seus actuais interesses de investigação situam-se nas áreas da electromagnética computacional, ciência da computação/redes, educação em engenharia e aconselhamento matrimonial. Os seus trabalhos podem ser encontrados na sua autobiografia, "My Life and Work" (Trafford Publishing, 2017) ou no seu sítio Web: www.matthew-sadiku.com. Pode ser contactado por correio eletrónico em sadiku@ieee.org

Índice

PREFÁCIO ... 3
CAPÍTULO 1: INTRODUÇÃO ... 9
CAPÍTULO 2: FABRICO DE ADITIVOS ... 23
CAPÍTULO 3: A IMPRESSÃO 3D NAS EMPRESAS ... 37
CAPÍTULO 4: IMPRESSÃO 3D NA EDUCAÇÃO ... 51
CAPÍTULO 5: IMPRESSÃO 3D NOS CUIDADOS DE SAÚDE ... 66
CAPÍTULO 6: IMPRESSÃO 3D NA INDÚSTRIA ALIMENTAR ... 82
CAPÍTULO 7: IMPRESSÃO 3D NA CONSTRUÇÃO ... 96
CAPÍTULO 8: IMPRESSÃO 3D NA ARQUITECTURA ... 106
CAPÍTULO 9: IMPRESSÃO 3D NO SECTOR FARMACÊUTICO ... 119
CAPÍTULO 10: IMPRESSÃO 3D EM MEDICINA DENTÁRIA ... 131
CAPÍTULO 11: IMPRESSÃO 3D NA ESCULTURA ... 143
CAPÍTULO 12: IMPRESSÃO 3D NA MODA ... 156
CAPÍTULO 13: IMPRESSÃO 3D NA JOALHARIA ... 168
CAPÍTULO 14: IMPRESSÃO 3D NO SECTOR AUTOMÓVEL ... 180
CAPÍTULO 15: IMPRESSÃO 3D NO SECTOR AEROESPACIAL ... 194
CAPÍTULO 16: IMPRESSÃO 3D NO ESPAÇO ... 208
CAPÍTULO 17: IMPRESSÃO 3D NA DEFESA ... 223

CAPÍTULO 1: INTRODUÇÃO

"A impressão 3D representa a democratização do fabrico. Permite a qualquer pessoa criar qualquer coisa, em qualquer lugar, a qualquer altura" - Neil Harbisson

1.1 INTRODUÇÃO

Vivemos num mundo rodeado de tecnologias e materiais. Estes aparelhos tecnológicos atingiram uma evolução tal que, atualmente, é possível imprimir material real. A terceira revolução industrial tem tudo a ver com o fabrico pessoal e está a acontecer agora. Impulsionada pelos avanços da era da informação, está pronta a desbloquear o potencial de cada pessoa para criar, inovar e fabricar. A impressão 3D está a iniciar uma nova revolução industrial. Desenvolveu-se como uma modificação de uma antiga impressora de injeção.

Tradicionalmente, uma impressora é utilizada em casa ou no escritório para imprimir texto e imagens em papel. Esta impressora convencional imprime num espaço bidimensional (2D) plano, utilizando as dimensões comprimento e largura. Uma impressora tridimensional (3D) utiliza o comprimento e a largura, mas também acrescenta profundidade à impressão. Uma impressora 3D tem mais capacidade de fabrico do que uma máquina de fabrico tradicional. É considerada uma tecnologia disruptiva que irá mudar o fabrico [1].

A impressão tridimensional está a tornar-se o método de fabrico escolhido por muitas empresas. Este novo e versátil método de produção de bens está a tornar-se a melhor escolha para as empresas no mercado do século XXI. Para as organizações habituadas aos processos de produção tradicionais, as impressoras 3D podem poupar imenso tempo. Indústrias como a automóvel, a aeroespacial, a defesa, os bens de consumo, os cuidados de saúde, o vestuário e a moda, e a construção beneficiarão da impressão 3D com custos reduzidos e melhores prazos de entrega.

A impressão 3D é basicamente um processo de fabrico de um objeto físico a partir de um ficheiro de desenho tridimensional assistido por computador (CAD) através de uma abordagem por camadas. Engloba muitas formas de tecnologias e materiais, uma vez que a impressão 3D está a ser utilizada em quase todas as indústrias. As impressoras 3D são uma nova geração de máquinas que podem fabricar praticamente tudo, desde chávenas de cerâmica a brinquedos de plástico. Tornaram-se suficientemente acessíveis para se tornarem populares. As impressoras 3D podem ser compradas online ou em lojas, o que dá às pessoas a possibilidade de imprimir objectos a partir de qualquer parte do mundo. A tecnologia está sempre a atualizar-se e a evoluir, e a impressão 3D não é exceção [2].

Este capítulo apresenta uma visão geral da impressão 3D e serve de introdução a todo o livro. Começa por explicar o que é a impressão 3D. Apresenta uma breve história da impressão 3D. Aborda três tipos de impressão 3D. Apresenta algumas aplicações da 3DP. Destaca as vantagens e os desafios da 3DP. Aborda a impressão 4D. Conclui com alguns comentários.

1.2 O QUE É A IMPRESSÃO 3D?

A impressão 3D (também conhecida como fabrico aditivo (AM) ou prototipagem rápida (RP)) foi inventada no início da década de 1980 por Charles Hull, considerado o pai da impressão 3D. Desde então, tem sido utilizada na indústria transformadora, automóvel, eletrónica, aviação, aeroespacial, aeronáutica, engenharia, arquitetura, farmacêutica, produtos de consumo, educação, entretenimento, medicina, missões espaciais, militar, indústria química, indústria marítima, indústria alimentar e indústria de joalharia. Todas as peças criadas com uma impressora 3D têm de ser projectadas utilizando algum tipo de software CAD [3].

O processo de impressão 3D tem três componentes básicos: desenho assistido por computador (ou seja, digital), equipamento de máquina e um material adicionado. Podem ser utilizados diferentes materiais para construir objectos impressos em 3D, desde plástico, metal e borracha até células humanas. Uma impressora 3D funciona de forma semelhante a uma impressora normal. A impressão 3D descreve essencialmente um conjunto de tecnologias que formulam digitalmente objectos tridimensionais numa base de camada por camada. Foi adoptada por estudantes, empresários, amadores e várias indústrias. Como se pode ver na Figura 1.1, a impressão 3D envolve três passos [4].

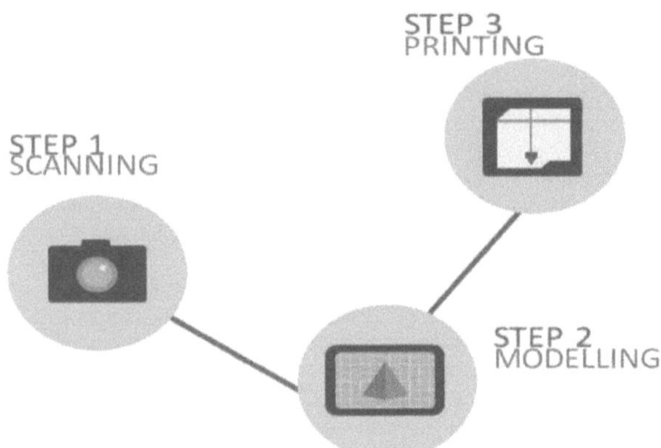

Figura 1.1 A impressão 3D envolve três etapas [4].

Uma impressora 3D típica é apresentada na Figura 1.2 [5]. As utilizações comerciais da impressão 3D estão a crescer de ano para ano.

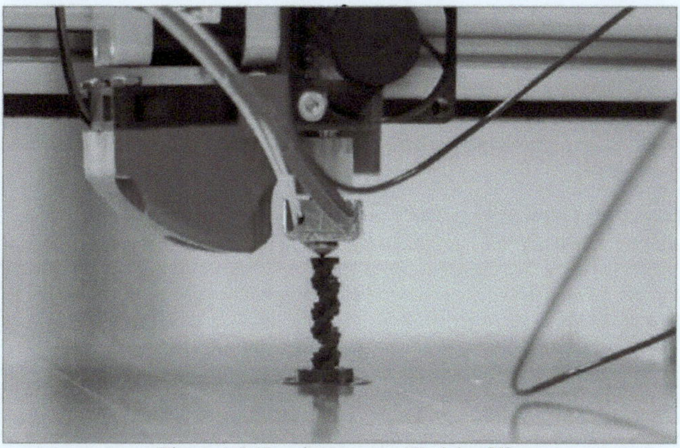

Figura 1.2 Uma impressora 3D típica [5].

Na sua essência, a impressão 3D é um processo de fabrico no qual o material é colocado, camada a camada, para formar um objeto tridimensional. A impressão 3D pode criar objectos físicos a partir de uma representação geométrica através da adição sucessiva de material. A impressão 3D é um conceito abrangente para um conjunto de processos e tecnologias que oferecem uma vasta gama de produção de peças e produtos em diferentes materiais. Foram desenvolvidas várias tecnologias de impressão 3D com diferentes funções. Um aspeto comum a todos estes processos é a forma como a produção é efectuada - camada a camada num processo aditivo. Nem todas as impressoras 3D utilizam a mesma tecnologia.

Dependendo da tecnologia, as impressoras 3D podem utilizar uma variedade de materiais, incluindo, mas não se limitando a, metais (aço inoxidável, solda, alumínio e titânio, entre outros); plásticos e polímeros (incluindo compósitos que combinam plásticos com metais, madeira e outros materiais); cerâmica; gesso; vidro; e até alimentos como queijo, glacê e chocolate [6]. Até os compósitos podem ser utilizados. A escolha do material depende muito da função do produto e das propriedades desejadas.

1.3 BREVE HISTÓRICO

Embora a tecnologia de impressão 3D seja relativamente recente, a sua história é profunda, variada e interessante. A tecnologia de impressão 3D afectou a história recente da humanidade provavelmente mais do que qualquer outro campo. Foram várias as pessoas que contribuíram para o desenvolvimento da impressão 3D. As primeiras tecnologias de impressão 3D surgiram no final da década de 1980. Nessa altura, eram designadas por tecnologias de prototipagem rápida. A impressão 3D existe em conceito desde 1945 e na prática desde 1971, propondo um método mais rápido e mais eficiente de fazer coisas. A primeira patente para a tecnologia de impressão 3D foi concedida em 1986 a Charles Hull para um aparelho de estereolitografia (SLA). A impressão 3D teve o seu início quando Hull concebeu e imprimiu um pequeno copo. Na década de 1980, as técnicas de impressão 3D eram consideradas adequadas apenas para a produção de protótipos funcionais ou estéticos,

A tecnologia de impressão 3D foi comercializada pela primeira vez na década de 1990. Ao longo da década de 1990 e no início da década de 2000, continuaram a ser introduzidas várias novas tecnologias. No início dos anos 90, seguiu-se uma vaga de patentes para vários sistemas baseados em energia. A modelação por deposição fundida (FDM) é o processo de impressão 3D mais comum em utilização em 2020. Em 2020, as impressoras 3D atingiram um nível de qualidade e preço que permite à maioria das pessoas entrar no mundo da impressão 3D. A utilização da impressão 3D e de estruturas multimateriais no fabrico aditivo permitiu a conceção e a criação do que se designa por impressão 4D [7].

1.4 TIPOS DE IMPRESSÃO 3D

Existem geralmente três tipos de fabrico aditivo: ligação selectiva, solidificação selectiva e deposição selectiva. Normalmente, estas tecnologias são designadas por Sinterização Selectiva por Laser (SLS), Estereolitografia (SLA) e Modelação por Deposição em Fusão (FDM), que são abordadas a seguir [8,9].

- *Estereolitografia* (SLA): Esta foi a primeira tecnologia de impressão 3D do mundo, inventada na década de 1980. Trata-se de um processo de fabrico aditivo que utiliza uma cuba de "resina" de fotopolímero líquido curável por ultravioleta e um laser ultravioleta para construir camadas de peças, uma de cada vez. Para cada camada, o raio laser traça uma secção transversal do padrão da peça na superfície da resina líquida. As peças SLA têm a resolução e a precisão mais elevadas e o acabamento de superfície mais suave de todas as tecnologias de impressão 3D em plástico. Embora a estereolitografia possa produzir uma grande variedade de formas, tem sido frequentemente dispendiosa.

- *Sinterização selectiva a laser* (SLS): Trata-se de uma técnica de fabrico de aditivos que utiliza um laser de alta potência (por exemplo, um laser de dióxido de carbono) para fundir pequenas partículas de plástico, metal (cerâmica ou vidro em pó numa massa com uma forma tridimensional. A máquina SLS pré-aquece o material em pó no leito de pó um pouco abaixo do seu ponto de fusão. Os engenheiros e fabricantes de diferentes sectores confiam na SLS pela sua capacidade de produzir peças fortes e funcionais. O baixo custo por peça, a elevada produtividade e os materiais estabelecidos tornam a tecnologia ideal para um fabrico personalizado. A seleção de materiais para SLS é limitada em comparação com FDM e SLA.

- *Modelação por deposição fundida* (FDM): Esta é a forma de impressão 3D mais utilizada a nível do consumidor, alimentada pelo interesse dos amadores em impressoras 3D. Esta técnica é adequada para modelos básicos de prova de conceito, bem como para a criação rápida e económica de protótipos de peças simples. A FDM é considerada uma tecnologia muito limpa, normalmente simples e fácil de utilizar. Utiliza um filamento contínuo de um material termoplástico. A tecnologia pode produzir geometrias e cavidades complexas que, de outra forma, seriam bastante problemáticas. Desde 2004, a tecnologia FDM tem sido utilizada num sector específico para produzir andaimes de suporte de carga. As impressoras domésticas baseadas em FDM funcionam normalmente com filamentos de plástico.

A tecnologia que faz mais sentido utilizar depende do seu orçamento, da complexidade do modelo e do maior detalhe necessário.

1.5 APLICAÇÕES

As aplicações 3DP estão a crescer. A impressão 3D tem uma variedade de utilizações em várias disciplinas, tais como cuidados de saúde, aeroespacial, engenharia, eletrónica, impressão, fabrico, entretenimento, educação, química, matemática, biologia, história, arquitetura e indústria automóvel. A tecnologia de impressão 3D é utilizada em várias indústrias, como a joalharia, a indústria gráfica, a indústria da moda, a indústria alimentar, a indústria médica, a indústria de máquinas e a indústria da educação. Consideramos as seguintes aplicações da impressão 3D.

- *Fabrico:* O fabrico desempenha um papel essencial na vida de muitos empresários e proprietários de pequenas empresas. A impressão 3D está a tornar-se popular entre os fabricantes. Apresenta várias vantagens em relação aos métodos de fabrico mais tradicionais, como o fabrico subtrativo e a moldagem por injeção. As indústrias automóveis estão a utilizar a impressão 3D para fabricar peças sobresselentes, ferramentas, gabaritos, acessórios e peças de utilização final. A Jaguar, o famoso fabricante de automóveis, está a utilizar a impressão 3D para criar peças sobresselentes para os seus veículos antigos. Os artigos podem ser produzidos em plástico, vidro ou cerâmica, pelo que as possibilidades são ilimitadas. As empresas de alta tecnologia, como os fabricantes de automóveis e aeroespaciais, têm vindo a utilizar a impressão 3D como ferramenta de prototipagem há já algum tempo. O número de peças impressas em 3D a bordo de satélites está a aumentar [10].

- *Cuidados de saúde:* Uma das áreas mais interessantes em que os proprietários de empresas estão a inovar e a criar novos produtos com impressoras 3D é a área médica. A tecnologia médica está a mudar rapidamente devido a tecnologias emergentes como a impressão 3D. Oferece uma gama de soluções de precisão para os cuidados de saúde, incluindo o fabrico de tecidos e órgãos, a criação de próteses, implantes e modelos anatómicos personalizados, a administração de medicamentos e a realização de testes, bem como na prática clínica. As aplicações da 3DP nos cuidados de saúde já estão na ordem do dia. Estas incluem o fabrico de dispositivos médicos, engenharia de tecidos, farmacologia, cirurgia, anatomia, medicina dentária, ortopedia, prótese dentária, periodontia, cuidados personalizados, investigação e desenvolvimento, educação e formação e imagiologia médica [11].

- *Medicina dentária:* Este é um dos campos que lidera a adoção da impressão 3D na medicina. Os implantes dentários foram uma das primeiras utilizações medicamente aprovadas da tecnologia 3D. Guias cirúrgicas, talas, restaurações temporárias e permanentes e próteses podem ser diretamente impressas em 3D. Na indústria dentária, as coroas e as próteses já são diretamente impressas em 3D. As coroas permanentes fabricadas com um material de resina preenchido com cerâmica são apresentadas na Figura 1.3 [12].

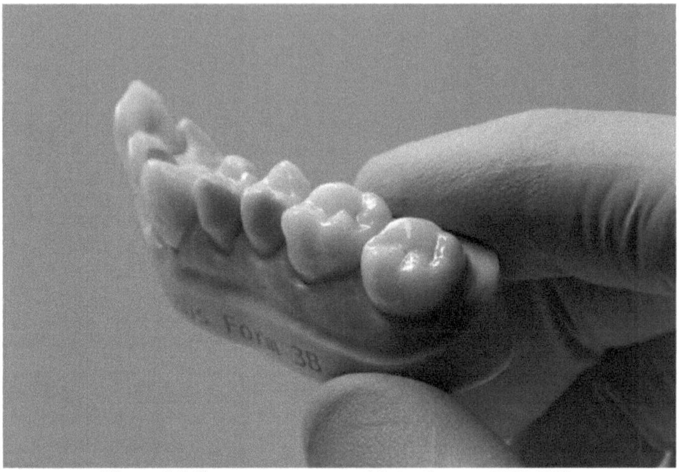

Figura 1.3 Coroas permanentes fabricadas com 3DP [12].

- *Educação:* A educação é atualmente identificada como um mercado-alvo fundamental na indústria da impressão 3D, uma vez que a impressão 3D envolve os estudantes de forma mais profunda na aprendizagem das lições. Está atualmente em vias de revolucionar a indústria transformadora a nível mundial. O conceito de impressão 3D é uma ferramenta educativa simples, experimentada e testada pelos professores. Educadores e estudantes têm vindo a utilizar impressoras 3D na sala de aula. Hoje em dia, a importância de incluir a impressão 3D nos cursos profissionais e nas escolas é um facto. A impressão 3D deve ser incluída no currículo de todas as instituições académicas porque prepara os jovens para o futuro. Apresenta oportunidades para aprender e utilizar as mesmas ferramentas de ponta que os profissionais da indústria [13].

- *Negócio:* Uma empresa de impressão 3D pode produzir vários produtos para várias empresas. É um negócio onde ainda há muito espaço para competir. A tecnologia de impressão 3D é utilizada em várias indústrias, tais como a indústria da joalharia, a indústria da impressão, a indústria da moda, a indústria médica, a indústria das máquinas e a indústria da educação. Uma das vantagens deste tipo de negócio de impressão 3D é o facto de o inventário ser pequeno e leve. Este novo e versátil método de produção de bens está a tornar-se a melhor escolha para as empresas no mercado do século XXI. A impressão 3D para pequenas empresas está a tornar-se uma tendência [14].

- *Construção:* A impressão 3D abre novas possibilidades de design, reduz os custos e produz projectos de construção sustentáveis com baixo impacto ambiental. A impressão 3D no sector da construção também significa uma redução significativa do tempo de produção. A utilização da impressão 3D no sector da construção traz soluções inovadoras. A produção de edifícios camada a camada permite uma redução considerável dos custos. A indústria da construção tem vindo a adotar um método de impressão futurista para imprimir casas inteiras. A primeira casa impressa em 3D foi produzida em Nantes, França, e chama-se projeto Yhnova. Foram necessárias apenas 54 horas para imprimir a casa e o custo total foi cerca de 20% mais barato do que a construção de uma casa tradicional. Há muitas vantagens na utilização da impressão 3D no sector da construção e as empresas que a utilizam já são muito bem sucedidas. A Figura 1.4 mostra uma construção que utiliza a impressão 3D [15].

Figura 1.4 Impressão 3D na construção [15].

- *Os edifícios:* Atualmente, o mercado imobiliário está a mudar e a evoluir a um ritmo acelerado. Os arquitectos estão constantemente a tentar encontrar novas formas de construir e viver. Com esta visão em mente, um grupo de arquitectos alemães lançou-se numa aventura sem precedentes: conceberam a primeira casa impressa em 3D do país, em Beckum, completa com mobiliário confortável e tecnologia inteligente. A primeira casa impressa em 3D da Alemanha é uma casa unifamiliar de dois andares e 160 metros quadrados.
Quase todas as instalações permanentes saíram de uma impressora de betão. A Figura 1.5 ilustra uma casa de família completa diretamente da impressora 3D [16].

Figura 1.5 Uma casa de família completa feita por impressora 3D na Alemanha [16].

- *Indústria da moda:* A impressão 3D entrou na indústria da moda, com os designers de moda a experimentarem biquínis, sapatos e vestidos impressos em 3D. Na produção comercial, a Nike está a utilizar a impressão 3D para criar protótipos e fabricar sapatos de futebol para jogadores de futebol americano. A personalização de óculos a pedido é possível com a prototipagem rápida. A impressão 3D terá um valor significativo para as empresas de moda no futuro, especialmente se se transformar numa ferramenta de impressão para os compradores. A impressão de tudo o que veste ou é agradável ao toque continua a ser proibitivamente cara. Por isso, o tecido não é uma opção [17].

- *Automóvel:* Uma das aplicações mais interessantes da impressão 3D é no sector automóvel, especificamente na produção de protótipos, peças funcionais e personalizadas para automóveis. A impressão 3D revolucionou o fabrico de peças para automóveis, proporcionando um método de produção acessível, económico e flexível. O fabrico de automóveis há muito que beneficia das vantagens da impressão 3D. Começando com a prototipagem e a personalização, a impressão 3D permite agora criar peças de automóvel totalmente funcionais, desde condutas, tampas e aberturas de ventilação até mesmo algumas peças mecânicas que não são inferiores em qualidade e propriedades aos análogos convencionais. Dada a atual acessibilidade e preço acessível do fabrico aditivo, a opção de imprimir peças de automóveis em 3D está disponível não só para grandes empresas, mas também para amadores, entusiastas e pequenas empresas. A indústria automóvel está apenas a começar a perceber todo o potencial da impressão 3D. A Figura 1.6 mostra algumas peças de automóvel fabricadas com impressão 3D [18].

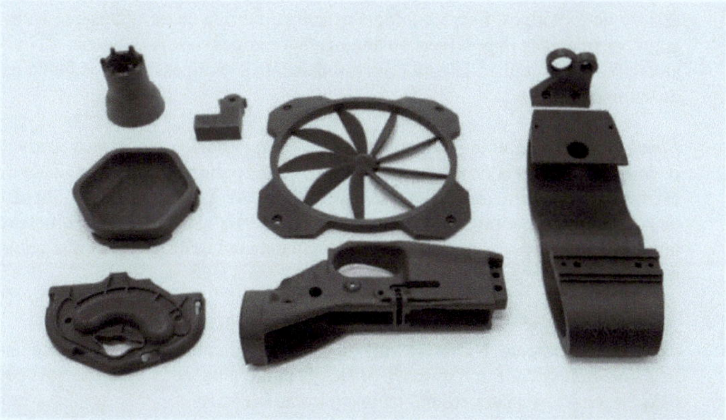

Figura 1.6 Algumas peças de automóvel fabricadas com impressão 3D [18].

1.6 BENEFÍCIOS

Para a maioria das pessoas, a impressão 3D soa menos como uma técnica de fabrico do que como magia. A impressão 3D tem várias vantagens em relação às técnicas de fabrico tradicionais. Uma das principais vantagens da impressão 3D é o facto de não exigir o equipamento pesado e dispendioso necessário no fabrico tradicional. O aparecimento de tecnologias de impressão 3D está a introduzir competências industriais nos alunos do século XXI. A impressão 3D permite aos industriais do sector criar produtos personalizados e a preços acessíveis. Com as economias de escala, os custos das impressoras 3D estão a tornar-se menos proibitivos. As impressoras 3D são também totalmente automatizadas, o que elimina o erro humano.

Outros benefícios incluem os seguintes [19-22]:

- *Velocidade:* Esta é a vantagem mais óbvia, uma vez que não são necessárias ferramentas especiais e as peças podem ser construídas numa questão de horas. A impressão 3D oferece um raio de esperança com o seu potencial de conceção e produção rápidas, permitindo que a transição da conceção para a produção seja rápida. Reduz significativamente o tempo de colocação no mercado.

- *Custos de produção mais baixos:* O fabrico tradicional implica muitas vezes grandes despesas iniciais, incluindo a criação de moldes e a configuração de linhas de produção. A impressão 3D está a ser utilizada para reduzir os custos das empresas, para que estas possam oferecer produtos a custos mais baixos. Num cenário económico em que a utilização criteriosa dos recursos é fundamental para a sustentabilidade, a impressão 3D oferece uma solução rentável na área do fabrico.

  Prototipagem de produtos: A génese de qualquer produto reside no seu protótipo, uma fase crucial em que as ideias passam do conceito à forma tangível. A criação de protótipos de produtos foi durante muito tempo a barreira à inovação, porque os inventores pouco mais podiam fazer do que sonhar com um produto ou uma ideia. A impressão 3D veio acelerar consideravelmente a criação de protótipos. Esta tecnologia permite o fabrico de estruturas que antes eram consideradas impossíveis ou altamente impraticáveis. A indústria automóvel está a utilizá-la para criar rapidamente protótipos de novos modelos de automóveis.

- *Flexibilidade:* A tecnologia de impressão 3D surgiu como uma técnica flexível e poderosa na indústria de fabrico avançada. A 3DP permite uma flexibilidade e criatividade muito maiores no processo de conceção. Dá-nos uma nova liberdade de conceção que permite a produção de novas formas e soluções para as nossas necessidades. As peças podem ser completamente redesenhadas para que sejam mais fortes nas áreas em que precisam de ser e mais leves no geral.

- *Amigo do ambiente:* A rápida adoção da impressão 3D pode ter um grande impacto no ambiente. Numa era em que a sustentabilidade já não é uma escolha, mas uma necessidade, a impressão 3D surge como uma tecnologia alinhada com os esforços globais para reduzir os impactos ambientais.

- *Substituição de peças raras:* O potencial da impressão 3D baseada em metal permitirá a criação de peças de substituição raras e descontinuadas numa grande variedade de aplicações. As oficinas de reparação poderão lidar com uma variedade muito maior de clientes. A impressão 3D é utilizada para produzir peças sobressalentes e de substituição em sectores como o aeroespacial.

- *Fabrico sem competências:* As máquinas de fabrico tradicionais continuam a exigir um perito qualificado para as ajustar e calibrar. A impressora 3D requer menos competências do operador do que uma máquina subtractiva tradicional.

- *Fabrico compacto e portátil:* Uma elevada capacidade de produção por metro quadrado torna as impressoras 3D ideais para utilização em casa ou no escritório, uma vez que ocupam pouco espaço físico.

- *Menos desperdício:* Os métodos de fabrico tradicionais implicam frequentemente um desperdício considerável, uma vez que os materiais são cortados para criar o produto final. Em contrapartida, a impressão 3D, sendo um processo de fabrico aditivo, utiliza os materiais de forma mais eficiente, colocando-os precisamente onde são necessários e minimizando o desperdício. O fabrico aditivo cria produtos camada a camada e imprime apenas as peças relevantes, desperdiçando muito menos material do que as técnicas de fabrico tradicionais.

- *Personalização:* A impressão 3D abre novos caminhos para a personalização, permitindo uma integração perfeita de personalizações individuais. Com a impressão 3D, a personalização não é um luxo, mas uma norma. As peças de automóvel podem ser personalizadas para se adaptarem a modelos específicos ou às preferências individuais dos clientes, promovendo um nível mais elevado de personalização do produto. As complexidades do design e a personalização não estão sujeitas às mesmas limitações que os métodos convencionais. As possibilidades de personalização são praticamente infinitas, permitindo que os indivíduos dêem um toque pessoal às suas criações.

- *Acessibilidade:* Um dos melhores aspectos da impressão 3D é a redução dos custos de mão de obra. No fabrico tradicional, os custos de produção são incrivelmente elevados e são necessários operadores de máquinas qualificados. No entanto, nas impressoras 3D, basta um operador premir um botão e o processo automatizado da impressora encarrega-se do resto.

1.7 DESAFIOS

Como qualquer tecnologia emergente, a impressão 3D tem o seu próprio conjunto de desafios. Estes desafios podem ser classificados como limitações tecnológicas, limitações materiais e limitações de conceção. Outros desafios incluem os seguintes [19]:

- *Perda de postos de trabalho:* Tal como acontece com todas as novas tecnologias emergentes, os postos de trabalho na indústria transformadora irão diminuir devido à 3DP.
- *Materiais limitados:* Um desafio significativo na impressão 3D é a gama limitada de materiais disponíveis para impressão. Os processos de fabrico tradicionais oferecem uma seleção mais ampla de materiais, incluindo vários metais, plásticos e compósitos. Uma impressora 3D pode utilizar apenas um material específico, pelo que a impressão de produtos diferentes requer impressoras diferentes ou modificações numa única impressora.
- *Custo elevado:* Um dos principais desafios da impressão 3D de fabrico aditivo é o elevado investimento inicial necessário para impressoras e materiais 3D de alta qualidade. O custo da impressora 3D por item produzido é mais elevado, pelo que a economia da impressão 3D ainda não se compara à produção em massa tradicional.
- *Direitos de autor:* Com a impressão 3D, a impressão de produtos protegidos por direitos de autor para criar artigos contrafeitos irá aumentar e será quase impossível de impedir.
- *Artigos perigosos:* Com as impressoras 3D, é fácil criar facas, armas, explosivos e quaisquer outros objectos perigosos. Os criminosos e os terroristas podem, portanto, fabricar essas armas sem deixar rasto.
- *Emissões nocivas:* A impressora 3D é frequentemente utilizada em locais fechados, como casas. Isto pode gerar emissões potencialmente tóxicas e partículas cancerígenas.
- *Tamanho:* Atualmente, as impressoras 3D estão limitadas ao tamanho dos produtos que podem criar. Para imprimir objectos maiores e mais complicados, são necessárias impressoras maiores.
- *Consumo de energia:* As impressoras 3D consomem muita energia para máquinas que apenas produzem um objeto de cada vez. A energia necessária para o funcionamento de uma impressora 3D continua a ser elevada em comparação com outros electrodomésticos,

1.8 IMPRESSÃO 4D

Este capítulo não estaria completo sem mencionar a impressão 4D, que se baseia na impressão 3D. A impressão 4D é o mesmo que a impressão 3D, mas com uma diferença -

nomeadamente, uma capacidade incorporada para o objeto impresso se transformar a si próprio. A impressão 4D pode ser considerada como o processo através do qual um objeto impresso em 3D se transforma noutra estrutura sob a influência de estímulos externos, como a humidade e a temperatura. A impressão 4D promove a utilização de impressoras 3D para criar produtos finais em vez de protótipos. Acrescenta a quarta dimensão do tempo à impressão 3D. É basicamente a combinação da tecnologia de impressão 3D com materiais inteligentes, como resinas de hidrogel, polímeros activos ou mesmo tecidos vivos. Os rápidos avanços nos materiais com memória de forma (ou materiais inteligentes) e no fabrico de aditivos impulsionaram o desenvolvimento da impressão 4D. Duas tecnologias principais são responsáveis pela impressão 4D: A impressão 3D e os materiais inteligentes (SMs); ou seja, a impressão 4D = impressão 3D + SMs. São necessários materiais especiais para permitir a impressão 4D. Os materiais inteligentes são os materiais que sentem algum estímulo do ambiente externo e criam uma resposta útil. Apresentam certas caraterísticas que podem ser exploradas em produtos que, por sua vez, apresentam um comportamento "inteligente". Os materiais inteligentes têm a capacidade de alterar a sua forma ou propriedades (rigidez, cor, textura, transparência, volume) sob a influência de estímulos externos. A tecnologia ainda se encontra em fase de investigação e experimentação [23].

Como é que a impressão 4D funciona? A tecnologia de impressão 4D utiliza impressoras 3D comerciais. O material de entrada é um "material inteligente", que pode ser um hidrogel ou um polímero com memória de forma. A impressora 3D cria objectos que podem mudar de forma, tamanho ou cor ao longo do tempo em resposta a estímulos externos como a luz, o calor ou a humidade. A Figura 1.7 compara a impressão 3D com a impressão 4D [24]. Uma das principais vantagens da impressão 4D é a possibilidade de criar objectos 3D de grandes dimensões que normalmente seriam demasiado grandes para caberem numa impressora 3D normal.

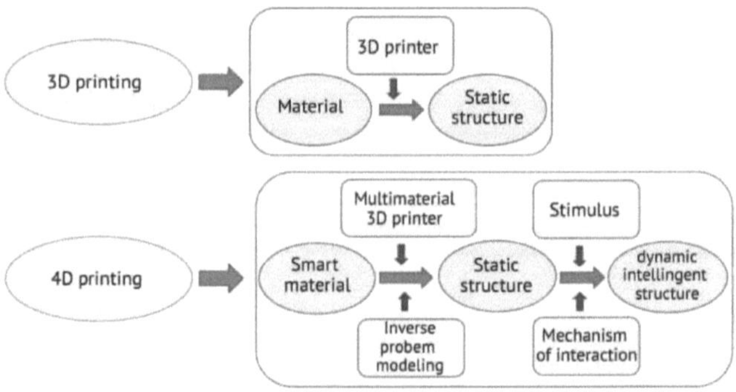

Figura 1.7 Comparação da impressão 3D com a impressão 4D [24].

1.9 CONCLUSÃO

A impressão 3D é um processo de fabrico no qual o material é depositado, camada a camada, para formar um objeto tridimensional. É uma tecnologia de ponta que é preferível, económica, mais rápida, mais viável, adaptável e amiga do ambiente do que as gerações anteriores. Para algumas pessoas, a impressão 3D ainda parece um sonho futurista. Na realidade, a tecnologia é utilizada ativamente em muitas indústrias. Está agora acessível tanto a indivíduos como a empresas, permitindo uma democratização do fabrico nunca vista em épocas anteriores. A impressão 3D tornou-se um pilar da revolução do fabrico moderno. Atualmente, a indústria da impressão 3D é um campo tecnológico em expansão que passou de máquinas caras a modelos de secretária disponíveis para muitos consumidores.

Existem vários kits de bricolage disponíveis que competem com os produtos "tudo-em-um" comercializados. Embora seja especulativo prever o que o futuro reserva para a impressão 3D, a adoção de impressoras 3D pelo consumidor irá provavelmente continuar a acelerar. O futuro da impressão 3D nas indústrias reside na criação de peças funcionais diretamente a partir de uma impressora 3D para utilização no produto final, e não apenas para fins de teste. Para mais informações sobre a impressão 3D, deve consultar os livros em [5,25-29] e uma revista relacionada: *Impressão 3D em Medicina.*

REFERÊNCIAS

[1] M. N. O. Sadiku, S. M. Musa e O. S. Musa, "3D Printing in the chemical industry", *Invention Journal of Research Technology in Engineering and Management,* vol. 2, n.º 2, fevereiro de 2018, pp. 24-26.

[2] M. N. O. Sadiku, U. C. Chukwu. A. Ajayi-Majebi, e S. M. Musa, "Impressão 3D: An Introduction", *International Journal of Trend in Scientific Research and Development,* vol. 6, n.º 7, novembro-dezembro de 2022, pp. 573-577.

[3] F. R. Ishengoma e T. A. B. Mtaho, "Impressão 3D: Perspectivas dos países em desenvolvimento, engenharia informática e aplicações", *International Journal of Computer Applications*, vol. 104, n.º 11, outubro de 2014, pp. 30-34.

[4] D. Pitukcharoen, "3D printing booklet for beginners," https://www.metmuseum.org/-/media/files/blogs/digital- media/3dprintingbookletforbeginners.pdf

[5] S. Torta e J. Torta, *Impressão 3D: Uma introdução*. Mercúrio Aprendizagem e Informação, 2019.

[6] T. Hoffman, "3D printing: What you need to know," julho de 2020, https://www.pcmag.com/news/3d-printing-what-you-need-to-know

[7] "Guia para principiantes na impressão 3D", https://www.think3d.in/landing-pages/beginners-guide-to-3d-printing.pdf

[8] "Introdução à impressão 3D," https://education.gov.mt/en/resources/news/documents/youth%20guarantee/3d%20printin g.pdf

[9] "Guia de materiais de impressão 3D: Tipos, aplicações e propriedades", https://formlabs.com/blog/3d-printing-materials/

[10] I. Widjayas, "5 Ways 3D printers can help increase your printing business", setembro de 2019, https://www.noobpreneur.com/2019/09/29/5-ways-3d-printers-can-help-increase-your-printing-business/

[11] M. N. O. Sadiku, J. Foreman e S. M. Musa, "Impressão 3D nos cuidados de saúde*", International Journal of Scientific Engineering and Technology,* vol. 7, n.º 7, julho de 2018, pp. 65-67.

[12] "Guia para dispositivos médicos de impressão 3D: Da prototipagem à comercialização", https://formlabs.com/blog/3d-printing-medical-devices/

[13] S. S. Pai et al., " Application of 3D printing in education," *International Journal of Computer Applications Technology and Research,* vol. 7, no. 7, 2018, pp. 278-280.

[14] "Impressão 3D: Business uses and benefits", fevereiro de 2022,

https://blog.constellation.com/2022/02/11/3d-printing-business-uses-and-benefits/
[15] "Impressão 3D para projectos de construção e arquitetura: The ultimate guide 2022," https://www.sculpteo.com/en/3d-learning-hub/applications-of-3d-printing/construction- and-architecture/
[16] "Preparando o caminho para a vida futura: A primeira casa impressa em 3D na Alemanha", https://www.gira.com/en/en/g-pulse-magazine/building/3d-house-germany#
[17] Impressão 3D", *Wikipédia,* a enciclopédia livre, https://en.wikipedia.org/wiki/3D_printing
[18] A. Yearsdon, "Guia rápido para a impressão 3D de peças para automóveis". https://top3dshop.com/blog/quick-guide-to-3d-printing-car-parts
[19] S. Mukhaimer, S. Makhool, e Q. Samara, "3D printing technology," Term paper, Universidade de Birzeit, dezembro de 2014.
[20] "10 formas emocionantes de utilizar a impressão 3D no futuro," https://www.forbes.com/councils/forbestechcouncil/2020/10/01/10-exciting-ways-3d-impressão-será-utilizada-no-futuro/
[21] "Os benefícios da impressão 3D para a tecnologia e a indústria," https://ultimaker.com/learn/the-benefits-of-3d-printing-by-technology-and-industry/
[22] J. Ghisays, "Quais são os benefícios da impressão 3D?" setembro de 2023, https://www.allprintheads.com/blogs/news/what-are-the-benefits-of-3d-printing
[23] M. N. O. Sadiku, O. D. Olaleye, A. Ajayi-Majebi, e S.M. Musa, "4D printing: A primer," *International Journal of Trend in Research and Development,* vol. 7, no. 3, maio-junho de 2020, pp. 112-113.
[24] "Impressão 4D: Tudo o que precisa de saber em 2024," https://www.sculpteo.com/en/3d-learning-hub/best-articles-about-3d-printing/4d-printing-technology/
[25] H. Lipson e M. Kurman. *Fabricated: The New World of 3D Printing.* John Wiley & Sons, 2013.
[26] B. Redwood, F. Schoffer e B. Garret, *The 3D Printing Handbook: Technologies, Design and Applications*. 3D Hubs, 2017.
[27] C. Barnatt, *3D Printing,* CreateSpace Independent Publishing Platform, 3rd ed., 2016.
[28] J. Horvath e R. Cameron, *Mastering 3D printing.* Berkeley, CA: Apress, 2014.
[29] J. M. Jordan, *3D Printing.* MIT Press, 2019.

CAPÍTULO 2: FABRICO DE ADITIVOS

"O fabrico aditivo pode reduzir o consumo de energia em 50% e reduzir os custos dos materiais até 90% em comparação com o fabrico tradicional". - Anónimo

2.1 INTRODUÇÃO

O fabrico consiste essencialmente na conversão de matérias-primas em produtos e serviços. Atualmente, assistimos a uma tendência de fabrico para a miniaturização. Consequentemente, existe uma procura cada vez maior de componentes miniaturizados. O fabrico aditivo (AM), também conhecido como impressão 3D, surgiu como um método de prototipagem. Trata-se de uma nova tecnologia que permite produzir automaticamente objectos tridimensionais (3D) através da impressão de camadas sucessivas de material. É conhecida por outros nomes, como fabrico de formas livres, prototipagem rápida (RP), impressão 3D ou fabrico digital direto. Descreve as tecnologias de construção de objectos 3D através da adição de camadas de material, podendo o material ser plástico, metal, betão ou tecido humano. A AM é frequentemente considerada como uma tecnologia da Indústria 4.0 [1].

A AM permite o fabrico rápido e económico de componentes complexos a partir de material. O material pode ser fornecido sob a forma de pó ou fio a um feixe de laser ou de electrões, fundido e depois depositado seletivamente. Tal como se mostra na Figura 2.1, a AM tem tudo a ver com os três C: complexidade, personalização e consolidação [2].

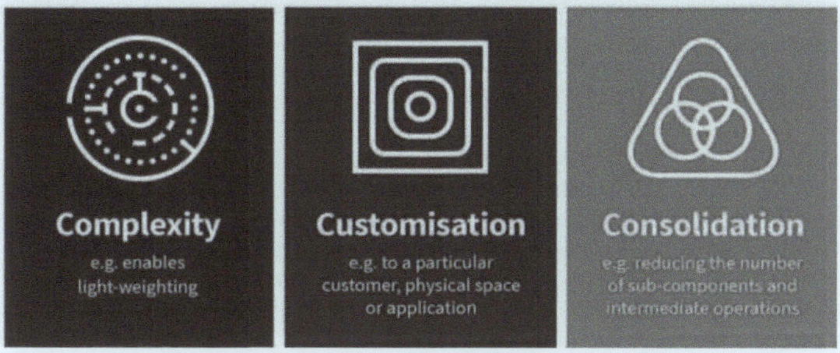

Figura 2.1 Três componentes do fabrico aditivo [2].

Como o seu nome indica, o fabrico aditivo adiciona material para criar um objeto e produz menos resíduos. Enquanto os sistemas de produção tradicionais procedem por subtração, o fabrico aditivo envolve a fabricação de um objeto 3D através da adição sucessiva de material, geralmente camada a camada, como mostra a Figura 2.2 [3]. A AM é um processo de construção de um objeto, uma camada fina de cada vez.

Figura 2.2 Uma máquina de impressão 3D em funcionamento [3].

Este capítulo fornece uma breve introdução ao fabrico de aditivos para leitores com uma mentalidade técnica e empresarial. Começa por descrever o que é o fabrico aditivo. Descreve sete processos de fabrico aditivo. Apresenta algumas aplicações do fabrico aditivo. Destaca os benefícios e desafios da AM. Aborda a adoção global da AM. A última secção conclui com comentários.

2.2 O QUE É O FABRICO ADITIVO?

A tecnologia de fabrico aditivo (AM) surgiu pela primeira vez na década de 1980. O surgimento da AM pode ser atribuído a uma tecnologia chamada estereolitografia que foi desenvolvida na década de 1980. O fabrico aditivo refere-se a um processo em que os dados CAD 3D são utilizados para construir um objeto em camadas através da deposição de material. É conhecido como fabrico camada sobre camada. Pode ser considerado como um processo através do qual um objeto sólido é construído utilizando técnicas aditivas para depositar camadas sucessivas de um material até que o objeto esteja completamente feito.

O fabrico aditivo tem algumas vantagens em relação ao fabrico subtrativo. Se um processo é aditivo, significa que está a acrescentar coisas. Um processo subtrativo é um processo que remove ou retira elementos. No fabrico subtrativo ou tradicional, começa-se com um grande bloco de material e corta-se gradualmente pedaços dele até se obter o objeto desejado. No fabrico aditivo, o processo de fabrico adiciona em vez de subtrair matéria-prima. O material é adicionado sequencialmente, camada após camada. A Figura 2.3 compara os tipos de fabrico subtrativo e aditivo [4].

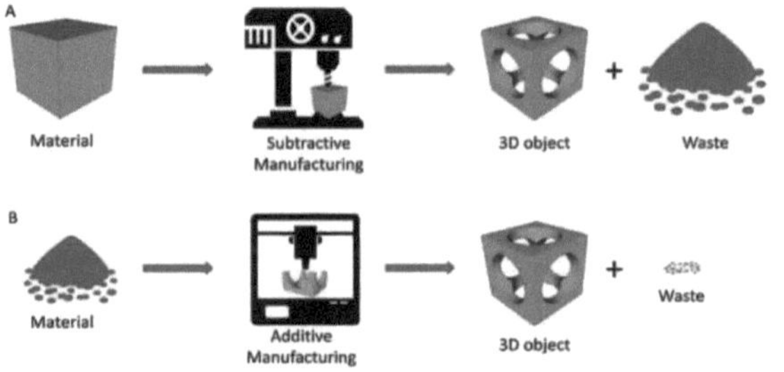

Figura 2.3 Comparação entre os tipos de fabrico subtrativo e aditivo [4].

Em comparação com o fabrico subtrativo, o fabrico aditivo pode competir ou superar os processos de fabrico tradicionais em termos de custos e adaptabilidade.

O fabrico aditivo (AM) é também conhecido como impressão 3D, prototipagem rápida, fabrico de forma livre ou fabrico digital direto (DDM). Embora a AM e a impressão 3D não sejam a mesma coisa, ambos os termos são utilizados indistintamente. O termo "impressão 3D" refere-se especificamente a processos de fabrico aditivo que utilizam uma cabeça semelhante a uma impressora para a deposição do material. A AM é a versão industrial da impressão 3D e está a crescer a um ritmo incrível devido ao seu custo potencialmente mais baixo e à sua flexibilidade.

As tecnologias AM incluem normalmente um computador, software de modelação 3D (desenho assistido por computador ou CAD), uma máquina e material. A máquina AM lê os dados do ficheiro CAD e desenvolve camadas sucessivas do material, camada a camada, para fabricar o objeto 3D desejado. O processo envolve a utilização de um computador e de um software CAD para transmitir mensagens à impressora, de modo a que esta "imprima" o objeto pretendido.

A AM é um processo de fabrico digital. A tecnologia AM consiste na seguinte abordagem em 5 etapas [5]: (1) formação por pulverização, utilizando equipamento de pulverização semelhante a uma impressora a jato de tinta; (2) fabrico de objectos laminados, que consiste num computador, matérias-primas armazenadas e mecanismo de alimentação; (3) moldagem por cura de polímeros fotossensíveis, que projecta a imagem de cada camada na superfície do polímero fotossensível líquido e solidifica todas as camadas instantaneamente; (4) moldagem por extrusão de materiais, que constrói a estrutura tridimensional por meio de acumulação, ponto a ponto, linha a linha e camada a camada; e (5) moldagem por sinterização de pó a laser, que dá a forma pretendida através da ligação ou fusão do material em pó através de energia térmica.

O fabrico aditivo é realmente útil para as seguintes aplicações gerais [6]:

- *Formas complexas:* Muitas impressoras 3D podem reproduzir geometrias e formas bastante complexas.

  Prototipagem: As impressoras 3D surgiram como um método de prototipagem. Podem produzir protótipos em vários materiais com maior precisão.

- *Disponibilidade:* A impressão 3D está a tornar-se mais acessível e económica.

- *Software:* Os avanços no software CAD e nas imagens 3D ajudaram a descomplicar o processo de design.

2.3 PROCESSOS DE FABRICO DE ADITIVOS

Os processos de fabrico são classificados em sete áreas, com base no tipo de materiais utilizados, na técnica de deposição e na forma como o material é solidificado. Estas classificações são ilustradas na Figura 2.4 [7]. Foram desenvolvidas pela Organização Internacional de Normalização [8]:

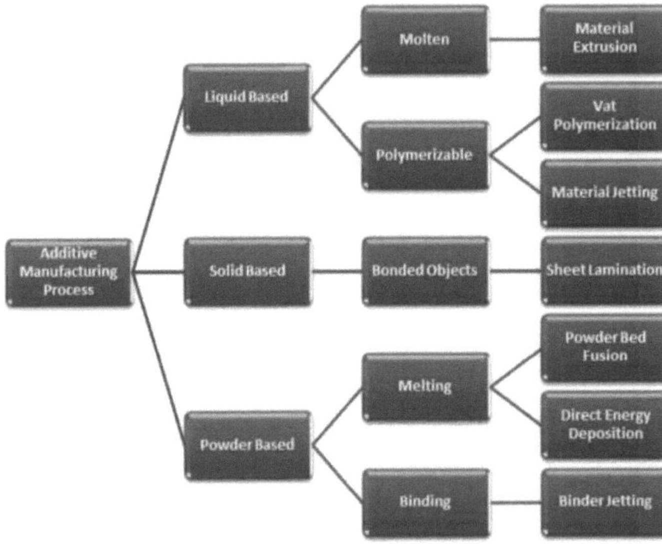

Figura 2.4 Processos de fabrico aditivo [7].

- *Fusão em leito de pó:* Este processo utiliza lasers, feixes de electrões ou cabeças de impressão térmica para fundir camadas ultra-finas de material num espaço tridimensional. A tecnologia de fusão em leito de pó (PBF) é utilizada numa variedade de processos de AM.
- *Jato de aglutinante:* Este processo utiliza uma cabeça ao estilo de uma impressora 3D que assenta e se move nos eixos x, y e z para alternar camadas de material e um aglutinante líquido. Pode imprimir uma variedade de materiais, incluindo metais, areias e cerâmicas. Ao contrário de outras técnicas aditivas, o jato de ligante não aquece durante o processo de construção e pode imprimir peças de grandes dimensões.
- *Extrusão de materiais:* Este é talvez o processo de fabrico aditivo mais conhecido. O bocal move-se horizontalmente enquanto o leito se move verticalmente, permitindo que o material fundido seja construído camada sobre camada. A extrusão de material é um pouco limitada no que respeita aos tipos de formas que podem ser criadas.
- *Deposição de energia dirigida:* Este processo é semelhante à extrusão de material e pode ser utilizado com uma maior variedade de materiais, incluindo polímeros, cerâmicas e metais. Utiliza uma pistola de feixe de electrões ou um laser que é montado num braço de múltiplos eixos.
- *Jato de material:* Neste processo, uma cabeça de impressão move-se para a frente e para trás, tal como a cabeça de uma impressora de jato de tinta 2D.
- *Laminação de folhas:* Este processo envolve a colagem de folhas de material camada a camada para formar um único objeto. O fabrico de objectos laminados (LOM) e o fabrico aditivo por ultra-sons (UAM) são dois métodos de laminação de folhas. O LOM utiliza camadas alternadas de papel e adesivo, enquanto o

UAM utiliza folhas finas de metal unidas através de soldadura por ultra-sons.

- *Polimerização em cuba:* Este processo utiliza uma cuba de resina líquida de fotopolímero para construir um objeto camada a camada.

2.4 APLICAÇÕES

As aplicações da AM parecem ser ilimitadas. A impressão 3D ou AM tem sido utilizada em vários domínios, como a medicina, construção, retalho, defesa, farmácia, indústria automóvel, aeroespacial, eletrónica, indústria alimentar, engenharia, educação, arquitetura, entretenimento e fabrico [5].

- *Aeroespacial:* As indústrias automóvel e aeroespacial são os dois principais beneficiários da AM. A tecnologia AM é popular na indústria aeroespacial/aeronáutica porque pode facilmente produzir componentes leves e de longa duração. No domínio aeroespacial, o fabrico aditivo rápido de materiais compósitos é atualmente a norma. A AM é utilizada na indústria aeroespacial para criar dobradiças, suportes, componentes interiores e projectos de estruturas de aeronaves, a fim de melhorar a eficiência do combustível. As empresas aeroespaciais estão a investir na tecnologia AM para redesenhar peças para reduzir o peso, aumentar a eficiência, reduzir o desperdício de material e combinar peças - reduzindo assim o número de itens em montagens complexas. Centenas de peças de companhias aéreas podem ser fabricadas numa impressora 3D industrial É particularmente revelador que a indústria aeroespacial seja uma indústria a adotar a AM, tendo em conta os rigorosos padrões de desempenho da indústria que têm de ser cumpridos, uma vez que as peças aeroespaciais funcionam frequentemente em algumas das condições mais adversas.
- *Setor automóvel:* O fabrico aditivo permitiu à indústria automóvel criar produtos mais leves e mais seguros. A indústria automóvel utiliza a AM para a prototipagem rápida, a fim de reduzir os prazos de entrega e os custos. A AM pode ser encontrada em vários produtos acabados de veículos, tais como coberturas de baterias, condutas de ar condicionado, peças sobresselentes e para-choques dianteiros. A Figura 2.5 mostra impressoras 3D que fabricam peças de automóveis em pequenos lotes [9].

Figura 2.5 Impressoras 3D que fabricam peças de automóveis em pequenos lotes [9].

- *Medicina:* As principais aplicações da tecnologia AM no sector da medicina/saúde incluem a ortopedia, a cirurgia plástica, a engenharia de tecidos e a medicina regenerativa. A AM é utilizada para o fabrico de implantes ortopédicos, biomateriais, tecidos e órgãos. A AM pode fabricar implantes à medida dos pacientes. Reduz o custo de produção, o desenvolvimento, o tempo de ciclo e permite o fabrico rápido de produtos. Os avanços nas tecnologias de biomateriais imprimíveis e de AM permitem o fabrico de tecidos vascularizados. A AM também torna as operações mais rápidas, económicas e mais precisas do que os processos manuais. Alguns dos artigos que a AM é utilizada para criar são próteses dentárias, tais como coroas, reparação de defeitos ósseos através de implantes personalizados e máscaras de ajuste personalizado [10].

- *Indústria alimentar:* A AM tem dois pontos fortes: complexidade geométrica e economia num baixo volume de produção, que se traduzem em aplicações alimentares. A sua capacidade de produzir artigos em pequenos lotes permite a personalização. Os principais factores de motivação para a impressão 3D de alimentos são a personalização, a produção a pedido e a complexidade geométrica. Para que o fabrico aditivo seja bem sucedido, deve integrar-se facilmente na produção alimentar tradicional [11]. A AM está a ser utilizada na indústria alimentar para espremer os alimentos, camada a camada, em objectos tridimensionais. Isto aplica-se a uma variedade de alimentos, tais como doces, bolachas, massas e pizzas.

- *Eletrónica:* O fabrico aditivo tem potencial para acelerar o ritmo do fabrico de produtos electrónicos, uma vez que permite uma prototipagem mais rápida. Tem sido aplicado no fabrico de componentes electrónicos activos, tais como transístores, díodos emissores de luz (LED), baterias e amplificadores operacionais. (Os transístores são componentes electrónicos importantes utilizados em praticamente todos os dispositivos electrónicos). Estes componentes requerem normalmente processos de fabrico muito elaborados devido às suas funcionalidades complexas [12]. Atualmente, a AM é utilizada para a produção em massa de dispositivos electrónicos de consumo.

- *Militar:* Os militares estão cada vez mais interessados no fabrico aditivo. Poderá oferecer-lhes uma forma eficiente de substituir componentes quando necessário. O Departamento de Defesa dos EUA está a considerar tecnologias de fabrico aditivo para criar rapidamente protótipos e construir componentes de equipamento. O Laboratório de Investigação Naval dos EUA utiliza a impressão 3D para desenvolver artigos para a tecnologia de radar. Com a impressão 3D, existe um sistema nos navios de guerra para fabricar dispositivos ou peças de substituição numa base ad hoc.
- *Automação:* A automatização pode ajudar a maximizar as eficiências operacionais, impulsionar as práticas lean, eliminar redundâncias e simplificar os processos de fabrico. Para automatizar as tecnologias AM, as empresas estão agora a começar a implementar soluções robóticas para automatizar a produção. De acordo com este conceito, um robô tratará da maioria dos passos do processo, tais como alimentar a impressora com caixas de construção e depois retirá-las para pós-processamento. O objetivo é eliminar todo o trabalho manual para facilitar a produção contínua e de grande volume.

- *Energia:* No sector da energia, a inovação do fabrico de aditivos na produção de componentes eficientes, leves e a pedido tem impulsionado o sucesso. Isto deve-se à capacidade da AM para criar rapidamente peças personalizadas e materiais amigos do ambiente que resistem a condições extremas. O sucesso da AM no sector da energia é semelhante ao que teve na indústria aeroespacial. Uma vez que permite o desenvolvimento rápido de componentes personalizados de resistência relativamente elevada e baixo peso, capazes de resistir a condições extremas.

Outras áreas de aplicação incluem o design de moda, componentes passivos de micro-ondas (como guias de ondas, acopladores, divisores de potência, filtros e antenas), design arquitetónico, desenvolvimento de armas, joalharia e engenharia civil.

2.5 BENEFÍCIOS

As tecnologias aditivas diferem das tecnologias de fabrico tradicionais ou subtractivas. Têm algumas vantagens e desvantagens. Estão a mudar a forma e o que pode ser fabricado. Os pontos fortes do fabrico aditivo encontram-se onde o fabrico convencional atinge as suas limitações. Outras vantagens do fabrico aditivo são as seguintes [9,13] :

- *Flexibilidade:* Talvez a vantagem mais importante seja a sua elevada flexibilidade de conceção. A maior variedade de formas que podem ser produzidas. A AM permite um processo de fabrico orientado para a conceção. Proporciona um elevado grau de liberdade de conceção, o fabrico de formas de pequena dimensão a custos unitários razoáveis.

- *Prototipagem:* O fabrico aditivo revolucionou a produção com a prototipagem rápida. Permite a criação rápida de protótipos e reduz o tempo de execução e o custo do desenvolvimento de protótipos. A tecnologia AM tornou mais fácil e acessível o desenvolvimento de um protótipo personalizado para pequenas empresas e indivíduos. A AM permite às empresas fazer o que de outra forma seria muito difícil ou impossível.

- *Capacidade de formas complexas:* O fabrico aditivo permite a produção de estruturas altamente complexas. Permite produzir os objectos sem maquinagem, torneamento, fresagem, retificação, perfuração, fundição ou soldadura. A AM produziu objectos que eram muito difíceis ou impossíveis de produzir com o fabrico tradicional. O processo é uma forma mais rápida de fabricar objectos complexos porque as máquinas podem funcionar 24 horas por dia, 7 dias por semana.

- *Produção mais rápida:* A prototipagem rápida tem sido utilizada para descrever o fabrico aditivo. No passado, o desenvolvimento de um novo produto podia demorar meses ou mesmo anos. O fabrico aditivo oferece técnicas de produção mais rápidas do que as tradicionais. Não é uma ideia rebuscada utilizar a AM para fabricar dispositivos electrónicos de forma mais rápida e menos dispendiosa do que os métodos actuais permitem. Os métodos convencionais, como a moldagem por injeção, podem ser menos dispendiosos para o fabrico de produtos poliméricos, mas o fabrico aditivo pode ser mais rápido, mais flexível e menos dispendioso.

- *Desperdício mínimo de material:* O fabrico tradicional é uma abordagem de fabrico redutora que desperdiça muita matéria-prima. Com a AM, obtém-se uma redução drástica dos resíduos de processamento. Isto torna a AM mais económica, poupando dinheiro.

- *Custos de arranque mais baixos:* Os custos de arranque do fabrico podem ser elevados. A maquinaria industrial AM custa apenas alguns milhares de libras, enquanto as soluções caseiras ou para entusiastas custam apenas algumas centenas.

- *Personalização:* Uma vez que cada peça impressa em 3D que está a ser fabricada se baseia num modelo digital, é fácil tornar cada peça única, sem necessidade de reequipamento. Esta capacidade é uma vantagem especial para os sectores médico e da saúde, onde as talas e suportes personalizados podem ser adaptados a um indivíduo.

- *Amigo do ambiente:* Todos sabemos que a poluição resulta do facto de os produtos serem fabricados com métodos tradicionais. Esta poluição afecta o ambiente e a saúde humana. O fabrico aditivo é um processo de fabrico muito mais amigo do ambiente. Gera muito poucos resíduos e é muito mais eficiente em termos energéticos do que os processos de fabrico tradicionais.

Alguns dos benefícios são apresentados na Figura 2.6.

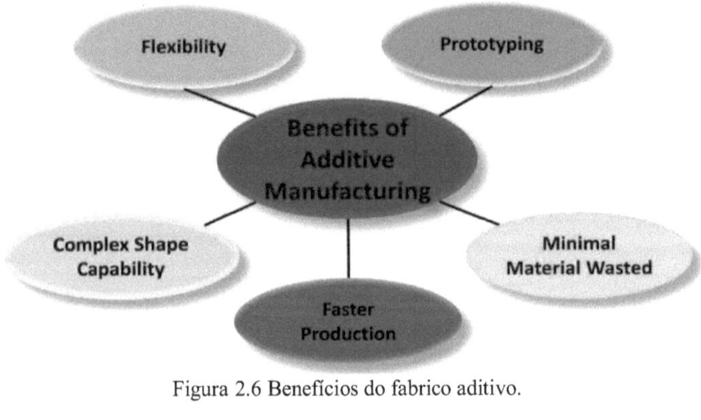

Figura 2.6 Benefícios do fabrico aditivo.

Outras vantagens incluem o fabrico ecológico, a redução do tempo de ciclo, a rapidez de colocação no mercado, a liberdade de conceção, a capacidade de eliminar as junções, a produção descentralizada e a capacidade de construir praticamente qualquer forma.

2.5 DESAFIOS

Há questões que têm de ser abordadas para tornar a tecnologia AM aplicável à produção em grande escala. Compreender a diferença entre as tecnologias tradicionais e aditivas é um desafio. Os sistemas de AM só se tornaram úteis para a produção em massa numa medida limitada. Continua a ser um desafio utilizar a AM em grande escala. Os robots industriais são frequentemente utilizados juntamente com as tecnologias AM para produzir componentes de grandes dimensões. Do ponto de vista da indústria, foram identificadas as seguintes dezoito barreiras [14]: educação, custo, design, software, materiais, rastreabilidade, restrições da máquina, monitorização durante o processo, propriedades mecânicas, repetibilidade, escalabilidade, validação, normas, qualidade, inspeção, tolerâncias, acabamento e esterilização. Alguns destes desafios são explicados de seguida [6,15-19]:

- *Custo:* O maior obstáculo à implementação da AM é o elevado custo inicial de arranque e o elevado preço do equipamento. As impressoras 3D não são rentáveis na maioria das situações de fabrico. As impressoras 3D e o software associado podem ser muito caros, especialmente para pequenas empresas e amadores. Os materiais necessários podem ser caros, pelo que a produção de uma peça grande pode parecer uma perda de tempo.
- *Materiais:* As matérias-primas utilizadas no fabrico de aditivos são ainda limitadas, principalmente os plásticos. Embora exista um número crescente de materiais que podem ser utilizados na AM, a seleção ainda é menor em comparação com o que está disponível para os métodos de fabrico tradicionais. Este facto pode limitar a gama de produtos que podem ser fabricados utilizando a AM.
- *Baixa velocidade:* As camadas de material são adicionadas gradualmente para criar a peça na impressão 3D. Quanto maior for a peça, mais tempo demora o processo.
- *Resistência e acabamento:* As camadas de material criam estratificação. Este processo cria um acabamento de superfície rugoso, que deve ser objeto de um processamento adicional para obter o toque desejado.
- *Limitações técnicas:* A impressão 3D não é suficientemente rápida para substituir os processos de fabrico de alta velocidade e falta-lhe flexibilidade na utilização de materiais. O software necessário para criar um ficheiro 3D é ainda demasiado complexo para uma pessoa comum. A impressão 3D começou e continua a ser feita principalmente com plásticos. A AM com metais é mais difícil devido aos seus pontos de fusão mais elevados e à maior quantidade de energia necessária.
- *Segurança:* A AM está a tornar-se rapidamente uma indústria multibilionária. Isto faz da AM um alvo de ataque atrativo. Existe uma preocupação substancial com a segurança do armazenamento, transferência e execução de modelos 3-D através de redes digitais. À medida que a tecnologia de fabrico aditivo evolui, o mesmo acontece com o risco de cibersegurança de adulteração e utilização indevida de desenhos. As abordagens de segurança para esta tecnologia emergente devem ser abordadas antes de a tecnologia se tornar mais amplamente adoptada.

- *Propriedade e cópia:* Este aspeto é importante para a propriedade intelectual dos desenhos e modelos. A questão da propriedade e da cópia de ideias originais tem suscitado um debate e um interesse consideráveis. A AM oferece novas oportunidades para a contrafação de produtos. Por este motivo, o governo introduziu na moeda materiais e desenhos difíceis de duplicar. A possibilidade de replicação rápida de ferramentas altamente sofisticadas poderá aumentar consideravelmente o número de pessoas capazes de cometer actos violentos ou travar guerras.

- *Questões éticas:* A AM coloca alguns desafios éticos às forças armadas e aos governos, que são responsáveis por manter os instrumentos de guerra fora das mãos erradas. Atualmente, existe uma falta de diversidade de materiais que podem ser processados utilizando técnicas de AM. Outros desafios incluem a falta de normas industriais, a não adequação à produção em massa e o número limitado de materiais.
- *Falta de normas:* A falta de normas de impressão 3D continua a ser um grande obstáculo que atrasa a sua adoção generalizada. É benéfico se a indústria tiver normas que sejam universalmente compreendidas e aceites. No fabrico, as normas são essenciais para as matérias-primas, máquinas, operadores de equipamento, engenheiros, fornecedores e para o próprio processo de fabrico. As normas facilitam a conceção de peças e o processo de aprovação e certificação e promovem a sua adoção pelos engenheiros da indústria. As organizações de desenvolvimento de normas, como a ISO e a ASTM, emitiram algumas especificações sobre pós metálicos como o níquel, o titânio e o aço inoxidável. A normalização da AM está num caminho promissor.
- *Falta de mão de obra especializada:* A AM exige que os engenheiros desenvolvam um conjunto de competências para a apoiar, sendo necessários processos antes e depois. Atualmente, não dispomos de engenheiros de AM em número suficiente.

Estas deficiências fazem com que a AM esteja a vários passos de substituir as actuais linhas de montagem do fabrico tradicional. À medida que a AM se aproxima da produção em massa, precisa de ser amiga do ambiente e eficiente em termos energéticos para ser autossustentável [20].

2.6 ADOPÇÃO GLOBAL DO FABRICO DE ADITIVOS

O fabrico aditivo é considerado como a próxima revolução na tecnologia dos materiais. Está a receber uma atenção global significativa. Grande parte do mundo continua a pensar na tecnologia AM como uma forma conveniente de fabricar objectos de plástico a partir de impressoras 3D. Várias empresas em todo o mundo estão agora a considerar o fabrico aditivo para a sua cadeia de fornecimento. Algumas nações estão a utilizar as suas próprias iniciativas de AM para ajudar a moldar a indústria transformadora. Atualmente, os EUA e a Europa dominam o mercado da AM, com alguns trabalhos excelentes em Singapura, China, Israel, entre outros. Analisamos a forma como algumas regiões adoptam o fabrico de aditivos.

- *Estados Unidos:* Em novembro de 2016, o Departamento de Defesa (DOD) publicou o seu primeiro Roteiro de Fabrico Aditivo. O pessoal militar tem estado a ultrapassar os seus limites muito para além do que a maioria imaginava ser possível. O Laboratório Nacional de Oak Ridge produziu o primeiro casco de submarino impresso em 3D para os militares [21]. A GE utiliza aplicações-chave para mostrar as suas ofertas de AM. O gigante do sector automóvel já está a imprimir peças de motores a jato em aviões comerciais. A sua empresa Additive é especializada no desenvolvimento de máquinas de fusão em leito de pó (PBF) para o fabrico aditivo de peças metálicas.

- *Reino Unido:* No Reino Unido, o Grupo Diretor da AM-UK apresentou a

Estratégia Nacional da AM- UK, que inclui breves resumos dos desafios que a indústria enfrenta. A estratégia define a forma de superar os desafios nas seguintes áreas: custo/investimento/financiamento, conceção, PI, proteção e segurança, materiais e processos, competências/educação, normas e certificação e ensaio e validação
[14].

- *Alemanha:* O fabricante de automóveis BMW iniciou o seu fabrico aditivo de peças protótipo em 1991. Em 2019, abriu um centro dedicado ao fabrico aditivo: no norte de Munique. Este centro é mostrado na Figura 2.7 [22]. facilitará a adoção do fabrico aditivo nas suas actividades, tanto para protótipos como para produção em série.

Figura 2.7 Centro de fabrico aditivo da BMW [22].

O grupo alemão tem como objetivo industrializar cada vez mais as técnicas de impressão 3D para a produção automóvel e implementar novos conceitos de automatização na cadeia de processos. Espera tornar-se um líder em tecnologias de impressão 3D no sector automóvel. A BMW está também envolvida em vários projectos apoiados pelo Ministério da Educação e Investigação alemão.

- *Sudeste Asiático:* Os esforços conjuntos da Asia Pacific Metalworking Equipment News, da Simens, da Universal Robots, da Markforged e da GlobalData estão a ajudar os fabricantes a compreender melhor a impressão 3D e a adoptá-la no Sudeste Asiático. Também analisaram as principais considerações para uma adoção bem sucedida [23].

2.7 CONCLUSÃO

O fabrico aditivo é considerado como um fabrico camada a camada. Embora o fabrico aditivo ainda esteja a dar os primeiros passos, tem potencial para revolucionar o fabrico.

Levará o fabrico para o nível seguinte. Conduzirá ao fabrico em casa. Foi introduzido em muitas empresas em todo o mundo. Alguns consideram-na um fator de mudança para a indústria transformadora. Não permita que a sua organização fique na idade das trevas por não adotar o fabrico aditivo.

O fabrico aditivo (ou impressão 3D) está a moldar o futuro da indústria transformadora e a tornar-se um processo de fabrico comum. Veio para ficar e está pronta para mudar a forma como vivemos e trabalhamos. A AM tem um futuro brilhante. Proporciona uma clara vantagem competitiva aos clientes [24]. O fabrico de aditivos 2.0 é uma vaga de tecnologias de fabrico de aditivos da próxima geração que permite obter rendimento, repetibilidade e custos competitivos das peças. Para mais informações sobre este domínio, devem ser consultados os livros em [7,25-40] e as seguintes revistas internacionais exclusivamente dedicadas a este domínio:

- *Fabrico aditivo*
- *Progressos no fabrico de aditivos*
- *Jornal de Prototipagem Rápida*

Estas revistas ajudá-lo-ão a manter-se a par do campo em expansão do fabrico aditivo.

REFERÊNCIAS

[1] G. Avventuroso et al., "Production paradigms for additive manufacturing systems: a simulation-based analysis", *Actas da Conferência Internacional sobre Engenharia, Tecnologia e Inovação,* junho de 2017, pp. 973-981.

[2] "Fabrico aditivo: Passado, presente e futuro". https://www.qualitymag.com/articles/96307-additive-manufacturing-past-present-and-futuro

[3] "Impressão 3D: Porque é que se chama fabrico aditivo? https://ecolink.com/info/why-is-it-called-additive-manufacturing/

[4] "O que é o fabrico aditivo? Aplicações, tecnologias e benefícios", https://bitfab.io/blog/additive-manufacturing/

[5] L. Chen et al., "The research status and development trend of additive manufacturing technology," *The International Journal of Advanced Manufacturing Technology,* vol. 89, n.º 9-12, abril de 2017, pp.:3651-3660.

[6] "The whole truth about additive manufacturing & 3D printing", fevereiro de 2015, https://www.globaltranz.com/additive-manufacturing-and-3d-printing/

[7] K. R. Balasubramanian e V. Senthilkumar, *Additive Manufacturing Applications for Metals and Composites*. IGI Global, 2020.

[8] "O que é o fabrico aditivo?" https://www.ge.com/additive/additive-manufacturing

[9] M. Gayette, "Top 10 advantages of additive manufacturing", setembro de 2022, https://www.ptc.com/en/blogs/cad/10-additive-manufacturing-advantages

[10] M. Javaid e A. Haleem, "Aplicações de fabrico aditivo em casos médicos: Uma revisão baseada na literatura", *Alexandria Journal of Medicine,* vol. 54, 2018, pp. 411-422.

[11] J. I. Lipton et al, "Additive manufacturing for the food industry," *Trends in Food Science & Technology,* vol. 43, n.º 1, maio de 2015, pp.114-123.

[12] N. Saengchairat, T. Tran e C. K. Chua, "A review: Additive manufacturing for active electronic components", *Virtual and Physical Prototyping,* vol. 12, n.º 1, 2017, pp. 31-46.

[13] K. S. Prakasha, T. Nancharaihb, e V. V. S. Rao, "Additive manufacturing techniques in manufacturing: Uma visão geral", *Materials Today: Proceedings,* vol. 5,

2018, pp. 3873-3882.
[14] L. E. J. Thomas-Seale et al., "The barriers to the progression of additive manufacture: Perspectivas da indústria do Reino Unido", *International Journal of Production Economics*, vol. 198, 2018, pp. 104-112.

[15] S. Ivan e Y. Yin, "Additive manufacturing impact for supply chain - Two cases," *Actas do IEEE IEEM 2017,* pp. 450-454.
[16] S. M. Bridges et al., "Cyber security for additive manufacturing," *Actas da 10th Conferência Anual de Investigação sobre Segurança Cibernética e da Informação,* Oak Ridge, TN, abril de 2015.
[17] M. Yampolskiy et al., "Segurança do fabrico de aditivos: Attack taxonomy and survey", *Additive Manufacturing,* 2018 (a publicar).
[18] T. Kurfess e W. J. Cass, "Rethinking additive manufacturing and intellectual property protection", *Research-Technology Management,* vol. 57, n.º 5, 2014, pp. 35-42.
[19] J. M. Mattox, "Additive manufacturing and its implications for military ethics", *Journal of Military Ethics,* vol.12, no. 3, 2013, pp.225-234.
[20] S. Kumar e A. Czekanski, "Roadmap to sustainable plastic additive manufacturing", *Materials Today Communications,* vol. 15, 2018, pp. 109-113.
[21] C. Collins, "Additive manufacturing", outubro de 2019, https://www.defensemedianetwork.com/stories/additive-manufacturing-department-of-defense-3d-printing-military-logistics/
[22] V. Carlota, " A BMW está a abrir um centro de fabrico aditivo para reunir as suas competências," junho de 2020, https://www.3dnatives.com/en/bmw-additive-manufacturing-centre-290620205/#!
[23] "Recapitulação: Additive manufacturing deployments in Southeast Asia, " novembro de 2020, https://www.equipment-news.com/recap-additive-manufacturing-deployments-in- southeast-asia/
[24] "O futuro do fabrico de aditivos na engenharia," https://www.nano-di.com/blog/2019-the-future-of-additive-manufacturing-in-engineering
[25] M. N. O. Sadiku, A. J. Ajayi-Majebi e P. O. Adebo, *Emerging Technologies in Manufacturing.* Springer, 2023, capítulo 8.
[26] A. Gebhardt, *Additive Manufacturing:3D Printingfor Prototyping and Manufacturing.* Munique, Verlag, 2015.
[27] I. Gibson, D. Rosen e B. Stucker, *Additive Manufacturing Technologies: Impressão 3D, prototipagem rápida e fabrico digital direto*. New York: Springer Science+Business Media, 2nd edition, 2015.
[28] J. Pou, A. Riveiro, e P. Davim (eds.), *Additive Manufacturing.* Elsevier, 2021.
[29] A. Gebhardt, J. Kessler e L. Thurn, *Impressão 3D: Understanding Additive Manufacturing.* Hanser Publications, 2ª ed., 2012.
[30] C. K. Chua e K. F. Leong, *3D Printing and Additive Manufacturing: Principles And Applications.* WSPC, 5ª ed., 2016.
[31] A. Bandyopadhyay e S. Bose (eds.), *Additive Manufacturing.* Boca Raton, FL: CRC Press, 2ª ed., 2019.
[32] T. S. Srivatsan e T. S. Sudarshan, *Additive Manufacturing: Inovações, Advances, And Applications.* Boca Raton, FL: CRC Press, 2015.
[33] D. Gu, *Laser Additive Manufacturing of High-Performance Materials (Fabrico Aditivo a Laser de Materiais de Elevado Desempenho*). Springer, 2015.
[34] M. Leary, *Design for Additive Manufacturing.* Elsevier, 2019.
[35] J. O. Milewski, *Additive Manufacturing of Metals: Da tecnologia fundamental aos*

bicos de foguetes, implantes médicos e jóias personalizadas. Springer, 2017.
[36] B. AlMangour (ed.), *Additive Manufacturing of Emerging Materials (Fabrico Aditivo de Materiais Emergentes).* Springer, 2019.
[37] D. M. Devine (ed.), *Polymer-Based Additive Manufacturing: Biomedical Applications.* Springer, 2019.
[38] R. Singh e J. P. Davim (eds.), *Additive Manufacturing: Applications and Innovations*. Boca Raton, FL: CRC Press, 2012.
[39] G. K. Awari et al., *Additive Manufacturing and 3D Printing Technology: Principles and Applications.* Boca Raton, FL: CRC Press, 2021.
[40] A. B. Badiru, V. Valencia, e D. Liu (eds.), *Additive Manufacturing Handbook.* Boca Raton, FL: CRC Press, 2017.

CAPÍTULO 3: A IMPRESSÃO 3D NAS EMPRESAS

"A impressão 3D é um fator de mudança no desenvolvimento de produtos, permitindo uma prototipagem e fabrico mais rápidos e eficientes." - John Kawola

3.1 INTRODUÇÃO

As tecnologias emergentes estão a moldar as nossas sociedades. O avanço da tecnologia ajudou-nos a crescer económica, ambiental e socialmente. O fabrico de bens esteve sempre ligado à evolução da sociedade. No passado, diferentes métodos de fabrico serviram os desejos dos artesãos para resolver as necessidades do dia a dia. Atualmente, a automatização e a produção em massa libertaram uma grande parte da sociedade. A segunda revolução industrial trouxe a divisão do trabalho e a redução dos custos marginais no fabrico de bens. A terceira revolução industrial veio com a era da informação e a automatização. Finalmente, estamos agora a caminhar para a quarta revolução industrial, em que máquinas e seres humanos estarão ligados em sistemas ciber-físicos. As quatro revoluções industriais estão representadas na Figura 3.1 [1].

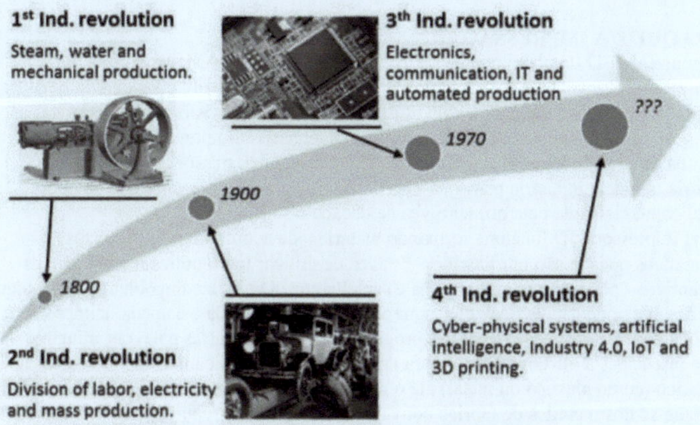

Figura 3.1 As quatro revoluções industriais [1].

A impressão 3D (ou fabrico aditivo) é o processo de juntar materiais para criar objectos a partir de dados de modelos tridimensionais, normalmente camada sobre camada. Este processo contrasta com as tecnologias tradicionais de fabrico subtrativo, em que partes de um grande bloco de material são removidas seletivamente. Em certa medida, as tecnologias de impressão 3D combinadas com um novo meio de sistemas de comunicação baseados na Internet são facilitadores da digitalização, incluindo a digitalização das operações de fabrico e da cadeia de abastecimento. Com a sua capacidade inerente de impulsionar a personalização em massa, a tecnologia tem o potencial de inaugurar a quarta indústria. A impressão tridimensional está a tornar-se o método de fabrico escolhido por muitas empresas. Este novo e versátil método de produção de bens está a tornar-se a melhor escolha para as empresas no mercado do século XXI. Para as organizações habituadas aos processos de produção tradicionais, as impressoras 3D podem poupar imenso tempo. Indústrias como a automóvel, a aeroespacial, a defesa, os bens de consumo, os cuidados de saúde, o vestuário e a moda, e a construção beneficiarão da impressão 3D com custos reduzidos e melhores prazos de entrega [2].

A impressão 3D é uma técnica de fabrico que transforma bobinas de filamento de plástico em objectos físicos. É útil para protótipos e oferece vantagens significativas para pequenas e médias séries de produção. Está a tornar-se rapidamente uma tecnologia de fabrico madura. Continua a crescer e a aumentar o seu valor de mercado. Atualmente, cada vez mais empresas de diferentes sectores estão a adotar a tecnologia de impressão 3D em todo o mundo. A impressão 3D foi adoptada por estudantes, empresários, amadores e várias indústrias.

Este capítulo apresenta uma visão geral da impressão 3D nas empresas. Começa por descrever o que é a impressão 3D. Aborda a impressão 3D para empresas. Apresenta algumas aplicações da impressão 3D nas empresas. Destaca os benefícios e desafios da impressão 3D nas empresas. Aborda as utilizações globais da impressão 3D nas empresas. A última secção conclui com comentários.

3.2 O QUE É A IMPRESSÃO 3D?

A impressão 3D (também conhecida como fabrico aditivo (AM) ou prototipagem rápida (RP)) foi inventada no início dos anos 80 por Charles Hull, considerado o pai da impressão 3D. Desde então, tem sido utilizada na indústria transformadora, automóvel, eletrónica, aviação, aeroespacial, aeronáutica, engenharia, arquitetura, farmacêutica, produtos de consumo, educação, entretenimento, medicina, missões espaciais, militar, indústria química, indústria marítima e indústria de joalharia. A tecnologia de impressão 3D foi comercializada pela primeira vez na década de 1990 [3].

Uma impressora 3D funciona formando materiais de acordo com os projectos informáticos que lhe são introduzidos. Em vez de utilizar tinta, utiliza materiais mais substantivos - plástico, metal, borracha e semelhantes. Digitaliza um objeto e corta-o em camadas que pode depois converter num objeto físico. Camada a camada, a impressora 3D pode replicar imagens criadas em programas CAD. Por outras palavras, a impressão 3D dá instruções a um computador para aplicar camada sobre camada de um material específico (como plástico ou metal) até o produto final estar construído. Esta caraterística distingue-se dos métodos de fabrico convencionais, que se baseiam frequentemente na remoção (corte, perfuração, corte, trituração, moagem, forjamento, etc.) em vez da adição. Um processo generalizado de fabrico aditivo é apresentado na Figura 3.2 [4].

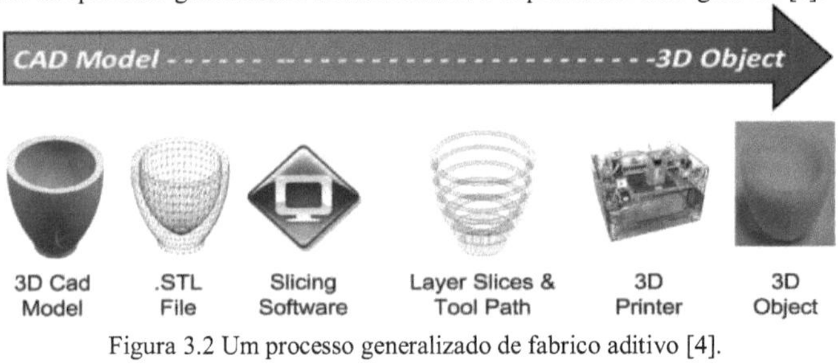

Figura 3.2 Um processo generalizado de fabrico aditivo [4].

Os modelos podem ser multicoloridos para realçar caraterísticas importantes, como tumores, cavidades e trajectos vasculares. A tecnologia 3DP pode construir um objeto 3D em quase todas as formas imagináveis, tal como definido num ficheiro de desenho assistido por computador (CAD). Trata-se de uma tecnologia aditiva distinta das técnicas de fabrico tradicionais, que são processos subtractivos em que o material é removido por corte ou perfuração [5]. Uma impressora 3D típica é apresentada na Figura 3.3 [6]. As utilizações comerciais da impressão 3D estão a crescer de ano para ano.

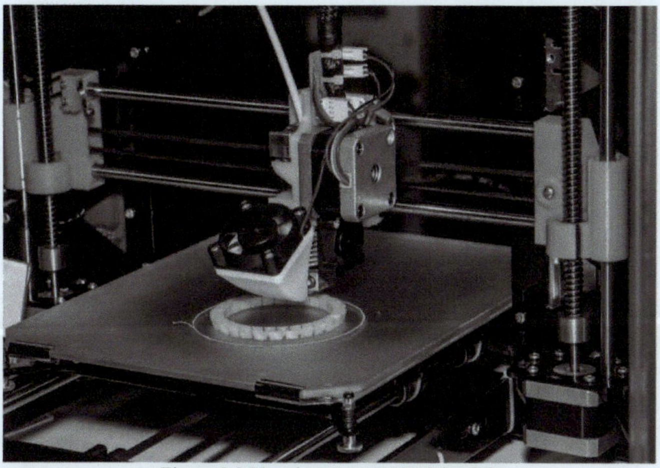

Figura 3.3 Uma impressora 3D típica [6].

3.3 NEGÓCIO DE IMPRESSÃO 3D

A impressão 3D para pequenas empresas está a tornar-se uma tendência. Uma empresa de impressão 3D aproveita a capacidade desta tecnologia emergente para criar objectos tridimensionais de forma eficiente e acessível a partir de modelos gráficos. Pode ganhar dinheiro com a sua impressora, quer disponibilizando-a para os projectos de outros, quer concebendo, imprimindo, comercializando e vendendo o seu produto online. As vantagens da impressão 3D para as pequenas empresas são significativas [7]. Serão discutidos em pormenor na secção 3.5.

Uma empresa de impressão 3D pode produzir vários produtos para várias empresas. É um negócio onde ainda há muito espaço para competir. Uma impressora 3D pode fabricar qualquer coisa, abrindo muitas opções. O desenvolvimento de produtos envolve a passagem de um projeto de uma ideia para um protótipo físico tridimensional do produto. Uma das vantagens deste tipo de negócio de impressão 3D é o facto de o inventário ser pequeno e leve. Esta vantagem é crucial se estiver a iniciar o seu negócio a partir de casa. Uma vez que se trata de uma tecnologia de nicho, pode começar a fazer negócios com a ajuda de uma máquina 3D em casa.

Se está à procura de ideias de negócio para a impressão 3D, não faltam possibilidades. Basta olhar para a Amazon para ter ideias de muitos produtos à venda no mercado. Seja criativo e comece a produzir algo que nunca foi visto. Pode utilizar as ideias de negócio de impressão 3D para expandir a sua expressão artística, uma vez que uma impressora 3D é a intersecção entre a tecnologia e a arte. Não devemos ignorar a indústria transformadora na nossa lista de ideias de negócio de impressão 3D [8]. Existem imensos recursos online disponíveis se estiver disposto a aprender.

3.4 APLICAÇÕES

A impressão 3D tem uma variedade de utilizações em várias disciplinas, tais como cuidados de saúde, aeroespacial, engenharia, fabrico, entretenimento, educação, química, matemática, biologia, história e arquitetura. A tecnologia de impressão 3D é utilizada em várias indústrias, tais como as indústrias de joalharia, impressão, moda, medicina, máquinas e educação. Consideramos as seguintes aplicações da impressão 3D nos negócios.

- *Fabrico:* O fabrico desempenha um papel essencial na vida de muitos empresários e proprietários de pequenas empresas. A impressão 3D está a tornar-se popular entre os fabricantes. Apresenta várias vantagens em relação aos métodos de fabrico mais tradicionais, como o fabrico subtrativo e a moldagem por injeção. O famoso fabricante de automóveis Jaguar utiliza a impressão 3D para criar peças sobresselentes para os seus veículos antigos. As peças podem ser produzidas em plástico, vidro ou cerâmica, pelo que as possibilidades são ilimitadas. A Figura 3.4 mostra a utilização da impressão 3D no fabrico [9].

Figura 3.4 Utilização da impressão 3D no fabrico [9].

- *Setor da impressão:* A impressão 3D pode ajudar a sua empresa na criação de protótipos ou no fabrico de baixo volume. Também tem aplicações em design, dispositivos biomédicos e peças mecânicas.

- *Cuidados de saúde:* Uma das áreas mais interessantes em que os proprietários de empresas estão a inovar e a criar novos produtos com impressoras 3D é a área médica. A tecnologia médica está a mudar rapidamente devido a tecnologias emergentes como a impressão 3D. O fabrico aditivo é uma tecnologia perfeitamente adaptada ao sector da saúde. Oferece uma gama de soluções de precisão para os cuidados de saúde, incluindo o fabrico de tecidos e órgãos, a criação de próteses, implantes e modelos anatómicos personalizados, a administração de medicamentos e a realização de testes, bem como na prática clínica. Embora a impressão 3D já seja utilizada no sector da saúde, ainda é vista, em grande medida, como uma novidade. A impressão 3D é utilizada no sector médico para ajudar a salvar vidas através da impressão de órgãos para o corpo humano, como fígados, rins e corações. As aplicações da 3DP no sector dos cuidados de saúde já estão na ordem do dia. Incluem o fabrico de dispositivos médicos, a engenharia de tecidos, a farmacologia, a cirurgia, a anatomia, a medicina dentária, a ortopedia, a prótese dentária, a periodontia, os cuidados personalizados, a investigação e desenvolvimento, a educação e formação e a imagiologia médica. A Figura 3.5 mostra a impressão 3D do corpo humano [10,11].

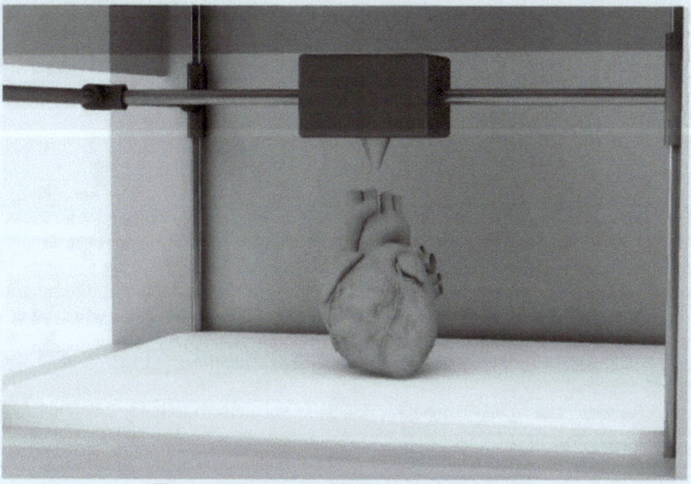

Figura 3.5 Impressão 3D do corpo humano [7].

- *Medicina dentária:* As impressoras 3D podem ser utilizadas por dentistas. Um dentista pode imprimir e produzir modelos de próteses dentárias. O dentista retira um molde dos maxilares do paciente; depois, é enviado para o centro de produção, onde são feitos e enviados para o paciente ou para o seu ortodontista. Este produto é um substituto moderno dos aparelhos ortodônticos, como mostra a Figura 3.6 [12].

Figura 3.6 Utilização de 3DP para fabricar um produto que substitui os aparelhos ortodônticos [10].

3.5 BENEFÍCIOS

A impressão 3D é uma tecnologia de ponta que existe há cerca de 40 anos. Pode proporcionar alguns benefícios revolucionários. Devido à velocidade e aos custos mais baixos da impressão 3D, os ciclos de vida dos produtos são reduzidos. Para pequenas séries de produção, prototipagem e pequenas empresas, a impressão 3D é muito superior a outros métodos de fabrico. Embora as impressoras 3D possam ser lentas, são capazes de satisfazer as necessidades de produção de baixo volume.
Outros benefícios da tecnologia 3D nas empresas são os seguintes [13,14]:

- *Prototipagem rápida:* Uma das principais vantagens da tecnologia de impressão 3D é a prototipagem rápida, que é a capacidade de conceber, fabricar e testar uma peça personalizada no menor tempo possível.

- *Produção rápida:* Dependendo do design e da complexidade da peça, a impressão 3D pode fabricar peças em poucas horas.

- *Custo:* Para as pequenas empresas, a impressão 3D é o processo de fabrico mais rentável.

- *Minimização de resíduos:* Ao construir componentes camada a camada, a impressão 3D reduz os resíduos gerados durante o processo de fabrico. A produção de uma peça utilizando uma impressora 3D requer apenas os materiais necessários para a própria peça, com pouco ou nenhum desperdício em comparação com métodos alternativos. A produção é, portanto, inerentemente amiga do ambiente.

- *Design flexível:* Qualquer impressora 3D pode criar quase tudo o que caiba no seu volume de construção. Pode criar geometrias impossíveis de produzir pelos métodos tradicionais.

- *Design tangível:* Ver um produto num ecrã não se compara a tocar e sentir um protótipo.

- *Redução de riscos:* A impressão 3D permite a uma empresa mitigar os seus riscos no fabrico.

- *Acessibilidade:* Os sistemas de impressão 3D são muito mais acessíveis e podem ser utilizados por um leque muito mais vasto de pessoas do que as configurações de fabrico tradicionais.

- *Impressão a pedido:* A atividade de impressão 3D requer muito espaço para armazenar o inventário, ao contrário dos processos de fabrico tradicionais.

- *Peças leves:* A impressão 3D utiliza o plástico como material principal. As peças de plástico são mais leves do que as suas equivalentes de metal. A Figura 3.7 mostra um exemplo de uma peça leve produzida por uma impressora 3D [14].

Figura 3.7 Um exemplo de uma peça leve produzida por uma impressora 3D [14].

- *Personalização:* No mundo atual, os consumidores exigem experiências mais personalizadas e customizadas. Isto implica a criação de produtos que são ajustados com precisão aos caprichos dos clientes. Como a impressão 3D apresenta às empresas e aos consumidores uma gama abrangente e em expansão de benefícios técnicos e económicos, passou da produção em massa em fábricas centralizadas para a personalização em massa com fabrico distribuído.

- *Desperta a criatividade:* Os novos meios de comunicação tendem a inspirar novas ideias. Quando se tem uma impressora 3D, a sua mente ganha vida e fica incandescente com novas noções sobre como promover o seu negócio e construir protótipos para novos produtos.

- *Sem ferramentas:* Ao contrário do fabrico tradicional, a impressão 3D não necessita de ferramentas. Consequentemente, pode ajudar a ultrapassar vários obstáculos, como os elevados custos das ferramentas. Embora o fabrico convencional tenha custos unitários mais baixos, as despesas iniciais com ferramentas são elevadas, tornando o fabrico de baixo volume mais dispendioso.

A figura 3.8 ilustra alguns destes desafios.

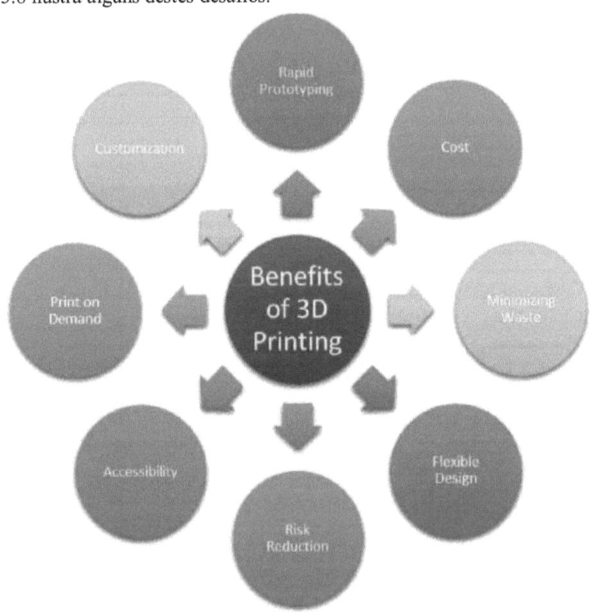

Figura 3.8 Benefícios da impressão 3D nas empresas.

3.6 DESAFIOS

O fabrico aditivo tem os seus desafios únicos. A aquisição de equipamento de impressão 3D pode ser dispendiosa. É possível evitar este custo subcontratando o seu projeto a uma empresa de serviços de impressão 3D. Outros desafios são os seguintes:

- *Custo:* O arranque de um serviço ou empresa de impressão 3D implica alguns custos iniciais significativos. O custo pode ser tão baixo quanto $200 para amadores e tão alto quanto $10.000 para impressoras de alta qualidade.

- *Materiais limitados:* A impressão 3D utiliza normalmente plásticos e metais, e a seleção de matérias-primas disponíveis não é exaustiva.

- *Tamanho limitado do produto:* As impressoras 3D têm atualmente câmaras de impressão pequenas que restringem o tamanho das peças que podem ser impressas. O apelo de limitar o trabalho de montagem está a levar o equipamento de impressão 3D a crescer cada vez mais.

- *Insatisfação dos clientes:* Para satisfazer as expectativas dos clientes, é necessário aumentar a pontualidade das entregas. Os longos tempos de resposta aos pedidos de informação dos clientes e o facto de não conseguir estabelecer uma ligação com os seus clientes podem levar a uma redução da confiança dos clientes e à perda de negócios repetidos.

- *Redução de postos de trabalho:* Uma das principais desvantagens da tecnologia 3D é a potencial redução do trabalho humano no fabrico, uma vez que a maior parte da produção é automatizada e realizada por impressoras.

- *Controlo de qualidade:* Como a impressão 3D está a tornar-se mais popular e acessível, existe uma maior possibilidade de as pessoas criarem produtos falsos e contrafeitos.

- *Risco de danos:* Uma vez que a tecnologia de impressão 3D é relativamente nova, ninguém sabe ao certo o grau de responsabilidade que pode ter. Se uma peça impressa em 3D causar danos ou doenças, pode dar origem a uma ação judicial.

- *Direitos de autor:* À medida que as impressoras 3D proliferam, o mesmo acontece com os meios para produzir facilmente propriedade intelectual protegida.

A decisão final de utilizar a impressão 3D resume-se a saber se faz realmente sentido para a sua empresa e se o custo vale o benefício.

3.7 UTILIZAÇÃO GLOBAL DA IMPRESSÃO 3D

A impressão 3D é uma gama de tecnologias de fabrico digital que produzem componentes camada a camada através da utilização de materiais. A impressão 3D está pronta para sair do seu estatuto de nicho e tornar-se uma alternativa viável aos processos de fabrico convencionais em cada vez mais aplicações. Está a ganhar popularidade rapidamente e quase todos os países têm atualmente muitas empresas de impressão 3D que oferecem impressoras 3D, materiais, componentes e serviços. Cria produtos duradouros e seguros para venda a clientes reais em quantidades moderadas a grandes. Tornou-se uma força motriz no mundo da produção atual. Analisamos a forma como o fabrico aditivo é utilizado em empresas de todo o mundo.

- *Estados Unidos:* A impressão 3D está a ganhar terreno rapidamente, dadas as suas vantagens como maior flexibilidade, menos etapas de montagem e outras poupanças de custos, bem como maiores possibilidades de conceção de produtos. Muitos dos maiores intervenientes já no negócio do fabrico de aditivos estão a competir para desenvolver as plataformas sobre as quais outras empresas irão construir e ligar-se. Empresas como a GE, a Lockheed Martin, a Boeing e a BMW estão a mudar para a impressão 3D para a produção industrial à escala. Dois fabricantes de impressão 3D dos EUA, a 3D Systems e a Stratasys, são os maiores fabricantes de impressoras 3D do mundo, com receitas superiores a 600 milhões de dólares. Estas duas empresas estão no sector da impressão 3D há quase 30 anos, desde o início do fabrico de aditivos. Outras empresas seguir-se-ão à medida que a gama de materiais imprimíveis continua a expandir-se. Os líderes empresariais, os executivos e os engenheiros devem considerar as implicações estratégicas à medida que se começam a formar ecossistemas comerciais completos em torno das novas realidades da impressão 3D [15].

- *Reino Unido:* O governo do Reino Unido investiu mais de 200 milhões de dólares no fabrico de aditivos para aumentar o seu mercado. A dimensão do mercado do sector dos serviços de impressão 3D e prototipagem rápida no Reino Unido aumentou mais rapidamente do que a economia em geral. O mercado da impressão 3D no Reino Unido está a crescer porque mais indústrias estão a utilizar o fabrico aditivo, mais dinheiro está a ser gasto em impressoras com capacidades mais elevadas, a tecnologia está a melhorar e as políticas governamentais estão a melhorar. Recentemente, a Rolls-Royce revelou a peça metálica mais importante produzida por impressão 3D. Durante o surto de COVID-19, foi utilizado um método de fabrico aditivo para produzir máscaras faciais. Algumas empresas já produziram milhares de máscaras impressas em 3D que são doadas a hospitais, farmácias, paramédicos e lares de assistência social. No entanto, as ideias erradas comuns das pequenas e médias empresas sobre os procedimentos de protótipo impedem a adoção do fabrico aditivo. A crença típica entre estas empresas é que a prototipagem é apenas um passo dispendioso antes do fabrico. Estas ideias erradas irão provavelmente abrandar o crescimento do mercado [16].

- *Europa:* As despesas do governo e a capacidade de oferecer produtos personalizados através da impressão 3D estão a liderar a tecnologia de impressão 3D na Europa. Com a capacidade de fornecer produtos personalizados e soluções fabricadas a um custo mais baixo, a tecnologia de impressão 3D irá perturbar completamente o fabrico tradicional em muitas indústrias europeias. O aumento da taxa de adoção da tecnologia de impressão 3D em vários segmentos de aplicação, tais como produtos industriais, aeroespacial, automóvel, defesa, cuidados de saúde, educação, negócios e investigação, está a facilitar o crescimento do mercado de impressão 3D. Estas indústrias registaram uma penetração significativa da tecnologia de impressão 3D. A maior procura de impressoras 3D na Europa provém de pequenas e médias empresas - que necessitam de protótipos de alta velocidade, fiáveis e de baixo custo [17].

- *China:* A indústria de impressão 3D na China registou um rápido crescimento, tornando-se o segundo maior mercado do mundo, com uma quota de 17%. Este crescimento pode ser atribuído, em grande parte, à adoção generalizada em vários sectores, todos em busca de maior eficiência e rentabilidade. Os principais intervenientes no sector da impressão 3D na China incluem a FacFox, a Unionfab e a FlashForge, cada uma com pontos fortes e fracos únicos. Fornecem uma vasta gama de opções de fabrico personalizado utilizando tecnologias avançadas de impressão 3D. Servem várias indústrias, incluindo a automóvel, a aeroespacial, a médica, a de bens de consumo e a eletrónica. Por exemplo, a impressora 3D FlashForge é apresentada na Figura 3.9 [18].

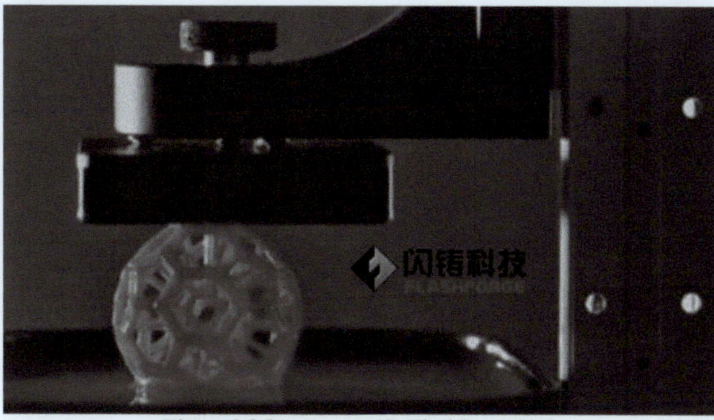

Figura 3.9 Impressora 3D FlashForge [18].

Para entrar no negócio da impressão 3D na China, é necessário compreender as leis, regulamentos e iniciativas governamentais relevantes do sector. O objetivo da China é reduzir as barreiras à entrada, trazendo a fascinante tecnologia da impressão 3D para as garagens, caves e mesas do público em geral.

- *Índia:* Estima-se que o mercado de impressão 3D na Índia valha 100 milhões de dólares, mas espera-se que cresça significativamente nos próximos anos devido a factores como o aumento da adoção de tecnologias de fabrico avançadas, políticas governamentais favoráveis e incentivos à adoção da tecnologia e maior disponibilidade de mão de obra qualificada. A prototipagem continua a ser a aplicação mais comum da tecnologia na Índia, com aplicações finais significativas nos sectores dos cuidados de saúde, joalharia, aeroespacial, dentário e automóvel. Estes são alguns dos principais factores do mercado indiano de impressão 3D. Uma empresa de impressão 3D na Índia pode aproveitar a crescente procura de produtos e serviços inovadores e personalizados. A procura crescente de dispositivos médicos e implantes personalizados é uma área de oportunidade promissora para as empresas de impressão 3D indianas. A indústria de impressão 3D está a mudar rapidamente na Índia e irá evoluir para algo bastante diferente nos próximos 5-10 anos [19].

3.8 CONCLUSÃO

A impressão 3D é uma tecnologia que permite aos utilizadores transformar qualquer ficheiro digital num objeto físico tridimensional. A capacidade de criar objectos personalizados, complexos e funcionais a partir de vários materiais tornou a impressão 3D apelativa para uma vasta gama de indústrias, incluindo a saúde, a aeroespacial, a automóvel e a de bens de consumo. As impressoras 3D estão a tornar-se uma das tecnologias mais interessantes do mundo, porque estas máquinas fantásticas podem criar quase tudo. O fabrico aditivo evolui continuamente e mostra o seu valor. Cria produtos duradouros e seguros para venda a clientes reais em quantidades moderadas a grandes. O serviço de impressão 3D envolve a receção de encomendas personalizadas dos clientes e a impressão dos artigos solicitados. Este serviço pode ser utilizado em quase todos os sectores. As empresas existentes seguir-se-ão a outras, à medida que a gama de materiais imprimíveis continuar a expandir-se.

O futuro do sector da impressão 3D será brilhante. Em última análise, a impressão 3D é a impressora do futuro. Pode ter o potencial de ser um fator de mudança para as pequenas empresas. Para mais informações sobre a impressão 3D no sector empresarial, consulte os livros em [2035].

REFERÊNCIAS

[1] I. F. Ituarte, S. H. Khajavi, e M. Salmi, "Current and future business models for 3D printing applications," outubro de 2017, https://www.researchgate.net/publication/321384439_Current_and_Future_Business_Models_for_3D_Printing_Applications/link/5b8646a392851c1e1238f205/download

[2] M. N. O. Sadiku, U. C. Chukwu. A. Ajayi-Majebi e S. M. Musa, "Impressão 3D nos negócios: Uma visão geral, " *International Journal of Trend in Scientific Research and Development,* vol. 6, no. 7, novembro-dezembro de 2022, pp. 669-675.

[3] F. R. Ishengoma e T. A. B. Mtaho, "Impressão 3D: Perspectivas dos países em desenvolvimento, engenharia informática e aplicações", *International Journal of Computer Applications,* vol. 104, n.º 11, outubro de 2014, pp. 30-34.

[4] T. Campbell et al., "Could 3D printing change the world? Technologies, potential, and implications of additive manufacturing," outubro de 2011, http://www.jstor.com/stable/resrep03564

[5] M. N. O. Sadiku, S. M. Musa e O. S. Musa, "3D Printing in the chemical industry", *Invention Journal of Research Technology in Engineering and Management,* vol. 2, n.º 2, fevereiro de 2018, pp. 24-26.

[6] T. Longeau, "9 Ways 3D printing can benefit your business", junho de 2020, https://smallbusinessbonfire.com/3d-printing-for-business/

[7] "Impressão 3D: Business uses and benefits", fevereiro de 2022, https://blog.constellation.com/2022/02/11/3d-printing-business-uses-and-benefits/

[8] C. Aebischer, "17 3D printing business ideas," janeiro de 2021, https://www.nerdwallet.com/article/small-business/3d-printing-business-ideas

[9] I. Widjayas, "5 Ways 3D printers can help increase your printing business," setembro de 2019, https://www.noobpreneur.com/2019/09/29/5-ways-3d-printers-can-help-increase-your- printing-business/

[10] A. Reichental, "How 3D printing is revolutionizing healthcare as we know it", abril de 2018, https://techcrunch.com/2018/04/05/bioprinted-organs-skin-and-drugs-how-3d-printing-is- revolutionizing-healthcare-as-we-know-it/

[11] M. N. O. Sadiku, J. Foreman e S. M. Musa, "Impressão 3D nos cuidados de saúde", *International Journal of Scientific Engineering and Technology,* vol. 7, n.º 7, julho de 2018, pp. 65-67.

[12] "Impressão 3D nas empresas: Escolha, ideias, sucesso", janeiro de 2020, https://top3dshop.com/blog/3d-printing-business-ideas

[13] "10 Vantagens da impressão 3D," https://www.makerbot.com/stories/engineering/advantages-of-3d-printing/

[14] "Quais são as vantagens e desvantagens?" https://www.twi-global.com/technical-knowledge/faqs/what-is-3d-printing/pros-and-cons

[15] R. D'Aveni, "The 3-D printing revolution", maio de 2015, https://hbr.org/2015/05/the-3-d-printing-revolution

[16] "Análise da dimensão e da quota de mercado da impressão 3D no Reino Unido - tendências de crescimento e previsões (2023 - 2028)," https://www.mordorintelligence.com/industry-reports/united-kingdom-3d-printing-market

[17] "Europe 3D printing market size," https://www.mordorintelligence.com/industry-

reports/europe-3d-printing-market/market-size#:~:text=Europe%203D%20Printing%20Market%20Analysis,hub%20for%203D%20printing%20technology.

[18] "State of the 3D printing market in China," maio de 2023, https://marketingtochina.com/state-of-the-3d-printing-market-in-china/#:~:text=China%20is%20the%20second%20largest,with%20unique%20strengths%20and%20weaknesses.

[19] A. Chavan, "Como iniciar um negócio de impressão 3D na Índia em 2023?" janeiro de 2023, https://manufactur3dmag.com/how-to-start-a-3d-printing-business-in-india/#:~:text=O%203D%20impressão%20mercado%20em,tecnologia%2C%20aumentou% 20a disponibilidade%20de%20qualificados

[20] G. Norton, *Impressão 3D: Como Ganhar Dinheiro Online Aproveitando a Tecnologia com um Negócio de Impressão 3D (Impressão 3D - Negócio de Impressão 3D - Impressão 3D para Iniciantes ... Impressão 3D.* Kindle Edition, 2015

[21] M. Darnell, *How to Make Money with 3D Printing: Comece seu próprio negócio de impressão 3D em menos de 30 dias Audible Passive Income from 3D Printing (Truly Passive Income Series): Como iniciar um negócio de impressão 3D sem possuir uma impressora 3D em apenas algumas horas de graça com 38 ferramentas de design 3D gratuitas e fáceis.* Netherfield House Press, 2015.

[22] M. Gilbert, *How To Make Money With 3D Printing: Comece seu próprio negócio de impressão 3D em menos de 30 dias.* CreateSpace Independent Publishing Platform, 2015.

[23] P. V. Tell, *The Rise of Industrial 3D-Printing: The Role of Industrial 3D-Printing in Business and How the Technologies Can Disrupt and Empower New Manufacturing, Distribution and Business Models - Here and Now.* Publicado de forma independente. 2017.

[24] T. Birtchnell e J. Urry, *A New Industrial Future? 3D Printing and the Reconfiguring of Production, Distribution, and Consumption.* Taylor & Francis, 2016.

[25] R. Horne e K. K. Hausman, *3D Printing For Dummies.* Wiley, 2017.

[26] D. Vina, *3D Profit: Formas como a impressão 3D pode beneficiar o seu negócio: Como ganhar dinheiro com a impressão 3D*. Publicado de forma independente, 2021.

[27] C. Negócios, Negócio *de impressão 3D: Como iniciar um negócio bem-sucedido de impressão 3D.* CreateSpace Independent Publishing Platform, 2015.

[28] M. Schwentker, *Tipos de impressoras 3D: Mudando a cara do negócio: Ideias nerds de impressão 3D.* Publicado de forma independente, 2021.

[29] R. Kehrer, *Impressora 3D: Como montar o seu próprio negócio: Conhecimento sobre impressão 3D.* Amazon Digital Services LLC, 2021.

[30] C. Melgar, *Usando a impressora 3D: Guia para iniciar um negócio com uma impressora 3D: Ganhe dinheiro com a impressora 3D.* Amazon Digital Services LLC, 2021.

[31] S. Torta e J. Torta, *Impressão 3D: Uma introdução.* Mercury Learning and Information, 2019

[32] H. Lipson e Melba Kurman. *Fabricated: The New World of 3D Printing.* John Wiley & Sons, 2013.

[33] J. M. Jordan, *3D Printing.* MIT Press, 2019.

[34] V. Van den Berg, S. Van der Hof, e E. Kosta (eds.), *3D Printing: Legal, Philosophical and Economic Dimensions.* Springer, 2015.

[35] J. Ito, *How To Make Money With 3D Printing: Passive Profits, Hacking The 3D Printing Ecosystem And Becoming A World-Class 3D Designer (Lucros Passivos, Hackeando o Ecossistema de Impressão 3D e Tornando-se um Designer 3D de Classe*

Mundial). CreateSpace Independent Publishing Platform, 2014.

CAPÍTULO 4 : IMPRESSÃO 3D NA EDUCAÇÃO

"A impressão 3D transforma ficheiros digitais em objectos físicos, construindo-os camada a camada.
Dá aos consumidores comuns o poder da produção". - Rudrabots

4.1 INTRODUÇÃO

A educação é uma das dádivas mais preciosas que podemos oferecer à nossa geração futura. Continua a ser uma das principais preocupações de muitos americanos. Este atributo é evidente pela quantidade sem paralelo de dinheiro que os EUA gastam na educação. Os educadores têm diante de si uma tarefa monumental e enfrentam muitos desafios. As competências procuradas no mercado de trabalho evoluem mais rapidamente do que os seus currículos. Os educadores precisam de determinar qual a melhor tecnologia para o seu currículo. A tecnologia educativa é o meio de acelerar o progresso, de concretizar o futuro do potencial de conceção e de tornar a Terra num melhor ambiente de aprendizagem. Uma dessas tecnologias emergentes no domínio da educação é a impressão 3D. A impressão 3D é uma tecnologia de ponta que existe há cerca de 40 anos. Trata-se de uma tecnologia que permite a criação de objectos físicos em 3D através de técnicas de fabrico aditivas.

A impressora 3D utiliza combinações de matérias-primas e constrói um objeto uma camada de cada vez. Os novos avanços em termos de materiais mantêm a impressão 3D na vanguarda da inovação em muitos sectores. A educação está agora a ser identificada como um mercado-alvo fundamental na indústria de impressão 3D, porque a impressão 3D envolve os alunos de forma mais profunda na aprendizagem das lições. Atualmente, está em vias de revolucionar a indústria transformadora a nível mundial. O conceito de impressão 3D é uma ferramenta educativa simples, experimentada e testada pelos professores. Atualmente, a importância de incluir a impressão 3D nos cursos profissionais e nas escolas é um facto. A impressão 3D deve ser adicionada ao currículo de todas as instituições académicas porque prepara os jovens para o futuro. Apresenta oportunidades para aprender e utilizar as mesmas ferramentas de ponta que os profissionais da indústria [1,2].

A impressão 3D está a trazer inovação disruptiva a vários sectores, incluindo a educação. A utilização da impressão 3D como ferramenta de apoio na educação está a aumentar. As impressoras 3D podem ser utilizadas em vários domínios do ensino. Por exemplo, os estudantes de história podem imprimir artefactos históricos para investigação; os estudantes de design gráfico podem imprimir versões 3D dos seus trabalhos artísticos; os estudantes de geografia podem imprimir mapas topográficos ou demográficos; os estudantes de química podem imprimir modelos 3D de moléculas; os estudantes de biologia podem imprimir células, vírus, órgãos e outros artefactos biológicos; e os estudantes de matemática podem imprimir modelos 3D de problemas para resolver [3].

Este capítulo apresenta uma visão geral da impressão 3D no sector da educação. Começa por explicar o que é a impressão 3D. Apresenta algumas aplicações da impressão 3D no sector da educação. Destaca os benefícios e desafios da utilização da impressão 3D na educação. Aborda a utilização global da impressão 3D na educação. A última secção conclui com comentários.

4.2 O QUE É A IMPRESSÃO 3D?

A impressão 3D (também conhecida como fabrico aditivo (AM) ou prototipagem rápida

(RP)) foi inventada no início dos anos 80 por Charles Hull, considerado o pai da impressão 3D. Desde então, tem sido utilizada nos sectores da indústria transformadora, automóvel, eletrónica, aviação, aeroespacial, aeronáutica, engenharia, arquitetura, farmacêutica, produtos de consumo, educação, entretenimento, medicina, missões espaciais, militar, indústria química, indústria marítima, indústria gráfica e indústria de joalharia [4]

Uma impressora 3D funciona através da "impressão" de objectos. Em vez de utilizar tinta, utiliza materiais mais substanciais - plástico, metal, borracha e semelhantes. Faz a digitalização de um objeto - ou pega numa digitalização existente de um objeto - e corta-o em camadas, que podem depois convertê-lo num objeto físico. Camada a camada, a impressora 3D pode replicar imagens criadas em programas CAD. Por outras palavras, a impressão 3D dá instruções a um computador para aplicar camada após camada de um material específico (como plástico ou metal) até o produto final estar construído. Esta caraterística distingue-se dos métodos de fabrico convencionais, que se baseiam frequentemente na remoção (corte, perfuração, picagem, trituração, forjamento, etc.) em vez da adição. Os modelos podem ser multicoloridos para realçar caraterísticas importantes, como tumores, cavidades e trajectos vasculares. A tecnologia 3DP pode construir um objeto 3D com quase todas as formas imagináveis definidas num ficheiro de desenho assistido por computador (CAD). É uma tecnologia aditiva distinta das técnicas de fabrico tradicionais, que são processos subtractivos em que o material é removido por corte ou perfuração [5].

A impressão 3D começou a entrar na moda nos últimos anos, com alguns modelos a tornarem-se suficientemente acessíveis para serem utilizados em casa. Muitas indústrias e profissões em todo o mundo utilizam atualmente a impressão 3D. Esta desempenha um papel fundamental para tornar as empresas mais competitivas. O fosso entre a indústria e os estudantes pode ser colmatado incluindo no currículo as mesmas ferramentas de ponta, como a impressão 3D, que os profissionais utilizam todos os dias. Existem casas, próteses, dispositivos cirúrgicos, drones, aparelhos auditivos e componentes de motores eléctricos impressos em 3D. Uma impressora 3D típica é apresentada na Figura 4.1 [6].

Figura 4.1 Uma impressora 3D típica [6].

Antes da introdução da impressão 3D na sala de aula, os professores baseavam-se em materiais didácticos pré-concebidos para ensinar novas matérias aos alunos. Os alunos e os professores estavam limitados a expressar as suas ideias através da escrita e de desenhos bidimensionais ou tridimensionais. Atualmente, a impressão 3D permite que as escolas tornem a modelação parte do processo educativo de forma económica. Os educadores, desde o ensino básico até à universidade, podem utilizar a impressão 3D nas salas de aula para mostrar protótipos físicos. A impressão 3D satisfaz os actuais requisitos educativos para STEM. Permitirá tornar realidade os sonhos e a criatividade de estudantes e professores a todos os níveis. A impressão 3D tornar-se-á uma força motriz importante para incentivar a inovação entre estudantes e professores [7].

A impressão 3D é o meio de produzir objectos sólidos tridimensionais a partir de um modelo digital. Foi considerada como um dos pilares da terceira revolução industrial. Pode tornar-se uma ferramenta de aprendizagem instrumental, ajudando a ilustrar os fundamentos da aprendizagem, inspirando a criatividade na aprendizagem e educando os alunos a pensar fora da caixa. Atualmente, se os estudantes sonharem, podem criá-lo com a impressão 3D. À medida que os profissionais de quase todos os sectores continuam a aumentar o investimento na impressão 3D, a tecnologia torna-se uma parte cada vez maior da nossa vida quotidiana.

A tecnologia de impressão 3D pode beneficiar os educadores de muitas formas. A impressão 3D está a inspirar os educadores a desenvolver formas criativas de ajudar os alunos. Proporciona aos professores ajudas visuais tridimensionais na sala de aula, especialmente para ilustrar um conceito difícil de compreender. Os materiais didácticos personalizados podem ser impressos em 3D a pedido. As impressoras 3D podem funcionar como auxiliares educativos nas salas de aula. Os educadores estão a utilizar a impressão 3D para aumentar a criatividade dos alunos e preparar a próxima geração de designers, artistas e cientistas.

4.3 APLICAÇÕES

A impressão 3D tem uma variedade de utilizações em várias disciplinas, tais como cuidados de saúde, aeroespacial, engenharia, impressão, fabrico, entretenimento, educação, química, matemática, biologia, história e arquitetura. A impressão 3D na educação é aplicada em jardins-de-infância, escolas primárias, médias e secundárias, universidades, bibliotecas, escolas técnicas e outros contextos educativos. Desde escolas do ensino básico e secundário a programas de pós-graduação, a impressão 3D é uma forma de os educadores incentivarem uma participação mais ativa no processo de aprendizagem. No entanto, as necessidades dos educadores variam muito; desde professores do ensino básico a professores universitários, há mais do que uma descrição de funções. Assim, não podemos ter uma impressora 3D que resolva todos os problemas. Todos os educadores precisam de incorporar a impressão 3D para dar a oportunidade de aprender mais sobre a tecnologia que está a moldar o mundo. A Figura 4.2 mostra várias utilizações da impressora 3D [8].

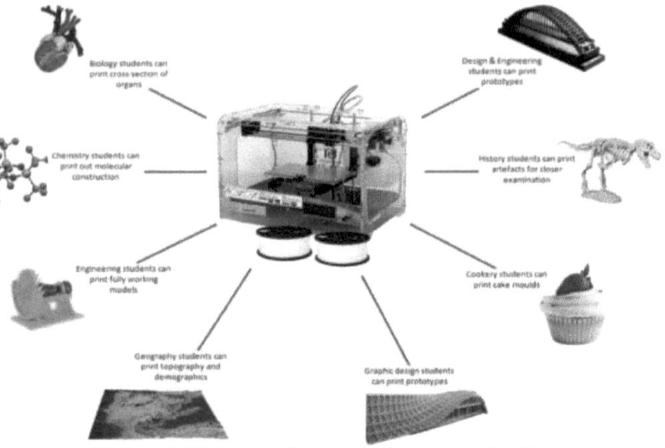

Figura 4.2 Diversas utilizações da impressora 3D [8].

Alguns valores educativos da impressão 3D são demonstrados nas seguintes aplicações.

- *Ensino básico:* Introduzir os alunos do ensino básico e secundário nas práticas de conceção de engenharia o mais cedo possível pode prepará-los melhor para a educação e as carreiras futuras. Atualmente, existem impressoras 3D em mais de 5000 escolas nos EUA. As crianças em idade escolar vivem num mundo concreto enquanto tentam aprender o abstrato. A impressão 3D é um meio tátil fácil para trabalharem. Os nossos alunos poderiam aprender muito com algumas coisas deste mundo se tivessem acesso a elas. Esses objectos poderiam ser recriados para qualquer fim com um bom artista 3D num programa CAD. É possível criar criações apelativas, precisas e de alta qualidade para os alunos, com projectos de alunos interessantes. O aspeto prático da impressão 3D na sala de aula ajuda a melhorar o envolvimento e a participação. As escolas precisam de impressoras robustas, económicas e fáceis de utilizar. A impressão XYZ tem sido popular no ensino K-12 durante anos porque é económica e fácil de utilizar. Um fabricante taiwanês de impressoras 3D fabrica-as, fornecendo um currículo STEAM completo para o ensino básico e secundário para acompanhar o seu hardware. Outra impressora 3D frequentemente encontrada nas salas de aula é uma máquina FDM (Fused Deposition Modeling). A Figura 4.3 mostra um exemplo de crianças a utilizar uma impressora 3D [9].

Figura 4.3 Um exemplo de crianças que utilizam uma impressora 3D [9].

Eis alguns exemplos de como as escolas e os alunos podem utilizar uma impressora 3D na sala de aula [10]:

- Os alunos de História podem imprimir artefactos históricos para examinar
- Os estudantes de design gráfico podem imprimir versões 3D dos seus trabalhos artísticos
- Os alunos de Geografia podem imprimir mapas topográficos, demográficos ou populacionais
- Estudantes de química podem imprimir modelos 3D de moléculas
- Os estudantes de biologia podem imprimir células, vírus, órgãos e outros artefactos biológicos
- Os estudantes de matemática podem imprimir modelos 3D de problemas para resolver

- *Aula STEM:* O programa Ciência, Tecnologia, Engenharia e Matemática (STEM) é uma abordagem interdisciplinar para educar as crianças desde tenra idade com conhecimentos e competências nas quatro disciplinas-chave da ciência, tecnologia, engenharia e matemática. O ensino STEAM (o A significa Arte) baseia-se nos fundamentos do ensino STEM e integra as artes na sua filosofia educativa. A STEM e a STEAM encaixam naturalmente na aprendizagem baseada em projectos. Os alunos integram várias disciplinas, incluindo ciências, matemática e design, para compreenderem conceitos. Incorporar a impressão 3D na aprendizagem STEM e STEAM incentiva o pensamento crítico, a resolução de problemas e as competências de comunicação necessárias para as futuras forças de trabalho. Nenhuma tecnologia permite a educação STEM melhor do que a impressão 3D.

- *Ensino superior:* A impressão 3D é amplamente aplicada no ensino superior. As universidades desempenham um papel importante na difusão da impressão 3D. Algumas faculdades começaram a incorporar a impressão 3D no seu currículo, desafiando os estudantes a criar uma variedade de modelos químicos. Esta aplicação motiva e envolve os estudantes na aprendizagem da química, ao mesmo tempo que adquirem as competências de inovação, colaboração e literacia tecnológica necessárias aos profissionais do século XXI [11]. Por exemplo, o MIT oferece cursos a nível de pós-graduação e de licenciatura que ensinam os conceitos básicos da impressão 3D. A impressão 3D está a tornar realidade a rápida distribuição de descobertas antropológicas actualizadas ao ensino superior. Os investigadores dos EUA utilizam as impressoras 3D Fusion3 numa grande variedade de domínios. A Fusion3 EDGE permite a impressão de objectos de alta qualidade a alta velocidade.

Eis algumas das formas como a impressão 3D é utilizada no ensino superior [12]:

- Os estudantes de engenharia podem imprimir protótipos
- Estudantes de arquitetura podem imprimir modelos 3D de projectos
- Os estudantes de cozinha podem criar moldes para produtos alimentares
- Os estudantes do sector automóvel podem imprimir peças de substituição ou exemplos modificados de peças existentes para teste
- Os estudantes de matemática podem imprimir "problemas" para resolver nos seus próprios espaços de aprendizagem, desde modelos à escala até desafios de conceção de infra-estruturas urbanas
- Os estudantes de medicina podem imprimir órgãos humanos, desenvolver próteses e melhorar a sua compreensão do corpo humano

- *Educação médica:* A impressão 3D é uma tecnologia perfeitamente adaptada ao sector da saúde. Oferece uma gama de soluções de precisão para os cuidados de saúde, incluindo o fabrico de tecidos e órgãos, a criação de próteses, implantes e modelos anatómicos personalizados, a administração de medicamentos e a realização de testes, bem como na prática clínica. Existem várias razões pelas quais a impressão 3D funciona bem em aplicações médicas e no ensino. Um serviço de impressão 3D a pedido pode ser utilizado para fabricar rapidamente dispositivos médicos para os doentes que deles necessitam. Com a tecnologia 3D, é possível criar rapidamente protótipos de dispositivos e modelos baseados na anatomia para testes e formação. Por exemplo, a visualização de um modelo a partir de diferentes ângulos ajuda os estudantes a compreender melhor as etapas de uma cirurgia. Os modelos 3DP permitem aos estudantes visualizar a anatomia de um doente. Melhoram a capacidade do aluno para fornecer soluções inovadoras para desafios invulgares que exigem a personalização do doente. A impressão 3D é a melhor ferramenta para a educação e formação em cirurgia oral [13]. Durante anos, a impressão 3D tem sido usada no campo da medicina para talas e implantes. Os modelos 3D também são utilizados para formação clínica e educação dos pacientes. Em suma, a impressão 3D aumenta a qualidade do ensino médico. A Figura 4.4 mostra a utilização da impressão 3D na formação médica [14].

Figura 4.4 A utilização da impressão 3D no ensino da medicina [14].

- *Educação em engenharia:* Uma impressora 3D na sala de aula de engenharia é semelhante a um kit de ferramentas para um carpinteiro. Os alunos podem experimentar o design e a engenharia criativa e ver os seus projectos ganharem vida à sua frente. Com a impressão 3D como base para a aprendizagem STEM, os alunos dispõem dos recursos necessários para reestruturar o mundo. À medida que a utilização da impressão 3D continua a crescer, haverá uma procura de designers e engenheiros qualificados para satisfazer as exigências da indústria. Uma única impressora 3D pode ser útil para várias disciplinas da ciência, engenharia e tecnologia, abrindo caminho para os alunos explorarem as STEM. Os estudantes de tecnologia podem trabalhar no desenvolvimento de novos produtos utilizando a impressão 3D para prototipagem rápida e, eventualmente, a produção de peças reais [15,16].

- *Educação matemática:* Independentemente da disciplina académica, uma impressora 3D terá o seu valor em qualquer disciplina. A impressão 3D pode ser de grande ajuda na aprendizagem da matemática. A impressão 3D para matemática oferece uma vasta gama de opções para a aprendizagem dos alunos. Ajuda-os a compreender a matemática de uma forma totalmente nova, visualizando tudo, desde a geometria básica aos fractais. Desde o jardim de infância até à pós-graduação, as impressoras 3D estão a ajudar os estudantes de matemática a representar números e símbolos com objectos do mundo físico. Qualquer objeto representado por um significado matemático pode ser impresso e integrado no currículo. Se for bem concebida, a impressão 3D pode ser utilizada para ensinar fracções, decimais, álgebra e muito mais. Uma impressora 3D típica utilizada no ensino da matemática é apresentada na Figura 4.5 [17].

Figura 4.5 Uma impressora 3D utilizada no ensino da matemática [17].

- *Ensino da arquitetura:* O interesse pela arquitetura está a crescer entre os estudantes, em parte devido às impressoras 3D e aos sistemas de modelação digital. De edifícios a pontes, as impressoras 3D fornecem uma representação física da visão do estudante. A impressão 3D melhora uma variedade de experiências educativas a que os estudantes de arquitetura estão expostos. Os estudantes de arquitetura e design podem imprimir os seus modelos, tornando-os tangíveis e dispondo de melhores formas de comunicar as suas ideias. A aprendizagem de software CAD básico e a utilização de impressoras 3D para criar casas, paisagens e objectos são uma excelente forma de despertar o interesse dos alunos. A impressão 3D ajuda os estudantes a transformar os seus projectos em modelos 3D para uma melhor apresentação e visualização [18]. A Figura 4.6 apresenta um exemplo de impressão 3D na arquitetura [19].

Figura 4.6 Exemplos de impressão 3D na arquitetura [19].

4.4 BENEFÍCIOS

Empresas de vários sectores utilizam produtos e serviços de impressão 3D para facilitar a criação rápida de protótipos, acelerar o fabrico e simplificar a gestão da cadeia de fornecimento. A impressão 3D foi incorporada no ensino durante anos. As instituições académicas também utilizam a tecnologia 3D para proporcionar uma experiência de aprendizagem superior.

A impressão 3D dá vida a um objeto em 3D real. A impressão 3D tem a grande vantagem de manter o interesse dos alunos através de uma ajuda visual. As vantagens da impressão 3D para os estudantes são vastas. As possibilidades de fins educativos para as impressoras 3D são infinitas. A impressão 3D e as competências associadas podem ser transportadas para várias disciplinas. Desde que as impressoras 3D baixaram de preço e de tamanho, uma das aplicações mais interessantes da tecnologia tem sido na sala de aula.

Outros benefícios da tecnologia 3D na educação são os seguintes:

- A impressão 3D é uma tecnologia que os cientistas e engenheiros estão a utilizar para mudar o mundo e resolver problemas do mundo real.
- A impressão 3D é uma forma de acelerar um processo de fabrico típico.
- A impressão 3D é a derradeira ferramenta para criar envolvimento.
- A impressão 3D é amplamente utilizada para desenvolver competências práticas que podem ser utilizadas para além da sala de aula
- A impressão 3D dá aos estudantes a possibilidade de implementar fisicamente um protótipo.
- A impressão 3D abriu uma nova forma de pensar sobre o currículo.
- A impressão 3D é útil para a investigação de validação.
- Com a impressão 3D, os alunos podem tirar partido das suas competências em CAD para conceber uma ideia de produto.
- A impressora 3D transforma qualquer aula numa experiência de aprendizagem interactiva.
- A impressão 3D pode permitir que os estudantes levem as suas competências da sala de aula para uma nova aplicação.
- As impressoras 3D podem melhorar a experiência de aprendizagem em qualquer situação.
- A impressão 3D permite a cada estudante sonhar mais e melhor.
- As impressoras 3D estão mais acessíveis do que nunca e são mais fáceis de utilizar.
- O 3D é utilizado como tecnologia de sala de aula para ensinar competências de codificação e de resolução de problemas.
- Aumenta as capacidades de comunicação e colaboração entre os alunos.
- As impressoras 3D podem dar vida a quase todos os conceitos educativos.
- Melhora a criatividade e as capacidades de conceção dos alunos
- Promove a capacidade de resolução de problemas e abre novas possibilidades de aprendizagem.
- A aprendizagem prática e a aprendizagem pela prática são reforçadas.
- Proporciona mais espaço para actividades interactivas na sala de aula.

4.5 DESAFIOS

O passo para a digitalização nas escolas custa dinheiro, mas as escolas não dispõem de

muito mais dinheiro do que o seu orçamento normal. Todas as nações devem estar conscientes da importância futura da impressão 3D em muitos domínios. Continuam a existir alguns desafios à adoção generalizada da impressão 3D nas escolas e colégios. A impressão 3D ainda é uma tecnologia nova que não está prontamente disponível para o consumidor médio. O acabamento dos seus modelos é geralmente inferior ao dos modelos produzidos com máquinas de RP de gama alta. A segurança, a proteção, a acessibilidade e a facilidade de utilização são preocupações importantes para a utilização de impressoras 3D na sala de aula. A escolha de uma impressora 3D com uma porta automática e com fechadura garante que a impressora não pode ser aberta enquanto estiver a funcionar. Tornar as suas impressoras 3D facilmente acessíveis aos alunos através de um início de sessão seguro responde às preocupações de segurança.
Outros desafios são os seguintes:

- As impressoras 3D são difíceis de adquirir para a maioria dos orçamentos escolares.
- Os professores precisam de algum tempo para se familiarizarem com a tecnologia, encontrarem os materiais adequados, ultrapassarem problemas de software e corrigirem falhas técnicas.
- A escolha dos materiais é frequentemente limitada a uma ou duas cores.
- A impressão 3D é um processo que requer alguma paciência - não é um ativo que o miúdo médio de 12 anos tenha em abundância.
- O nível de envolvimento desce e os sujeitos ficam desmotivados se o hardware envolvido não for adequado à finalidade.
- É uma tecnologia nova e intrigante que ainda não encontrou o seu lugar em casa.

Estes desafios podem limitar o valor de ter máquinas como as impressoras 3D na sala de aula.

4.6 UTILIZAÇÃO GLOBAL DA IMPRESSÃO 3D

A impressão 3D é uma tecnologia cada vez mais popular, encontrando aplicações práticas em muitos sectores, desde o fabrico à medicina, da construção à indústria alimentar, para mencionar apenas alguns. Os seus benefícios educativos incluem um maior envolvimento dos alunos, a capacidade de visualizar e compreender melhor os conceitos teóricos e a integração de competências práticas e teóricas. A impressão 3D é ensinada nas escolas e faculdades para inspirar as mentes jovens e melhorar o pensamento criativo. Os estudantes querem tocar e sentir os produtos e invenções da impressão 3D e brincar com eles para desbloquear o engenho humano. A utilização da impressão 3D no ensino está a ganhar popularidade em todo o mundo. Analisamos a forma como algumas nações implementam a impressão 3D no seu sistema educativo.

- *Estados Unidos:* Ter uma impressora 3D no seu espaço de criação pode ser um ótimo recurso para os alunos utilizarem. Estas impressoras criam rapidamente protótipos de artefactos históricos, versões 3D das suas obras de arte, topografia e muito mais. O Ohio é o local de muitas inovações na tecnologia de fabrico de aditivos. As inovações no Ohio foram desenvolvidas para uma vasta gama de indústrias, incluindo defesa, educação, aeroespacial, cuidados de saúde e ferramentas industriais, devido a parcerias com a indústria, universidades, agências e a força de trabalho do fabrico de aditivos. Preparar os alunos para as suas futuras carreiras e ensinar-lhes competências valiosas utilizando a impressão 3D é um caminho altamente viável que muitas escolas estão a utilizar atualmente. Os laboratórios de impressão 3D são uma solução abrangente para introduzir os estudantes no mundo da impressão e do design 3D [20]. A NASA tem estado a desenvolver tecnologia de impressão 3D, competindo para conceber e construir um habitat impresso em 3D para a exploração do espaço profundo.

- *Reino Unido:* A impressão 3D oferece uma grande variedade de oportunidades para melhorar as competências em ciências, tecnologia, engenharia, design, arte e matemática. Com as soluções de impressão 3D da Markforged e a Mark3D como parceiro educativo, os alunos desenvolvem competências práticas apoiadas por recursos que os inspiram e ajudam a mantê-los a funcionar. As soluções de impressão 3D da Mark3D permitem aos alunos criar protótipos, testar e otimizar os seus projectos. As soluções de impressão 3D em metal e compósito da Markforged proporcionam aos alunos uma aprendizagem prática com ferramentas utilizadas diariamente por engenheiros profissionais. Já pode ser encontrada em quase todas as áreas do sector da educação, incluindo institutos de investigação, universidades e colégios, escolas técnicas, escolas secundárias e escolas primárias. A impressão 3D também pode permitir descobertas para a investigação e o laboratório. Para apresentar desafios práticos aos estudantes, estes são confrontados com uma abordagem prática de resolução de problemas [21]. O projeto RepRap é uma iniciativa mundial que teve início no Reino Unido em 2005. Trata-se de um projeto de conceção aberta que visa desenvolver uma impressora 3D de baixo custo capaz de imprimir a maior parte dos seus componentes.

- *Europa:* No sector da educação, a impressão 3D cria entusiasmo nos alunos e impede-os de terem um papel passivo no processo de aprendizagem. Embora a impressão 3D seja uma prioridade para a Comissão Europeia, os professores e formadores precisam de adquirir competências específicas para introduzir a impressão 3D no programa de formação. Na Ucrânia, a construção de uma nova escola primária baseou-se na tecnologia de impressão 3D, como mostra a Figura 4.7 [22].

Figura 4.7 Primeira escola impressa em 3D na Ucrânia [22].

A escola foi concebida para proporcionar acesso à educação às crianças afectadas pela guerra em grande escala na Ucrânia. A construção da primeira escola da Europa impressa em 3D é vista como um exemplo da resiliência e determinação do povo ucraniano.

- *China:* De 2015 a 2017, o governo chinês instalou impressoras 3D em cada uma das suas 400 000 escolas primárias. O programa espacial chinês está a construir fatos espaciais impressos em 3D. A impressão 3D permitiria aos astronautas imprimir objectos com uma impressora 3D diretamente no espaço, sem dificuldades de transporte. Pessoas de todas as origens estão a adquirir impressoras 3D, e a utilização em grande escala aumentará as opções dos clientes. Espera-se que a democratização da tecnologia e do conhecimento da impressão 3D altere a natureza do comércio [23]. A Flashforge é uma empresa chinesa pioneira no fabrico de dispositivos de impressão 3D e de materiais de impressão 3D. A empresa está a colaborar ativamente com instituições de ensino superior, tanto nacionais como estrangeiras, para promover a utilização da impressão 3D na educação. A Figura 4.8 mostra o laboratório de impressão 3D da Universidade de Nottingham Ningbo, na China [24].

Figura 4.8 Laboratório de impressão 3D da Universidade de Nottingham Ningbo, China [24].

- *Índia:* A educação é a chave para desbloquear o verdadeiro potencial do engenho humano. A educação atual deve ser multidimensional, dando igual importância à abordagem teórica e à abordagem prática. Devido à sua natureza versátil, as impressoras 3D podem facilitar aplicações e conhecimentos do mundo real em vários domínios da educação. Os médicos indianos estão agora a incorporar partes do corpo impressas em 3D na cirurgia e na substituição de órgãos, enquanto uma jovem empresa em fase de arranque está a utilizar a tecnologia para reinventar a educação nas escolas indianas. A Indian Women in 3D Printing Society (IW3DP) foi formalmente lançada em Bengaluru a 18 de abril de 2023. A Sociedade destina-se a colmatar a lacuna de género na indústria indiana de impressão 3D e fabrico de aditivos. Proporciona exposição e formação em impressão 3D a estudantes do ensino secundário e superior através de workshops e laboratórios de aprendizagem experimental. A Figura 4.9 mostra algumas mulheres na sociedade de impressão 3D [25].

Figura 4.9 Algumas mulheres indianas na sociedade da impressão 3D [25].

4.7 CONCLUSÃO

A impressão 3D é uma tecnologia que permite aos utilizadores transformar qualquer ficheiro digital num objeto físico tridimensional. A impressão 3D no sector da educação é a aplicação mais interessante. No sector da educação, as tecnologias de impressão 3D facilitam uma melhor aprendizagem, o desenvolvimento de competências e um maior envolvimento dos alunos e professores com a matéria. Tem sido uma nova e maravilhosa forma de ensinar e motivar os alunos. Com o custo cada vez mais baixo das impressoras 3D, estas tornaram-se uma ferramenta educativa essencial e valiosa.

É importante dispor das ferramentas corretas para utilizar a tecnologia 3D no ensino das disciplinas STEM. A escolha da tecnologia de impressão 3D adequada depende do tamanho projetado e do número de modelos. Outros factores importantes a considerar na compra de uma impressora 3D incluem a facilidade de utilização, a fiabilidade, a segurança, a relação custo-eficácia e a velocidade de impressão. Pode ser conveniente começar com kits de impressão 3D do tipo "faça você mesmo" antes de comprar. A utilização de impressoras 3D no ensino está a crescer rapidamente a todos os níveis. A educação é provavelmente um dos sectores que mais beneficiará com as impressoras 3D a longo prazo. O futuro da impressão 3D no sector da educação é ilimitado. Para obter mais informações sobre a impressão 3D no sector da educação, deve ser consultado o livro em [26-33] e as seguintes revistas relacionadas:

- *Sociedade Americana para a Educação em Engenharia*
- *IEEE Transactions on Education*
- *Revista Internacional de Educação Progressiva*
- *Revista EURASIA de Educação Matemática, Científica e Tecnológica*

REFERÊNCIAS

[1] M. N. O. Sadiku, U. C. Chukwu. A. Ajayi-Majebi, e S. M. Musa, "Impressão 3D: Uma introdução", *International Journal of Trend in Scientific Research and*

Development, vol. 6, n.º 7, novembro-dezembro de 2022, pp. 573-577
[2] M. N. O. Sadiku, U. C. Chukwu. A. Ajayi-Majebi, e S. M. Musa, "3D printing in Education, " *International Journal of Trend in Scientific Research and Development,* vol. 6, n.º 7, novembro-dezembro de 2022, pp. 661-668.
[3] D. Assante, G. M. Cennamo e L. Placidi, "Impressão 3D na educação: Uma perspetiva europeia", *Proceedings of2020 IEEE Global Engineering Education Conference (EDUCON),* abril de 2020.
[4] F. R. Ishengoma e T. A. B. Mtaho, "Impressão 3D: Perspectivas dos países em desenvolvimento, engenharia informática e aplicações", *International Journal of Computer Applications*, vol. 104, n.º 11, outubro de 2014, pp. 30-34.
[5] M. N. O. Sadiku, S. M. Musa e O. S. Musa, "3D Printing in the chemical industry", *Invention Journal of Research Technology in Engineering and Management,* vol. 2, n.º 2, fevereiro de 2018, pp. 24-26.
[6] "The benefits of 3D Printing in children's education," fevereiro de 2021, https://www.kidsinthehouse.com/blogs/kidsinthehouse2/the-benefits-of-3d-printing-in-childrens-education
[7] "A impressão 3D cria um turbilhão de inovação no domínio da educação", julho de 2021, https://www.raise3d.com/case/3d-printing-creates-a-whirlwind-of-innovation-in-the- field-of-education/
[8] "Solução de impressão 3D", Fonte desconhecida.
[9] "Impressão 3D na educação," https://www.learnbylayers.com/3d-printing-education-2/
[10] "Os 5 principais benefícios da impressão 3D na educação," https://www.makerbot.com/stories/3d-printing-education/5-benefits-of-3d-printing/
[11] O. A. H. Jones e M. J. S. Spencer, "Um método simplificado para a impressão 3D de modelos moleculares para a educação química", *Journal of Chemical Education*, outubro de 2017.
[12] "10 maneiras de utilizar a impressão 3D na educação" https://www.teachthought.com/technology/3d-printing-education/

[13] M. N. O. Sadiku, J. Foreman e S. M. Musa, "Impressão 3D nos cuidados de saúde", *International Journal of Scientific Engineering and Technology,* vol. 7, n.º 7, julho de 2018, pp. 65-67.

[14] "Série de anatomia impressa em 3D oferece alternativa aos cadáveres para formação médica", julho de 2015, https://www.embodi3d.com/blogs/entry/200-3d-printed-anatomy-series-offers-alternative-to-cadavers-for-medical-training/
[15] "Impressoras 3D para o ensino da ciência e da engenharia," https://3dsupplyguys.com/education-center/3d-printers-in-education/3d-printers-for-ciência-engenharia-educação/
[16] Y. AbouHashem et al., "The application of 3D printing in anatomy education," *Medical Education Online,* vol. 20, no.1, 2015.

[17] "Impressoras 3D para o ensino da matemática," https://3dsupplyguys.com/education-center/3d-printers-in-education/3d-printers-for-mathematics-education/
[18] "Impressoras 3D para o ensino da arquitetura," https://3dsupplyguys.com/education-center/3d-printers-in-education/3d-printers-for-arquitetura-educação/

[19] "Educação e formação em impressão 3D," http://my3dconcepts.com/education/
[20] "Fabrico aditivo," https://www.jobsohio.com/industries/additive-fabrico? gad=1 &gclid=EAIaIQobChMIibHwnai0_wIV em1vBB0GZw66EAAYAi AAEgJXpvD_BwE
[21] "A impressão 3D da Markforged na educação," https://www.mark3d.com/en/3d-printing-in-education/
[22] A. Shaikhnag, "Primeira escola impressa em 3D na Europa em construção na Ucrânia", junho de 2023, https://3dprintingindustry.com/news/first-3d-printed-school-in-europe-under-construction-in-ukraine-222486/
[23] "Aplicações futuras da impressão 3D na China", julho de 2020, https://daxueconsulting.com/3d-printing-in-china/#:~:text=In%20addition%2C%20according%20to%20Simon,technology%20from%20a%20young%20age.
[24] "Flashforge impulsiona faculdades chinesas no cultivo de talentos de fabrico inteligente em 3D," janeiro de 2023, https://www.flashforge.com/news-detail/3d-printer-being-used-in-education-Chinese- school-cases
[25] Lançamento da "Indian women in 3D Printing Society", abril de 2023, https://www.educationworld.in/karnataka-3d-printing-technology-to-be-introduced-from-school-level-onwards/
[26] I. M. R. Santos, N. Ali e S. Areepattamannil (eds), *Interdisciplinary and International Perspectives on 3D Printing in Education* . IGI Global, 2019
[27] D. D. Thornburg. N. Thornburg, e S. Armstrong, *The Invent to Learn Guide to 3D Printing in the Classroom: Receitas para o sucesso (Guias de Inventar para Aprender).* Constructing Modern Knowledge Press, 2014.
[28] C. K. Chua et al., *3D Printing and Additive Manufacturing of Electronics: Principles and Applications.* World Scientific, 2021.
[29] S. Torta e J. Torta, *Impressão 3D: Uma introdução*. Mercúrio Aprendizagem e Informação, 2019.
[30] K. A. Boozarjomehri, *3D Printing at School and Makerspaces.* Cavendish Square Publishing, 2017.
[31] M. S. Khine e N. Ali (eds), *Integrating 3D Printing Into Teaching and Learning: Practitioners' Perspectives.* Brill, 2020.
[32] B. Bobbitt, *Impressão 3D simplificada para a educação.* Publicado de forma independente, 2016.
[33] Information Resources Management Association (ed.), *Research Anthology on Makerspaces and 3D Printing in Education.* IGI Global, 2022.

CAPÍTULO 5: IMPRESSÃO 3D NOS CUIDADOS DE SAÚDE

5.1 INTRODUÇÃO

Devido à natureza individualizada dos cuidados de saúde, é frequentemente necessário que os dispositivos médicos personalizados ou as peças humanas sejam adaptados a cada doente. Anteriormente, o fabrico convencional poderia ter tido dificuldades em criar a peça personalizada. Além disso, a escassez de dadores para transplantes de órgãos é um grande desafio clínico em todo o mundo e a substituição pode ser demorada e dispendiosa no pós-operatório, devido às frequentes consultas médicas e aos medicamentos para evitar a rejeição de órgãos. A tecnologia de impressão tridimensional (3D) tem o potencial de resolver estas limitações. Trata-se de uma nova técnica de fabrico em que o material é depositado, camada a camada, para formar um objeto tridimensional. Está a tornar-se uma das principais ferramentas da indústria médica.

A impressão 3D é o meio de produzir objectos sólidos tridimensionais a partir de um modelo digital. Foi considerada como um dos pilares da terceira revolução industrial. Nenhum sector adoptou a tecnologia 3DP com mais entusiasmo do que os cuidados de saúde, especialmente a cirurgia. Com o sector da saúde sob pressão política e económica, a impressão 3D permite aos fabricantes produzir dispositivos médicos personalizados de forma rentável. A 3DP tem o potencial de mudar os cuidados de saúde, tornando-os mais económicos, acessíveis e personalizados [1].

Este documento apresenta uma introdução sobre a forma como a 3DP é utilizada no sector dos cuidados de saúde. Começa por explicar em pormenor o que é a impressão 3D. Apresenta algumas aplicações da 3DP no sector da saúde. Aborda as vantagens e os desafios da 3DP. Destaca a 3DP global. Aborda o conceito relativamente novo de impressão 4D, que acrescenta a quarta dimensão do tempo. A última secção conclui com comentários.

5.2 CONCEITO DE IMPRESSÃO 3D

A impressão tridimensional (3DP) é um procedimento de fabrico em que um objeto é fabricado através da deposição de materiais - como plástico, metal, cerâmica, pós, líquidos ou mesmo células vivas - utilizando processos aditivos em que camadas sucessivas de material são montadas umas sobre as outras para produzir o objeto 3D pretendido. Por outras palavras, a impressão 3D dá instruções a um computador para aplicar camada sobre camada de um material específico (como plástico ou metal) até o produto final ser construído. Isto é diferente dos métodos de fabrico convencionais, que se baseiam frequentemente na remoção (por corte, perfuração, picagem, trituração, forjamento, etc.) em vez da adição. A Figura 5.1 mostra o processo de impressão 3D [2].

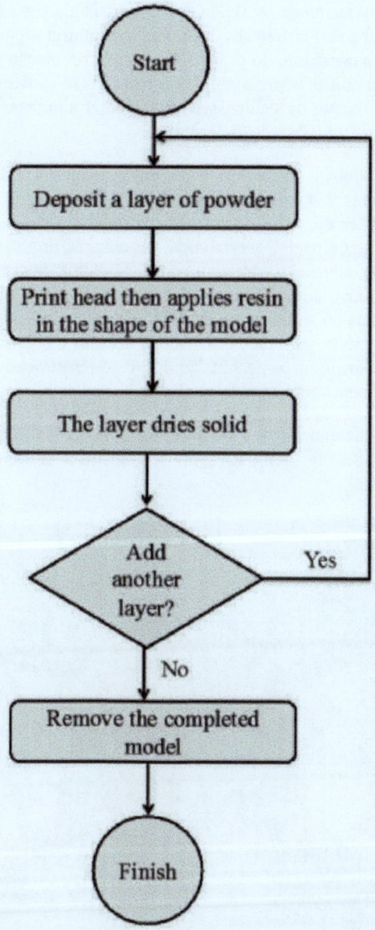

Figura 5.1 Procedimento de impressão 3D [2].

Os modelos podem ser multicoloridos para realçar caraterísticas importantes, como tumores, cavidades e trajectos vasculares. A tecnologia 3DP pode construir um objeto 3D com quase todas as formas imagináveis definidas num ficheiro de desenho assistido por computador (CAD). Trata-se de tecnologia *aditiva*, diferente das técnicas de fabrico tradicionais, que são processos *subtractivos* em que o material é removido por corte ou perfuração [3]. (já disse isto há 2 frases atrás, considere a possibilidade de eliminar esta última frase)

A impressão 3D traduz modelos 3D de desenho assistido por computador em objectos físicos, camada a camada. Permite aos designers ter um protótipo totalmente funcional algumas horas após a conclusão do projeto. Uma nova revolução industrial está ao virar da esquina, à medida que as impressoras 3D comerciais se tornam mais pequenas, portáteis e baratas. O sector da saúde deve implementar a impressão 3D como parte do seu processo global de transformação digital.

A impressão 3D (também conhecida como fabrico aditivo (AM) ou prototipagem rápida (RP)) foi inventada no início dos anos 80 por Charles Hull, considerado o pai da impressão 3D. Desde então, tem sido utilizada na indústria transformadora, automóvel, eletrónica, aviação, aeroespacial, aeronáutica, engenharia, arquitetura, farmacêutica, produtos de consumo, educação, entretenimento, medicina, missões espaciais, militar, indústria química, indústria marítima e indústria de joalharia. É uma tecnologia perfeitamente adaptada ao sector da saúde. Oferece uma gama de soluções de precisão para os cuidados de saúde, incluindo o fabrico de tecidos e órgãos, a criação de próteses, implantes e modelos anatómicos personalizados, a administração de medicamentos e a realização de testes, bem como na prática clínica.

Existem vários tipos de impressoras 3D disponíveis no mercado, cada uma com as suas próprias vantagens e desvantagens. A Figura 5.2 mostra uma impressora 3D típica [4].

Figura 5.2 Uma impressora 3D típica [4].

As tecnologias de impressão 3D podem ser classificadas em três grupos: impressão por extrusão, fotopolimerização e impressão à base de pó. Com base nisto, os principais tipos de impressão 3D incluem [5]:

(a) Estereolitografia (SLA): Um aparelho de SLA cria objectos 3D através da polimerização de um banho ou "cuba" de resina de polímero fotossensível. A SLA é o método mais comum e tornou-se amplamente aceite como o método mais fácil para imprimir modelos cirúrgicos de forma rápida e precisa.

(b) Sinterização selectiva a laser (SLS): O SLS é um método de impressão 3D que não utiliza camadas fotossensíveis de resina líquida, mas sim pó que solidifica em camadas.

(c) Jato de tinta: Esta técnica utiliza métodos semelhantes aos das impressoras de jato de tinta de secretária 2D.

(d) Modelação por deposição fundida (FDM): Tal como uma impressora a jato de tinta, a FDM utiliza cabeças de impressão para depositar linhas de plástico derretido numa plataforma em camadas

(e) Laminação de folhas (SL): Este processo une folhas de material para formar objectos a partir de polímeros sintéticos ou papel.

5.3 APLICAÇÕES

A impressão 3D encontrou inúmeras aplicações nos sectores da saúde, fabrico, automóvel, eletrónica, aviação, aeroespacial, defesa, produtos de consumo, educação, entretenimento, joalharia, militar, engenharia, bibliotecas, indústria alimentar, medicina dentária, medicina humana e medicina veterinária. O maior impulsionador da adoção da impressão 3D é o mundo do fabrico. Talvez as aplicações 3DP mais interessantes possam ser encontradas no mundo dos cuidados de saúde. As aplicações da 3DP no sector dos cuidados de saúde já estão na ordem do dia. Incluem o fabrico de dispositivos médicos, a engenharia de tecidos, a farmacologia, a cirurgia, a anatomia, a medicina dentária, a ortopedia, a prótese dentária, a periodontia, os cuidados personalizados, a investigação e desenvolvimento, a educação e formação e a imagiologia médica. A Figura 5.3 mostra a impressão 3D do corpo humano [6].

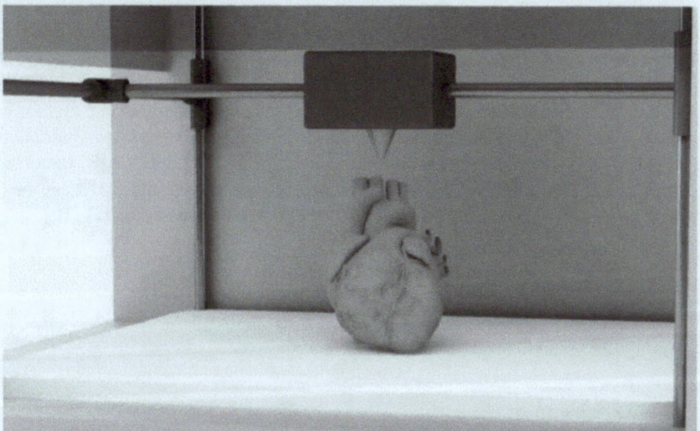

Figura 5.3 Impressão 3D do corpo humano [6].

Apresentamos aqui algumas aplicações 3DP na área da saúde que estão a revolucionar a indústria [7,8]:

- *Fabrico de medicamentos:* O 3DP tornou-se um método de fabrico líder nos cuidados de saúde para uma vasta gama de aplicações na medicina. Permite o fabrico a pedido com elevada produtividade e de forma rentável. Permite também um fabrico personalizado mais preciso de dispositivos médicos em todos os domínios da medicina, criados de acordo com as especificações do próprio doente. Atualmente, estão disponíveis no mercado vários produtos médicos fabricados por impressão 3D.

- *Engenharia de tecidos:* A 3DP surgiu como uma ferramenta poderosa para a engenharia de tecidos (ou bioimpressão), quer se trate de sangue, ossos, coração ou pele. O fabrico de um tecido humano através da impressão de células em 3D é uma área excitante e em expansão. Isto permite aos hospitais imprimir estruturas de tecido humano que podem eliminar a necessidade de alguns transplantes. Já foram impressos em 3D tecidos planos como a pele, estruturas tubulares e órgãos complexos como o fígado. O principal objetivo da bioimpressão 3D é reduzir a escassez de oferta no mercado de dadores de órgãos. Recentemente, a engenharia de tecidos tem-se centrado na criação de tecidos e órgãos funcionais para implantação e no desenvolvimento de modelos de tecidos. A engenharia de tecidos ósseos é uma abordagem promissora para a reparação e reconstrução óssea [9].
- *Farmacologia:* A impressão 3D é o epítome da precisão. Permite a deposição exacta de medicamentos. Está a ajudar as empresas farmacêuticas a criar medicamentos mais específicos. Abre um campo de farmacologia personalizada. Permitiu o fabrico de protótipos de dispositivos de administração de medicamentos específicos para cada doente (DDD) com uma complexidade variável e mostra que é possível a personalização de medicamentos . A impressão 3D de medicamentos poderá permitir às empresas criar cápsulas com vários medicamentos que libertam diferentes compostos em momentos diferentes.

- *Modelos anatómicos:* São estruturas de anatomia utilizadas na formação, planeamento cirúrgico e investigação de imagens médicas. Estudos de imagiologia como a TAC e a RMN podem ser convertidos em plantas da anatomia interna de um doente. Os modelos anatómicos 3DP podem ajudar os cirurgiões a prepararem-se melhor para a cirurgia, o que resultará num melhor resultado cirúrgico. Os modelos anatómicos são necessários na construção de ossos e no tratamento de tumores. Vasos, tumores e crânios são apenas alguns dos modelos anatómicos criados numa variedade de materiais. A Figura 5.4 ilustra um modelo de cérebro impresso em 3D [10].

Figura 5.4 Um modelo de cérebro impresso em 3D [10].

A utilização de 3DP na cirurgia da coluna vertebral está a evoluir rapidamente. As vantagens da utilização de modelos de coluna vertebral impressos em 3D na investigação anatómica incluem as seguintes [11]: (1) morfometria precisa da coluna vertebral óssea; (2) preço aceitável; (3) dados prontamente disponíveis utilizando os dados de TC ou RM do sistema de arquivo e comunicação de imagens do hospital; (4) modelos morfométricos consistentes a partir dos dados de TC ou RM do mesmo doente; (5) evitar o problema ético da utilização de espécimes cadavéricos; (6) ultrapassar a disponibilidade limitada de espécimes cadavéricos em países com menor taxa de doação de corpos.

- *Próteses:* As próteses proporcionam uma melhor qualidade de vida aos pacientes que sofrem de perda de um membro. Milhões de pessoas em todo o mundo precisam de dispositivos de mobilidade como as próteses. O 3DP permite a criação de próteses personalizadas para as necessidades anatómicas específicas de um doente. As próteses impressas em 3D são totalmente personalizadas para o utilizador e têm um preço acessível. A Figura 5.5 apresenta um exemplo de prótese personalizada [6].

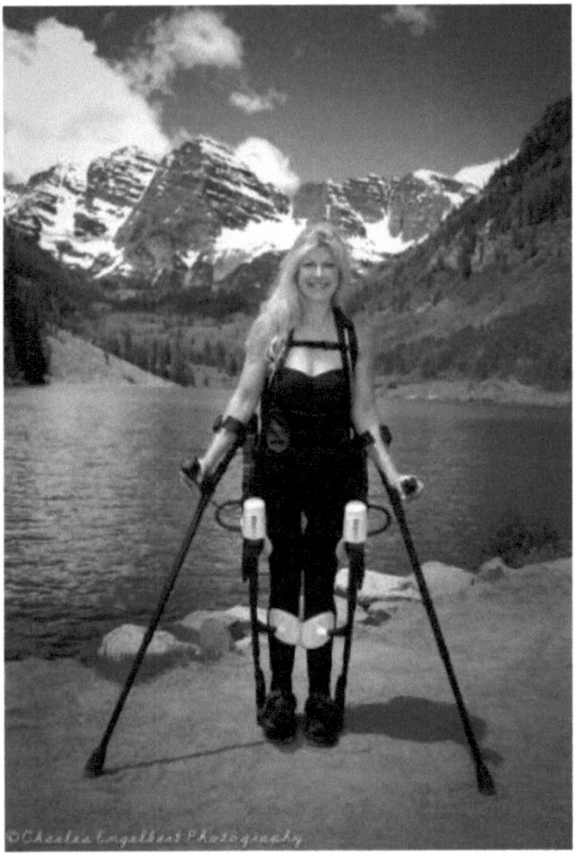

Figura 5.5 Um exemplo de próteses personalizadas [6].

- *Medicina dentária:* A impressão 3D está a ter um impacto no sector dentário. Pode criar componentes sofisticados em produção em massa, o que a torna uma técnica atractiva para a medicina dentária. Combinando a digitalização oral, o desenho CAD/CAM e a 3DP, os laboratórios dentários podem produzir com precisão coroas, pontes, modelos de gesso/pedra e uma gama de aparelhos ortodônticos, como guias cirúrgicos e alinhadores [12]. Vários dentistas estão entusiasmados com a incorporação da impressão 3-D na sua prática. A impressão 3D tem o potencial de revolucionar a medicina dentária.
- *Implantes:* O corpo humano é complexo e os implantes tradicionais requerem frequentemente adaptação e cuidados durante a implantação. A 3DP permite que as formas complexas sejam concebidas, optimizadas e fabricadas de acordo com os requisitos dimensionais exactos [13]. Existem vários fabricantes que utilizam a

impressão 3D para produzir produtos de implantes comerciais como implantes para a coluna vertebral, anca, joelho, crânio, aparelhos auditivos e anéis vaginais. As impressoras 3D podem induzir várias propriedades desejáveis em tais implantes médicos. Os implantes impressos em 3D têm sido utilizados numa variedade de especialidades cirúrgicas. As impressoras 3D podem induzir várias propriedades desejáveis nos implantes. Por exemplo, são utilizados no tratamento de doenças como a diabetes. (os diabéticos precisam de implantes? Deveria especificar o que é que os diabéticos precisam das impressoras 3D?)

- *Cuidados personalizados:* Os cuidados personalizados e de precisão estão a aumentar. A impressão 3D está a ser aproveitada para criar cuidados personalizados para os doentes. Permite aos profissionais médicos criar dispositivos específicos para cada doente a um custo acessível. A impressão 3D e as técnicas de visualização avançadas podem ajudar os médicos a desenvolver abordagens cirúrgicas personalizadas para os doentes. A implementação de uma tecnologia de impressão 3D num centro médico é designada por impressão 3D Point-of-Care, que é utilizada para personalizar os cuidados dos doentes. Isto aumenta a segurança do doente, reduz o tempo de permanência e reduz as readmissões.
- *Investigação e desenvolvimento:* A tecnologia 3DP está pronta para revolucionar os laboratórios de investigação e ensino médico. A impressão de protótipos no local acelera o ciclo de desenvolvimento de I&D e reduz o tempo de colocação no mercado. Os protótipos podem ser feitos, testados e finalizados numa questão de dias em vez de semanas. A investigação e o desenvolvimento das fórmulas corretas para criar estes novos materiais oferecem uma oportunidade de inovação constante no sector da saúde.
- *Educação e formação médica.* Com a tecnologia 3D, é possível criar rapidamente protótipos de dispositivos e modelos baseados na anatomia para testes e formação. Por exemplo, a visualização de um modelo a partir de diferentes ângulos ajuda os estudantes a compreender melhor as etapas de uma cirurgia. Os modelos 3DP permitem aos estudantes visualizar a anatomia de um doente. Melhoram a capacidade dos estudantes para fornecer soluções inovadoras para desafios invulgares que exigem a personalização do doente. A impressão 3D é a melhor ferramenta para a educação e formação em cirurgia.

Outras áreas de aplicação incluem imagens de radiologia, construção de fantomas mamários, imagiologia médica, medicamentos, anatomia da coluna vertebral, tecnologia de assistência e cuidados clínicos.

5.4 BENEFÍCIOS

A impressão 3D surgiu como uma tecnologia revolucionária no sector dos cuidados de saúde. Está a ser utilizada para criar dispositivos médicos personalizados e dar formação a futuros profissionais de saúde. As impressoras 3D estão a começar a infiltrar-se nos lares e a entrar na corrente principal. Criou uma nova geração de fabricantes caseiros e de bricolage e as crianças estão a começar a adoptá-la.

As vantagens do 3DP incluem a prototipagem rápida, o fabrico rápido, a produção em massa, a personalização em massa, as economias de escala, a utilização de materiais únicos, a personalização de produtos médicos, medicamentos e equipamento; a relação custo-eficácia, o aumento da produtividade; a democratização da tecnologia e o reforço da colaboração. A 3DP ajudará as organizações de cuidados de saúde a aumentar a rentabilidade, reduzindo os custos, melhorando a eficiência operacional, melhorando a satisfação dos doentes, reduzindo o tempo de recuperação e criando novas oportunidades [14]. A tecnologia permite custos de produção mais baixos, dispositivos específicos para cada doente e uma abordagem de fabrico just-in-time. Os hospitais poderiam potencialmente criar artigos a pedido, o que alteraria significativamente a cadeia de abastecimento dos cuidados de saúde. A 3DP beneficia os doentes, os prestadores de cuidados de saúde e as entidades pagadoras. Proporciona aos profissionais de saúde novas ferramentas que podem, em última análise, resultar num padrão de cuidados mais elevado.

Outros benefícios da 3DP incluem [15,16]:

1. *Produtos personalizados:* Talvez a maior vantagem da aplicação de impressoras 3D na área da saúde seja a liberdade de produzir produtos e equipamentos médicos personalizados. Quase todas as aplicações 3DP têm de ser adaptadas a um doente específico e requerem um elevado nível de personalização porque o corpo de ninguém é idêntico (com exceção dos gémeos idênticos). Um modelo 3DP personalizado do coração de cada doente permite ao cirurgião ajustar-se às caraterísticas únicas do coração de cada doente. Por exemplo, fabricar próteses da forma tradicional é muito dispendioso e demorado porque têm de ser feitas à medida do doente. As impressoras 3D permitem que as próteses estejam mais amplamente disponíveis a um preço mais baixo.
2. *Prototipagem rápida:* Esta é a maior aplicação comercial da impressão 3D atualmente. Os processos de fabrico convencionais, como a fundição ou o forjamento, desperdiçam tempo na preparação de ferramentas dispendiosas e são caros. A prototipagem rápida encurta o ciclo de vida do desenvolvimento, permite uma experimentação fácil e aumenta a confiança no produto final. A tecnologia 3DP pode ser utilizada para fabricar rapidamente componentes com qualquer forma. Os produtos concebidos podem ser facilmente transformados num protótipo real. Reduz o tempo entre iterações de design.
3. *Custos reduzidos:* Apesar de os custos iniciais de instalação serem mais elevados, a impressão 3D tornou-se mais barata do que o trabalho humano em países do terceiro mundo. Além disso, os custos da impressão 3D ainda estão a diminuir, com o potencial de impressoras 3D em casa num futuro próximo. Além disso, os custos dos produtos personalizados são os mesmos dos produtos de produção em massa.
4. *Menos stocks:* Com as tecnologias de fabrico tradicionais, é muito mais rápido e mais barato fabricar produtos adicionais que provavelmente sabe que acabará por precisar. No entanto, com a impressão 3D, apenas os produtos que são vendidos precisam de ser fabricados, pelo que o armazenamento do excesso de inventário é significativamente menos necessário.
5. *Oportunidades de emprego:* A tecnologia 3DP cria postos de trabalho para designers altamente qualificados que sejam peritos na utilização de impressoras 3D. São necessários mais engenheiros para projetar e construir impressoras 3D e mais técnicos para manter, utilizar e reparar impressoras 3D.
6. *Dispositivos médicos:* Embora as utilizações 3DP ainda sejam experimentais, as vantagens potenciais são enormes. Imagine os médicos a construírem e substituírem rapidamente órgãos críticos, como o coração, os pulmões ou o fígado, que quase não terão hipóteses de rejeição por parte do dador, uma vez que os órgãos serão construídos utilizando as caraterísticas e o ADN únicos dos doentes. A 3DP está a salvar vidas e é agora uma forma de criar órgãos, articulações e membros, ajudando os amputados a viver uma vida normal. A produção e a comercialização de

dispositivos médicos são frequentemente regulamentadas.

7. *Escassez de dadores:* A utilização da tecnologia 3DP em aplicações médicas resolverá eficazmente o problema da escassez de dadores, que constitui um grande desafio clínico a nível mundial. A implantação de órgãos artificiais melhorará a qualidade de vida dos doentes.

5.5 DESAFIOS

Embora a impressão 3D já exista há mais de 30 anos, a sua adoção generalizada tem de esperar que outras áreas recuperem o atraso, incluindo a ciência dos materiais, as técnicas de engenharia e a transformação digital dos cuidados de saúde. Tal como acontece com a maioria das novas tecnologias, a tecnologia 3DP suscita alguns desafios para engenheiros, cientistas e projectistas. Estes desafios têm de ser ultrapassados para que a tecnologia de impressão 3D seja amplamente adoptada no sector dos cuidados de saúde

Os desafios que a 3DP enfrenta devem ser compreendidos e mitigados. Estes incluem [15,17]:

1. *Menos empregos na indústria transformadora:* Tal como acontece com todas as novas tecnologias, os postos de trabalho na indústria transformadora irão diminuir. Esta desvantagem terá um grande impacto nas economias dos países do terceiro mundo, especialmente na China, que dependem de um grande número de empregos pouco qualificados.
2. *Materiais limitados:* Atualmente, as impressoras 3D apenas fabricam produtos em plástico, resina, determinados metais e cerâmica. A impressão 3D de produtos em materiais e tecnologias mistas, como placas de circuitos, ainda está a ser desenvolvida.
3. *Direitos de autor e PI:* A maior parte dos produtos e dispositivos não são passíveis de direitos de autor. Com a impressão 3D a tornar-se mais comum, a impressão de produtos protegidos por direitos de autor para criar artigos contrafeitos tornar-se-á mais comum e quase impossível de determinar. Isto pode exigir alguns regulamentos. Além disso, estão a surgir batalhas de propriedade intelectual (PI) no mundo da tecnologia 3DP. Os proprietários de propriedade intelectual, bem como os proprietários de marcas registadas, estão preocupados com a impressão 3D, que permite a qualquer pessoa recriar qualquer desenho de produto existente. Os líderes empresariais, os decisores políticos, os legisladores, os advogados e os engenheiros terão de abordar estas questões.
4. *Artigos perigosos:* As impressoras 3D podem criar objectos perigosos, como armas e facas, com muito pouca ou nenhuma supervisão. As impressoras 3D já foram utilizadas para fins criminosos, como a impressão de artigos ilegais, como armas e chaves mestras. A FDA garante que os produtos impressos em 3D fabricados em hospitais e destinados ao corpo humano são seguros e eficazes.
5. *Limitações de tamanho:* Atualmente, as impressoras 3D têm limitações quanto ao tamanho dos objectos criados. São normalmente instalações de fabrico de pequena escala numa caixa. Com recursos mínimos, permitem uma produção rápida a pedido. Tornaram-se acessíveis e económicas. Uma impressora 3D típica pode custar entre $5.000 e $50.000. O custo de aquisição e utilização da impressora desceu ao ponto de as impressoras 3D poderem ser adquiridas na Amazon por amadores por apenas 1.500 dólares. É possível comprar sapatos com impressora 3D, jóias 3D ou mesmo carros com impressora 3D.
6. *Rapidez:* O tempo necessário para fazer modelos anatómicos 3D limita a

utilização destes modelos em situações urgentes e sensíveis ao tempo.

7. *Regulamentação:* As questões regulamentares estão a abrandar a adoção de aplicações de impressoras 3D. Os utilizadores podem imprimir moldes a partir de réplicas exactas que estão protegidas por leis de direitos de autor, marcas registadas e patentes. Os dispositivos específicos para doentes são difíceis de regulamentar. Há questões legais e regulamentares que têm de ser resolvidas. Isto exigirá uma cooperação estreita entre os fabricantes, os fabricantes de impressoras e as organizações de cuidados de saúde.
8. *Ética:* A 3DP também levanta uma série de questões éticas que terão de ser abordadas. As questões éticas incluem a igualdade de acesso aos cuidados de saúde, uma vez que a utilização da 3DP aumentaria as disparidades raciais e socioeconómicas nos cuidados de saúde, a realização de testes de segurança e eficácia e a questão de saber se devemos ou não utilizar a 3DP para o melhoramento humano.
9. *Materiais:* Também existem limitações em termos de materiais, que normalmente podem ser plásticos, metais, polietileno, cerâmica, moléculas líquidas ou grãos em pó. Existe um tipo limitado de materiais que podem ser utilizados na impressão 3D. Ainda não foram desenvolvidas normas internacionais para a escolha de materiais médicos para a impressão 3D. É um desafio imprimir órgãos com a tecnologia de impressão 3D

Estes desafios estão a atrasar a implementação total da 3DP no sector dos cuidados de saúde.

5.6 IMPRESSÃO 3D GLOBAL

O mundo da medicina está prestes a ser revolucionado pelas vastas promessas da impressão 3D. É considerada uma tecnologia transformadora que pode perturbar o sector dos cuidados de saúde. Prestadores de cuidados de saúde, hospitais e organizações de investigação em todo o mundo estão a utilizar modelos impressos em 3D. Quase todas as semanas, a impressão 3D oferece mais aplicações no sector da saúde, ajudando a salvar e a melhorar vidas e tornando as aplicações 3DP cada vez mais comuns. As empresas de dispositivos médicos de todo o mundo utilizam a impressão 3D para criar protótipos exactos de dispositivos médicos. São capazes de criar tecidos, vasos sanguíneos e órgãos a pedido. À medida que os custos das impressoras 3D continuam a diminuir e as propriedades dos materiais melhoram, a impressão 3D desempenhará um papel crucial no sector da saúde. O fabrico de produtos utilizando a tecnologia 3DP tem o potencial de permitir que indivíduos de diferentes origens socioeconómicas desenvolvam produtos que se adaptem às suas necessidades pessoais; um processo designado por "democratização da tecnologia". Com base na região, o mercado global de dispositivos médicos de impressão 3D está segmentado na América do Norte, Europa, Ásia-Pacífico, América Latina e Médio Oriente e África. Aqui, discutiremos as diferenças entre o uso da impressão 3D entre os países desenvolvidos e em desenvolvimento.

No mundo desenvolvido, a impressão 3D está a dar grandes passos em frente. Os estudantes de medicina e engenharia dispõem de instalações de 3DP para desenvolver protótipos sofisticados para os seus projectos de design. A empresa alemã de dispositivos médicos, endocon GmbH, utilizou a impressão 3D em metal para desenvolver uma ferramenta cirúrgica para a remoção de próteses da anca. Como os custos dos cuidados de saúde continuam a disparar nos EUA, a tecnologia 3DP pode oferecer um alívio. O primeiro medicamento fabricado com tecnologia 3DP foi recentemente aprovado pela

Food and Drug Administration (FDA). A FDA declara que os dispositivos médicos impressos em 3D devem cumprir os mesmos regulamentos que os seus homólogos não impressos em 3D. Uma estreita colaboração entre os académicos, a indústria e a FDA garante a segurança dos doentes que vivem nos EUA, uma qualidade de vida que será melhorada pela impressão 3D [18]. A Nike, empresa de calçado, cria protótipos de calçado multicoloridos utilizando 3DP. As empresas que produzem dispositivos médicos de impressão 3D incluem a Stratasys, a Envisiontec, a 3D Systems Corporation, a EOS GmbH Electro Optical Systems, a Renishaw, a Arcam, a 3T RPD, a Concept Laser e o Prodways Group [19].

Nos países em desenvolvimento, há empresários que podem conceber e fabricar artigos, mas sem um grande investimento inicial, a utilização da 3DP torna-se um desafio, especialmente no sector da saúde. No Uganda, a tecnologia 3DP é utilizada para criar membros protésicos impressos em 3D. Na África do Sul, uma empresa chamada Robohand utilizou a tecnologia 3DP para fabricar mãos, braços e dedos protéticos. A tecnologia 3DP foi aplicada no Haiti para imprimir sapatos para crianças carenciadas em idade escolar. A tecnologia 3DP pode ser utilizada para imprimir artigos domésticos, como porta-sabonetes, a baixo custo, utilizando plásticos reciclados. Não existe regulamentação normalizada, mas o futuro da 3DP nos países em desenvolvimento é muito prometedor [1].

5.7 IMPRESSÃO 4D

Os rápidos avanços nos materiais com memória de forma (ou materiais inteligentes) e no fabrico de aditivos impulsionaram o desenvolvimento da impressão a quatro dimensões (4D). A impressão 4D é um desenvolvimento relativamente recente. Trata-se de um fabrico aditivo que integra materiais inteligentes no material de impressão para a impressão 3D. A tecnologia 3DP é capaz de alterar a forma ou as propriedades dos materiais inteligentes ao longo do tempo (a 4ª dimensão) em resposta aos estímulos externos aplicados. Este facto dá origem a um novo termo "impressão 4D" [20].

A impressão 4D (4DP) pode ser definida pela equação: Impressão 3D + tempo = Impressão 4D. Os rápidos avanços nos materiais (ou materiais inteligentes) e no fabrico aditivo impulsionaram o desenvolvimento da impressão 4D. A impressão 3D (também conhecida como fabrico aditivo) de materiais inteligentes é conhecida como impressão 4D. impressão" [21].

A impressão 4D tem atraído muita atenção desde que foi introduzida em 2013. Captou a imaginação de todos, desde especialistas da indústria a amadores. Permite que a peça impressa mude a sua forma e função com o tempo, em resposta a alterações nas condições externas. Enquanto a impressão 3D produz peças que são estáticas, a impressão 4D produz peças que se podem remodelar e evoluir ao longo do tempo. Ao contrário da 3DP, a 4DP depende do tempo e da impressora e tem como objetivo a evolução da forma. As diferenças entre a impressão 3D e a impressão 4D são ilustradas na Figura 5.6 [22].

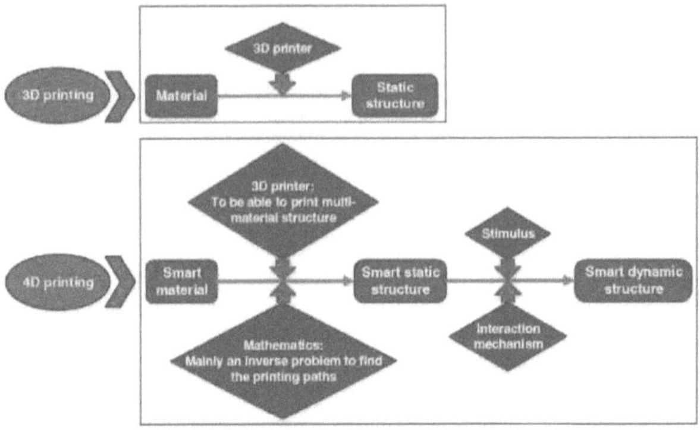

Figura 5.6 As diferenças entre 3DP e 4DP [22].

Duas tecnologias principais são responsáveis pela impressão 4D: A impressão 3D e os materiais inteligentes (SMs); ou seja, a impressão 4D = impressão 3D + SMs (isto difere da equação que referiu anteriormente?)

- *Impressão 3D:* Na impressão 3D, é comum utilizar software de modelação como o 123D Design e o AutoCAD. Estes softwares de modelação também podem ser utilizados para a impressão 4D. A tecnologia de impressão 3D envolve a impressão de um produto camada a camada. Na impressão 4D, os objectos 3D gerados podem mudar de forma automática e gradualmente ao longo do tempo [23]. As impressoras 3D são capazes de produzir modelos complexos a partir de materiais imprimíveis. A tecnologia de impressão 3D é utilizada em indústrias e residências em todo o mundo.

- *Materiais inteligentes:* São necessários materiais especiais para permitir a impressão 4D. A 4DP envolve a criação de objectos 3D baseados em materiais inteligentes com novas caraterísticas excepcionais, como a auto-transformação ao longo do tempo. A quarta dimensão da impressão 4D refere-se à capacidade de os objectos materiais mudarem de forma depois de serem produzidos. Os materiais inteligentes são a tecnologia-chave da impressão 4D [24]. Os materiais inteligentes são materiais que sentem algum estímulo do ambiente externo e criam uma resposta útil. Apresentam certas caraterísticas que podem ser exploradas em produtos que, por sua vez, apresentam um comportamento "inteligente". Os materiais inteligentes têm a capacidade de alterar a sua forma ou propriedades (rigidez, cor, textura, transparência, volume) sob a influência de estímulos externos. Exemplos deste comportamento incluem respostas a estímulos externos, tais como auto-sensorização, auto-cura, auto-atuação, auto-diagnóstico e mudança de forma (qual a relação entre estes comportamentos e os materiais inteligentes???). Os materiais inteligentes têm a capacidade de alterar a sua forma ou propriedade (rigidez, cor, textura, transparência, volume) sob a influência de estímulos externos, como a humidade, a temperatura, a luz, a eletricidade e a água. Os materiais inteligentes são selecionados com base nas suas propriedades físicas, custo e facilidade de utilização [25,26].
  Esses materiais incluem metamateriais, hidrogéis, origami ativo, polímeros com

memória de forma (SMP), ligas com memória de forma (SMA), polímeros electroactivos (EAP), elastómeros dieléctricos e nanocompósitos [27].

As aplicações potenciais do 4DP incluem a bioimpressão, calçado, tubos, alimentos, brinquedos, protótipos, energia solar, dispositivos biomédicos, robótica macia, sensores vestíveis e músculos artificiais. O 4DP tem as implicações económicas e ambientais do fabrico aditivo. Sendo uma área emergente, a impressão 4D tem muitos desafios. Estes desafios podem ser classificados como limitações tecnológicas, limitações materiais e limitações de conceção.

5.8 CONCLUSÃO

A 3DP é um domínio emergente e multidisciplinar que inclui a engenharia, a biologia, a medicina, a ciência dos materiais e a informática. Está a proporcionar aos profissionais de saúde uma ferramenta poderosa para a criação rápida de protótipos, o planeamento cirúrgico, a melhoria da educação dos estudantes, a promoção da investigação e a melhoria da comunicação com os doentes. Embora a 3DP não consiga superar as vantagens de custo e escala do fabrico tradicional, está a ter impacto no fabrico e na prototipagem em pequena escala. As aplicações 3DP no sector dos cuidados de saúde estão em expansão e podem mesmo perturbar muitas áreas dos cuidados de saúde tradicionais. Poderá tornar-se parte da prática corrente dos cuidados de saúde para tratar um vasto leque de pessoas.

Vários factores influenciam a adoção global da impressão 3D no mercado dos cuidados de saúde. Estes incluem os avanços tecnológicos, a melhoria das infra-estruturas de cuidados de saúde e a redução do custo da tecnologia 3DP. As tecnologias de cuidados de saúde são frequentemente caras quando entram no mercado, tornando-se mais baratas com o tempo. Com o desenvolvimento da tecnologia, o processo de impressão 3D tornar-se-á mais rápido e mais rentável. Com uma tecnologia melhorada e uma maior variedade de materiais de engenharia disponíveis, esta técnica está a tornar-se mais popular nos departamentos de I&D em todo o mundo.

As universidades desempenham um papel importante na difusão da impressão 3D. Algumas faculdades começaram a incorporar a impressão 3D no seu currículo, desafiando os estudantes a criar uma variedade de modelos. Os modelos médicos 3DP são utilizados na formação de residentes de cirurgia. [st]Isto motiva e envolve os estudantes na aprendizagem, ao mesmo tempo que adquirem as competências de inovação, colaboração e literacia tecnológica necessárias aos profissionais do século XXI [28]. A tecnologia 3DP veio para ficar. A sua utilização nos cuidados de saúde está a crescer todos os anos. A impressão 4D é basicamente uma renovação da impressão 3D e promove a utilização de impressoras 3D para criar produtos finais em vez de protótipos. Mais informações sobre a 3DP nos cuidados de saúde podem ser encontradas nos livros em [29-33] e nas seguintes revistas relacionadas:

- *Impressão 3D na medicina*
- *Impressão 3D e fabrico aditivo*
- *Jornal de Impressão 3D em Medicina*

REFERÊNCIAS

[1] M. N. O. Sadiku, J. Foreman e S. M. Musa, "Impressão 3D nos cuidados de saúde",

International Journal of Scientific Engineering and Technology, vol. 7, n.º 7, julho de 2018, pp. 65-67.
[2] F. R. Ishengoma e T. A. B. Mtaho, "Impressão 3D: Perspectivas dos países em desenvolvimento, engenharia informática e aplicações", *International Journal of Computer Applications,* vol. 104, n.º 11, outubro de 2014, pp. 30-34.
[3] M. N. O. Sadiku, S. M. Musa e O. S. Musa, "3D Printing in the chemical industry", *Invention Journal of Research Technology in Engineering and Management,* vol. 2, n.º 2, fevereiro de 2018, pp. 24-26.
[4] "Impressão 3D," https://skokielibrary.info/services/computers-technology/3d-printing/
[5] P. Hangge et al., "Three-dimensional (3D) printing and its applications for aortic diseases," *Cardiovascular Diagnosis and Therapy,* vol. 8, Suppl 1, 2018, pp. S19-S25.
[6] A. Reichental, "How 3D printing is revolutionizing healthcare as we know it", abril de 2018, https://techcrunch.com/2018/04/05/bioprinted-organs-skin-and-drugs-how-3d-printing-is- revolutionizing-healthcare-as-we-know-it/
[7] "5 maneiras como a impressão 3D vai mudar os cuidados de saúde", http://www.rapidreadytech.com/2017/09/11806/
[8] E. J. Hurst, "Impressão 3D nos cuidados de saúde: Emerging applications," *Journal of Hospital Librarianship*, vol. 16, no. 3, 2016, pp. 255-267.
[9] G. Brunello et al., "Power-based 3D printing for bone tissue engineering," *Biotechnology Advances*, vol. 34, 2016, pp. 740-753.
[10] "Impressão 3D nos cuidados de saúde: Onde estamos em 2019?" August 2019, https://amfg.ai/2019/08/30/3d-printing-in-healthcare-where-are-we-in-2019/#:~:text=The%20future%20of%203D%20printing%20in%20healthcare&text=Toda y%2C %20the%20technology%20is%20facilitating,anatomical%20models)%20the%20operatin g%20r oom.&text=In%202019%2C%20leading%20hospitals%20and,medical%20practices%20 and%20 research%20efforts.
[11] A. M. Wu et al., "Técnicas de impressão 3D na cirurgia da coluna vertebral: As perspetivas futuras e os desafios atuais", *Expert Review of Medical Devices,* vol. 15, n.º 6, 2018, pp. 399-401.
[12] C. Y. Liaw e M. Guvendiren, "Aplicações actuais e emergentes da impressão 3D na medicina", *Biofabrication*, vol. 9, 2017.
[13] "Os prós e os contras da impressão 3D," http://www.philforhumanity.com/3D_Printing.html

[14] C. L. Ventola, "Aplicações médicas para impressão 3D: Current and projected uses," *P&T,* vol. 39, no. 10, October 2014, pp. 704-711.
[15] J. U. Pucci et al., "Three-dimensional printing: Technologies, applications, and limitations in neurosurgery," *Biotechnology Advances,* vol. 35, 2017, pp. 521-529.
[16] Q. Yan et al., "Uma revisão da tecnologia de impressão 3D para aplicações médicas", *Engineering,* vol. 4, no. 5, outubro de 2018, pp. 729-742.
[17] D. Thomas e D. Singh, "3D printing in surgery - The evolving paradigm-shift in surgical implants on demand", *International Journal of Surgery,* vol. 42, 2017, pp. 58-59.
[18] A. Christensen e F. J. Rybicki, "Maintaining safety and efficacy for 3D printing in medicine," *3D Printing in Medicine,* vol. 3, no. 1, 2017.
[19] S. Rismani, V. der Loos, e H. F. Machiel, "The competitive advantage of using 3Dprinting in low-resource healthcare settings," *Conferência Internacional sobre Design de Engenharia,* Milão, Itália, julho de 2015,.

[20] S. K. Leist e J. Zhou, "Current status of 4D printing technology and the potential of light- reactive smart materials as 4D printable materials," *Virtual and Physical Prototyping,* vol. 11, no. 4, 2016, pp. 249-262.

[21] Z. X.Khoo et al., "Impressão 3D de materiais inteligentes: A review on recent progresses in 4D printing," *Virtual and Physical Prototyping,* vol. 10, no. 3, 2015, pp. 103-122.

[22] F. Momeni et al., "A review of 4D printing," *Materials and Design,* vol. 122, 2017, pp. 4279.

[23] S. Chung, S. E. Song e Y. T. Cho, "Effective software solutions for 4D printing: a review and proposal", *International Journal of Precision Engineering and Manufacturing-Green Technology,* vol. 4, no. 3, julho de 2017, pp. 359-371.

[24] M. N. O. Sadiku, O. D. Olaleye, A. Ajayi-Majebi, e O. S. Musa, "4D printing: A primer," *International Journal of Trend in Research and Development,* vol. 7, no. 3, maio-junho de 2020, pp.112-113.

[25] X. Li, J. Shang, e Z. Wang, "Intelligent materials: Uma análise das aplicações na impressão 4D". https://www.emeraldinsight.com/doi/full/10.1108/AA-11-2015-093

[26] G. Sossou et al., "Design for 4D printing: rapidly exploring Ihedesignspacearound smart materials," *Procedia CIRP*, vol. 70, 2018, pp. 120-125.

[27] Z. X. Khoo et al., "Impressão 3D de materiais inteligentes: A review on recent progresses in 4D printing," *Virtual and Physical Prototyping,* vol. 10, no. 3, 2015, pp. 103-122.

[28] O. A. H. Jones e M. J. S. Spencer, "Um método simplificado para a impressão 3D de modelos moleculares para a educação química", *Journal of Chemical Education*, outubro de 2017.

[29] D. M. Lalaskar, *Impressão 3D em Medicina.* Cambridge, MA: Woodhead Publishing, 2017

[30] A. W. Basit e S. Gaisford (eds.), *3D Printing of Pharmaceuticals.* Springer, 2018.

[31] T. Birtchnell e W. Hoyle, *3D Printingfor Development in the Global South: The 3D4D Challenge.* New York: Palgrave Macmillan, 2014.

[32] J. K. Min, B. Mosadegh e S. Dunha (eds.), *3D Printing Applications in Cardiovascular Medicine.* Imprensa Académica, 2018.

[33] D., A.. Kumar, *Four Dimension Printing in Healthcare (Impressão a quatro dimensões nos cuidados de saúde).* Woodhead Publishing, 2017.

CAPÍTULO 6 : IMPRESSÃO 3D NA INDÚSTRIA ALIMENTAR

"Tenho orgulho em ser americano. Porque um americano pode comer qualquer coisa à face da terra, desde que tenha dois pedaços de pão." - Bill Cosby

6.1 INTRODUÇÃO

Uma impressora 3D tem mais capacidade de fabrico do que uma máquina de fabrico tradicional. É considerada uma tecnologia disruptiva que irá mudar o fabrico. É utilizada há décadas nas indústrias automóvel e aeroespacial. A impressora 3D é também utilizada por amadores, pequenas empresas, criativos, fabricantes, arquitectos e, sobretudo, empreiteiros para criar instantaneamente uma variedade de produtos.

Com exceção do micro-ondas, a cozinha atual é constituída por técnicas com mais de 1000 anos. Atualmente, os restaurantes utilizam impressoras 3D para confecionar pratos deliciosos. O primeiro restaurante do mundo com impressão 3D (Food Ink Restaurant, Londres, Reino Unido) é apresentado na Figura 6.1 [1].

Figura 6.1 O primeiro restaurante do mundo com impressão 3D [1].

Trata-se de um restaurante onde tudo é impresso em 3D, desde o mobiliário da sala de jantar até aos talheres da cozinha. A comida impressa em 3D está a tornar-se cada vez mais popular, uma vez que pode permitir designs criativos e intrincados que antes não eram possíveis.

A tecnologia de impressão de alimentos existe desde 2005, introduzida por engenheiros mecânicos da Universidade de Columbia no Laboratório de Máquinas Criativas do Professor Hod Lipson. Os investigadores vêem um futuro em que a impressão de alimentos em 3D ocupa o seu lugar ao lado de grelhadores, fogões, fogões e micro-ondas como forma de preparar alimentos. Também vêem um futuro para além das sobremesas, em que os alimentos impressos em 3D constituem uma alternativa saudável à comida rápida disponível no mercado e aos snacks de alto teor calórico facilmente disponíveis [2].

Tal como outros métodos de impressão, os alimentos impressos em 3D são construídos em formas complexas, camada a camada. Pode ser utilizada para construir estruturas de quase todas as formas. A impressão 3D de alimentos permite que os fabricantes tenham um maior controlo sobre a forma final, a nutrição e as caraterísticas de sabor do produto. Os alimentos são criados a partir de um processo de fabrico aditivo semi-automatizado que coloca camadas de filamentos comestíveis para criar vários produtos alimentares. A principal atração da cozinha impressa em 3D é a sua capacidade de personalização [3].

A impressão 3D, também designada por fabrico aditivo (AM), é uma tecnologia digitalizada emergente que está a atrair um grande interesse por parte dos investigadores, da indústria e do público, com as suas aplicações em constante crescimento em diversas áreas, como a medicina, a gastronomia, a engenharia, o fabrico, a arte, a alimentação, a construção e a educação. Em breve, tornar-se-á um fator de mudança na indústria alimentar. Os alimentos impressos em 3D consistem em produtos alimentares preparados através do processo automatizado e aditivo da impressão 3D. Proporciona uma nutrição personalizada, facilitando o processo de conversão de um plano de dieta num alimento real. Está preparada para mudar a indústria alimentar e de bebidas [4].

Este capítulo apresenta uma visão geral da impressão 3D de alimentos. Começa por explicar o que é a impressão 3D. Apresenta a tecnologia de impressão 3D de alimentos. Fornece várias aplicações da impressão 3D na indústria alimentar. Destaca os benefícios e os desafios da impressão 3D na indústria alimentar. Conclui com alguns comentários.

6.2 O QUE É A IMPRESSÃO 3D?

A impressão 3D (também conhecida como fabrico aditivo (AM) ou prototipagem rápida (RP)) foi inventada no início dos anos 80 por Charles Hull, considerado o pai da impressão 3D. Desde então, tem sido utilizada na indústria transformadora, automóvel, eletrónica, aviação, aeroespacial, aeronáutica, engenharia, arquitetura, farmacêutica, produtos de consumo, educação, entretenimento, medicina, missões espaciais, militar, indústria química, indústria marítima, indústria de impressão e indústria de joalharia [5].

Uma impressora 3D funciona através da "impressão" de objectos. Em vez de utilizar tinta, utiliza materiais mais substanciais - plástico, metal, borracha e semelhantes. Digitaliza um objeto - ou pega numa digitalização existente de um objeto - e corta-o em camadas, que podem depois ser convertidas num objeto físico. Camada a camada, a impressora 3D pode replicar imagens criadas em programas CAD. Por outras palavras, a impressão 3D dá instruções a um computador para aplicar camada após camada de um material específico (como plástico ou metal) até o produto final estar construído. Isto é diferente dos métodos de fabrico convencionais, que muitas vezes se baseiam na remoção (por corte, perfuração, picagem, trituração, forjamento, etc.) em vez da adição. Os modelos podem ser multicoloridos para realçar caraterísticas importantes, como tumores, cavidades e trajectos vasculares. A tecnologia 3DP pode construir um objeto 3D com quase todas as formas imagináveis definidas num ficheiro de desenho assistido por computador (CAD). Trata-se de tecnologia aditiva, diferente das técnicas de fabrico tradicionais, que são processos subtractivos em que o material é removido por corte ou perfuração [6].

Nos últimos anos, a impressão 3D começou a entrar na moda, com alguns modelos a tornarem-se suficientemente acessíveis para serem utilizados em casa. Muitas indústrias e profissões em todo o mundo utilizam atualmente a impressão 3D. Esta desempenha um papel fundamental para tornar as empresas mais competitivas. O fosso entre a indústria e os estudantes pode ser colmatado através da inclusão no currículo das mesmas ferramentas de ponta, como a impressão 3D, que os profissionais utilizam todos os dias. Existem casas, próteses, dispositivos cirúrgicos, drones, aparelhos auditivos e componentes de motores eléctricos impressos em 3D. Como mostra a Figura 6.2, a impressão 3D envolve três etapas [7].

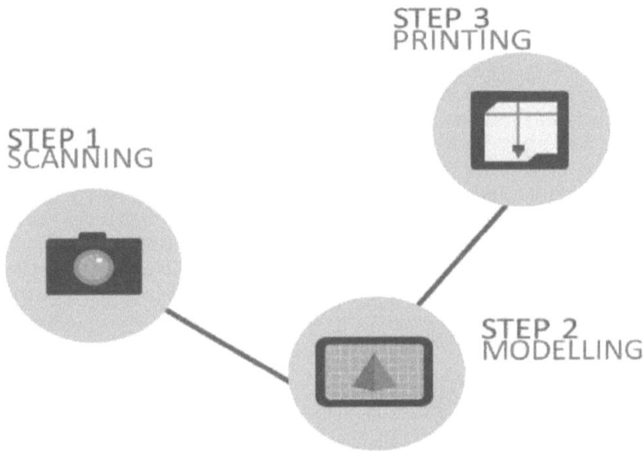

Figura 6.2 A impressão 3D envolve três etapas [7].

6.3 IMPRESSÃO 3D NO SECTOR ALIMENTAR

A tecnologia de impressão 3D de alimentos (3DFPT) está a desenvolver-se rapidamente em áreas com grande potencial. Trata-se de uma tecnologia de imprimir e comer em conjunto com a competência para produzir alimentos nutritivos e personalizados. Envolve a deposição camada a camada de materiais comestíveis para criar estruturas tridimensionais. A técnica de impressão 3D de alimentos é amplamente classificada em quatro categorias que estão representadas na Figura 6.3 [8].

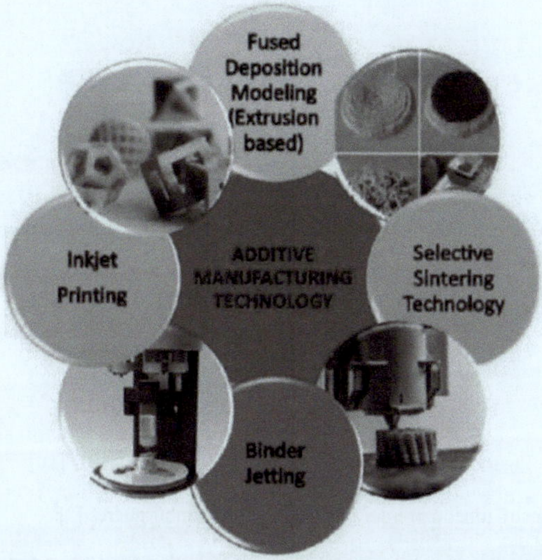

Figura 6.3 Categorias de técnicas de impressão 3D de alimentos [8].

O processo de impressão 3D de alimentos é apresentado na Figura 6.4 [9].

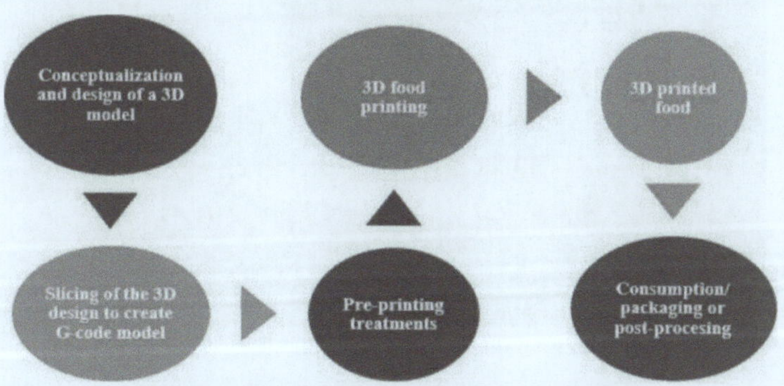

Figura 6.4 O processo de impressão 3D de alimentos [9].

O processo começa com a criação de um ficheiro digital que contém o desenho e a forma do alimento que se pretende imprimir. Este ficheiro é depois enviado para uma impressora 3D, que irá colocar várias camadas de material para produzir a forma desejada. O modo de funcionamento depende do tipo de impressora 3D e do material comestível que está a ser utilizado. As impressoras de alimentos actuais utilizam técnicas como a modelação por deposição fundida, o jato de aglutinante e a estereolitografia para imprimir alimentos. Exemplos de alimentos impressos em 3D são mostrados na Figura

6.5 [9].

Figura 6.5 Exemplos de alimentos impressos em 3D [10].

A Figura 6.6 mostra uma impressora 3D a imprimir hambúrgueres [3].

Figura 6.6 Uma impressora 3D que imprime hambúrgueres [3].

A escolha dos materiais alimentares tem um efeito no processo de impressão e na qualidade geral do produto. Os materiais nativamente imprimíveis incluem hidrogéis, queijo, coberturas de bolos e chocolates, devido às suas propriedades inerentes. Alguns dos ingredientes mais comuns das impressoras 3D de alimentos incluem [10] :

- Proteínas
- Hidratos de carbono
- Gorduras e óleos
- Fibras
- Hidrocolóides
- Nutrientes e vitaminas

- Adoçantes
- Misturas à base de água

O sabor de um alimento impresso em 3D deve ser o que se espera, dependendo do tipo de alimento ou sabor que é colocado no filamento da impressora 3D. Os primeiros alimentos impressos em 3D foram chocolate, queijo e massa de bolacha.

6.4 APLICAÇÕES DA IMPRESSÃO 3D NA INDÚSTRIA ALIMENTAR

A tecnologia de impressão 3D já transformou a produção, o armazenamento, o transporte e a distribuição de vários produtos e serviços alimentares. A tecnologia nas indústrias alimentares oferece novas possibilidades para tornar os alimentos mais nutritivos, mais acessíveis ou mais apelativos. A indústria alimentar tem vindo a tirar partido das tecnologias de impressão 3D para reduzir os custos operacionais e melhorar a eficiência operacional e a experiência dos clientes. A impressão 3D tem muitas aplicações na indústria alimentar. Estas incluem as seguintes [1113]:

1. *Processamento de alimentos:* A impressão 3D de alimentos tem atraído o interesse de investigadores de todo o mundo. Embora a impressão 3D se tenha centrado principalmente na produção de produtos de plástico, também tem sido um método revolucionário na produção de alimentos. A preparação de alimentos com atributos sensoriais personalizados a partir de diferentes ingredientes e aditivos sempre foi uma necessidade. A competência que o fabrico aditivo oferece tem sido uma das principais razões para o seu sucesso em aplicações de processamento alimentar.

2. *Personalização de alimentos:* A impressão 3D pode criar alimentos com uma variedade de formas e desenhos, incluindo formas geométricas complexas, logótipos de marcas, texto e imagens. A impressão 3D pode produzir alimentos que satisfazem as necessidades nutricionais de indivíduos, como os que têm sensibilidades alimentares ou distúrbios de deglutição. Os chefes de cozinha podem utilizar as impressoras 3D para criar utensílios de cozinha personalizados que satisfaçam as suas necessidades específicas. A impressão 3D pode criar designs de embalagens únicos e personalizados que podem ajudar as marcas a destacarem-se. A impressão 3D pode permitir a personalização de carnes cultivadas em laboratório. A impressão 3D de alimentos criou oportunidades para muitos fornecedores de alimentos produzirem alimentos nutritivos personalizados.

3. *Nutrição personalizada:* A tecnologia tem o potencial de personalizar produtos em termos de forma e/ou requisitos nutricionais, criando uma vasta gama de produtos alimentares com formas, cores, texturas, sabores e até mesmo nutrição especialmente concebidos, utilizando matérias-primas/componentes alimentares adequados. Muitos restaurantes aproveitam a impressão 3D de alimentos para impressionar os clientes, personalizando os designs dos alimentos e os pratos de acordo com as suas preferências. Utilizam as impressoras 3D para personalizar os produtos alimentares de acordo com o gosto, as necessidades nutricionais e o orçamento de cada cliente. A eficácia da 3DFP no fornecimento de produtos alimentares com elevado valor nutricional ajuda a promover benefícios para a saúde, especialmente para os consumidores que podem sofrer de determinadas doenças, como é o caso dos doentes com disfagia. Este facto ajuda a promover o 3DFP para explorar novos mercados e melhorar a cooperação internacional. As empresas e as startups utilizam impressoras 3D para produzir alimentos com nutrientes específicos e adequados para vários clientes.

4. *Design alimentar inovador:* O aspeto e a apresentação de um prato têm impacto na

experiência do cliente, tal como o seu sabor e aroma. As impressoras 3D permitem aos utilizadores produzir artigos detalhados e complexos a partir de ficheiros digitais. Um chefe pode criar designs inovadores de alimentos utilizando um software de modelação 3D e converter o modelo digital 3D em designs inovadores de alimentos utilizando uma impressora 3D para alimentos.

5. *Experimentação de cozinhas:* Durante e após a pandemia, as pessoas continuam a explorar formas de experimentar novas cozinhas. As impressoras 3D para alimentos a preços acessíveis criam oportunidades para essas pessoas experimentarem novos pratos sem despenderem tempo e esforço extra. Uma pessoa pode utilizar a impressora 3D para criar novos pratos em poucos minutos. Além disso, é possível preparar pratos inovadores simplesmente alterando ou aperfeiçoando os ficheiros digitais.

6. *Automação da produção alimentar:* As empresas de várias indústrias adoptam o fabrico aditivo para poupar tempo e recursos através da automatização de processos. As empresas da indústria alimentar utilizam as tecnologias de impressão 3D para automatizar a produção de alimentos. Muitos analistas acreditam que as tecnologias de impressão 3D têm o potencial de automatizar completamente o processo de produção alimentar.

7. *Bioimpressão de carne:* A bioimpressão ajuda os profissionais médicos a produzir estruturas semelhantes a órgãos a partir de células e biomateriais. Muitas empresas da indústria alimentar utilizam a bioimpressão tridimensional para produzir carne cultivada em laboratório ou carne de cultura, aplicando tecnologias de bioimpressão tridimensional para produzir carne de cultura com base em células miosatélites recolhidas de animais através de uma pequena biopsia. Melhoram ainda mais a carne produzida em laboratório, adicionando vitaminas, ferro e sabores na fase de pós-processamento.

8. *Utilização de resíduos alimentares:* Os resíduos alimentares constituem um desafio significativo para o ambiente e para a disponibilidade de alimentos, uma vez que esgotam os recursos e aumentam as emissões. Uma das principais relevâncias do 3DFP envolve a reutilização de fluxos de resíduos alimentares acumulados nas indústrias como matérias-primas para formulações destinadas a produzir uma variedade de produtos alimentares. Isto permite o alinhamento com a procura crescente de uma vasta gama de produtos e, por conseguinte, contribui para reduzir a fome no mundo. Além disso, alguns destes fluxos, como os resíduos de origem vegetal, facilitam a redução dos desafios ambientais e da crueldade animal associados à produção de carne gerada por métodos convencionais de transformação de alimentos. Esta aplicação promissora coincide com o reforço da sustentabilidade nas cadeias de abastecimento alimentar através da diminuição do esgotamento dos recursos e das emissões associadas ao desperdício alimentar. A tecnologia de impressão 3D de alimentos tem o potencial de oferecer soluções criativas para a reutilização de vários resíduos e subprodutos alimentares. Esta tecnologia tem a capacidade de transformar estes materiais em produtos úteis e valiosos, ajudando a reduzir o desperdício e a promover práticas de produção sustentáveis.

9. *Embalagem inteligente de alimentos:* A embalagem de alimentos protege os alimentos de adulterações ou contaminações de origem física, química e biológica para prolongar o prazo de validade e fornecer ao consumidor alimentos de boa qualidade. A embalagem também apresenta informações nutricionais e de marca e promove o marketing. Com as embalagens alimentares tradicionais, a potencial adulteração ou fraude dos alimentos pode não ser detectada. Um sistema de embalagem inteligente indica e monitoriza parâmetros relacionados com o estado físico-químico do produto durante o transporte e o armazenamento. A impressão 3D tem sido utilizada para criar sensores que podem monitorizar a qualidade dos alimentos, garantir a integridade da embalagem e verificar a

autenticidade dos alimentos. As vantagens incluem simplicidade, versatilidade, baixo custo, alta precisão, alta resistência, ampla adaptação de materiais, manutenção simples e impressão colorida.

6.5 BENEFÍCIOS

A alimentação é, sem dúvida, a aplicação mais deliciosa da impressão 3D. As vantagens incluem uma complexidade de fabrico ilimitada que a mão humana e muitas máquinas não conseguem alcançar, tempo de execução zero, menor desperdício de subprodutos e replicação física precisa. Os alimentos impressos em 3D podem ser manipulados de forma a satisfazer as necessidades nutricionais de um comensal. A capacidade de personalizar os alimentos de acordo com as necessidades de um indivíduo é proporcionada pela impressão 3D de alimentos. A impressão 3D de alimentos está a transformar as cozinhas dos restaurantes tradicionais em todo o mundo. Outros benefícios da impressão 3D de alimentos incluem [10,14,15]:

1. *Alimentos personalizados:* A principal atração da impressão 3D é a personalização e a customização. A impressão 3D de alimentos permite a produção de alimentos personalizados e customizados. Isto proporciona oportunidades de nutrição, sabores e texturas personalizados com base nas preferências individuais, novos designs de alimentos, ingredientes alternativos e produção descentralizada flexível. Os alimentos podem ser impressos em casa, em restaurantes, mercearias ou por empresas do sector alimentar. A personalização pode ser feita a diferentes níveis, desde a impressão do seu nome ou fotografia no chocolate até à manipulação de um produto ao nível dos nutrientes para satisfazer as necessidades do seu corpo. Um alimento personalizado típico é apresentado na Figura 6.7 [16].

Figura 6.7 Um alimento personalizado típico [16].

2. *Escalabilidade:* Outra vantagem da impressão 3D é a sua capacidade de ser dimensionada de forma a garantir a uniformidade na produção de alimentos em massa. Assim, embora estas provas de conceito estejam preparadas para o mercado de massas, as empresas poderão personalizar as criações culinárias em volume.

3. *Segurança reforçada:* Os alimentos impressos em 3D são concebidos de acordo com normas de segurança rigorosas para criar um produto higiénico e seguro, reduzindo o risco de contaminação. Os alimentos impressos em 3D são seguros para consumo, desde que os ingredientes sejam manuseados e processados de forma higiénica e impressos num ambiente limpo.

4. *Engolir mais facilmente:* As estruturas dos alimentos impressos em 3D podem ser adaptadas a pessoas com dificuldades de deglutição, proporcionando uma experiência gastronómica mais segura e agradável a pessoas idosas ou com problemas de saúde. A impressão 3D de carne à base de plantas facilita a criação de substitutos intrincados de carne à base de plantas com texturas e sabores realistas, contribuindo para alternativas sustentáveis e sem crueldade aos produtos animais tradicionais.

5. *Reduzir o desperdício alimentar:* A deposição precisa de ingredientes na impressão 3D minimiza o excesso e garante uma utilização eficiente das matérias-primas, reduzindo o desperdício alimentar tanto a nível da produção como do consumidor. Se utilizada cuidadosamente, pode fazer uma enorme diferença no desperdício alimentar e nos impactes ambientais. A técnica inovadora permite um controlo preciso dos ingredientes e do conteúdo nutricional.

6. *Viagens espaciais:* À medida que os humanos começam a aventurar-se no espaço durante mais tempo, os requisitos nutricionais para manter a saúde da tripulação são críticos. A tecnologia de alimentos impressos em 3D é promissora para a exploração espacial, oferecendo um meio compacto e eficiente de produzir refeições nutricionalmente optimizadas para os astronautas durante missões prolongadas. A comida impressa em 3D tem um futuro brilhante na exploração espacial, uma vez que a NASA e outras empresas privadas já estão a planear missões a Marte.

7. *Defesa:* Por vezes, os soldados precisam de uma dose nutricional específica para manter o seu desempenho máximo. Para atingir esse nível de agilidade culinária, os investigadores do Departamento de Defesa dos EUA estão a recorrer a uma impressora 3D. Estão a criar barras impressas em 3D adaptadas para otimizar o desempenho em cenários específicos ou para responder às necessidades de cada soldado.

8. *Consumo de alimentos não convencionais:* Quando se processam plantas nutritivas e insectos ricos em proteínas num estado semi-líquido, estes alimentos podem ser apresentados de uma forma mais atractiva, incentivando assim o seu consumo

9. *Reprodutibilidade fácil:* A partilha de receitas pode ser tão simples como a transferência de um ficheiro digital através da Internet. Tudo o que é necessário são as mesmas matérias-primas, definições de impressão e equipamento de impressão compatível.

Alguns destes benefícios são apresentados na Figura 6.8 [17].

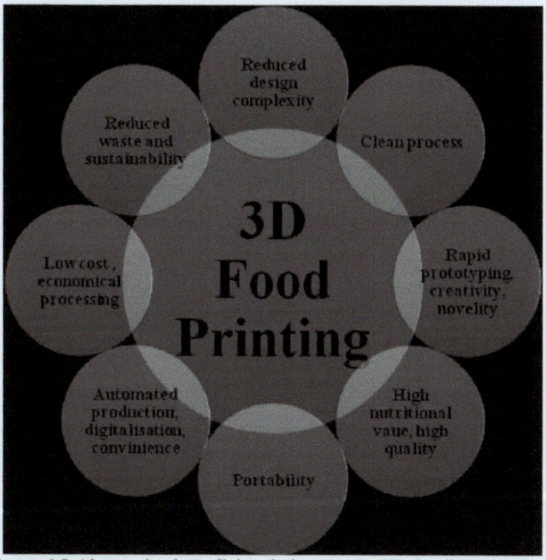

Figura 6.8 Alguns dos benefícios da impressão 3D de alimentos [17].

6.6 DESAFIOS

O advento da impressão 3D trouxe, sem dúvida, vários desafios, como a questão da segurança alimentar. As desvantagens desta tecnologia são o maior consumo de energia em comparação com os métodos convencionais de processamento de alimentos. Outros desafios da impressão 3D de alimentos incluem os seguintes [10,15].

1. *Custo elevado:* As impressoras 3D de alimentos estão disponíveis comercialmente no mercado, embora o seu preço seja elevado devido às inovações tecnológicas. O investimento inicial e as despesas de manutenção da tecnologia de impressão 3D de alimentos são elevados, o que limita a acessibilidade e a adoção, especialmente para as pequenas empresas.

2. *Consome muito tempo:* O tempo de processamento é um dos principais factores que está a restringir o crescimento do mercado. O tempo necessário para processar os alimentos produzidos pela impressão 3D é superior ao da forma tradicional de cozinhar alimentos. Embora o tempo possa variar consoante a impressora e o alimento, a impressão 3D de alimentos continua a demorar muito tempo.

3. *Complexidade de sabor limitada:* A atual tecnologia de impressão 3D tem de trabalhar para replicar os sabores intrincados e matizados obtidos através de métodos de cozedura tradicionais, o que dificulta a diversidade e a riqueza de sabores dos alimentos impressos em 3D.

4. *Necessidade de formação especializada:* A utilização eficaz de impressoras 3D de alimentos exige que os utilizadores tenham formação e conhecimentos especializados. Para criar um alimento imprimível, os investigadores têm de misturar e remisturar ingredientes para ajustar as propriedades do material, como a viscosidade, a adesão entre as camadas impressas e a velocidade a que as diferentes camadas são depositadas, tudo através de tentativa e erro

5. *Opções limitadas de materiais:* Embora uma variedade de materiais comestíveis possa ser utilizada na impressão 3D, a gama pode ainda ser limitada em comparação com os materiais e ingredientes associados aos métodos de cozedura tradicionais. Esta limitação restringe a diversidade de pratos que podem ser criados utilizando esta tecnologia.

6. *Preocupações regulamentares e de segurança:* Existem preocupações regulamentares e de segurança relativamente à utilização de alimentos impressos em 3D, particularmente no que diz respeito ao fornecimento e manuseamento de ingredientes. Não existe um software ou hardware padrão optimizado para os desafios específicos da impressão de alimentos.

7. *Perceção e aceitação:* Apesar dos seus potenciais benefícios, os alimentos impressos em 3D podem enfrentar desafios para obter a aceitação generalizada dos consumidores devido às percepções sobre a qualidade dos alimentos, a autenticidade e o papel da tecnologia na preparação dos alimentos.

8. *Preocupações éticas e culturais:* A mudança para alimentos impressos em 3D levanta questões éticas relativamente à artificialidade do processo, potencialmente em conflito com valores e preferências culturais ligados aos métodos tradicionais de preparação e consumo de alimentos.

9. *Limitações técnicas:* Apesar do seu grande potencial para gerar uma variedade de aplicações, a tecnologia de impressão 3D tem várias limitações técnicas. A maior limitação da impressão 3D de alimentos é a sua aplicação a uma escala industrial. A velocidade de impressão é um parâmetro da tecnologia de impressão 3D que adquire uma taxa de resposta lenta, o que pode afetar negativamente a possibilidade de gerar produção em massa. Como resultado, a situação irá diminuir a procura desta tecnologia e, consequentemente, abrandar o processo de lançamento no mercado. Outra limitação envolve o diferente desempenho de impressão gerado a partir de diferentes matérias-primas, em que cada uma possui uma propriedade reológica diferente e requer condições de impressão diferentes. Um grande desafio para os alimentos impressos em 3D é manter a estabilidade da forma durante a cozedura.

10. *Limitações sociais:* O software atual presente na tecnologia não tem em consideração as necessidades nutricionais personalizadas de um indivíduo, incluindo parâmetros como a idade, a profissão e o nível de atividade de um indivíduo. Como resultado, a situação diminuirá a aceitação da máquina por parte do consumidor devido ao facto de não corresponder ao seu perfil nutricional e, por conseguinte, diminuirá a procura do mercado.

6.7 CONCLUSÃO

Os alimentos impressos em 3D referem-se a objectos comestíveis criados com recurso à tecnologia de impressão 3D. Está a tomar o mundo de assalto. Está preparada para ter um enorme impacto na economia global, colmatando a fissura entre as pequenas e as grandes empresas e dando aos consumidores um maior grau de liberdade na escolha dos alimentos que optam por consumir. Pode transformar para melhor os sectores da alimentação e das bebidas.

As possibilidades são infinitas quando se trata de impressão 3D na indústria alimentar. O mercado global de impressão 3D de alimentos é apresentado na Figura 6.9 [18].

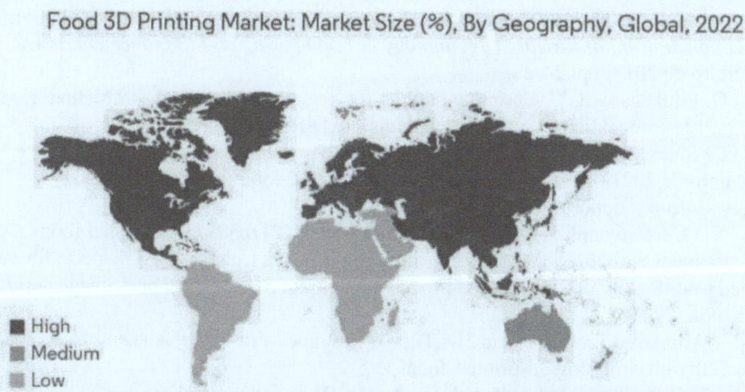

Figura 6.9 O mercado mundial da impressão 3D de alimentos [18].

O futuro da impressão 3D de alimentos pode incluir refeições personalizadas a pedido, produzidas através de impressoras de alimentos, software e sistemas de ingredientes integrados. Para que as impressoras 3D se tornem electrodomésticos de cozinha comuns, a tecnologia precisa de amadurecer.

As tecnologias de impressão 3D continuarão a mudar a forma como os alimentos são produzidos, armazenados, transportados e distribuídos no futuro. Os especialistas prevêem que a produção global de alimentos totalmente preparados por impressão 3D irá crescer significativamente nos próximos anos. É necessária mais investigação para compreender melhor as receitas, as plataformas e os efeitos no fabrico de alimentos. Mais informações sobre a tecnologia de impressão 3D na indústria alimentar podem ser encontradas nos livros [19-23] e nas seguintes revistas relacionadas:

- *Avaliações de Engenharia Alimentar*
- *Revisões críticas em ciência alimentar e nutrição*
- *Opinião Atual em Ciência Alimentar*

REFERÊNCIAS

[1] "Estão a brincar comigo!!! Estes restaurantes servem comida impressa em 3D... ," https://www.geeetech.com/blog/worth-sharing/are-you-kidding-me-these-restaurants-serve-3d-printed-food/

[2] A. Nelson, "Impressão 3D de alimentos para uma alimentação saudável e sobremesas deliciosas", novembro

2023, https://new.nsf.gov/science-matters/3d-food-printing-healthy-eating-delicious-desserts
[3] B. Becher, "O que é a comida impressa em 3D? Como é que funciona?" agosto de 2023, https://builtin.com/articles/3d-printed-food#:~:text=Simply%20put%2C%203D%2Dprinted%20food,out%20for%20an%20edible%20resin.
[4] M. N. O. Sadiku, P. O. Adebo, and J. O. Sadiku, "3D printing in food," *International Journal of Trend in Research and Development,* vol. 11, no. 3, maio-junho 2024, pp. 238-242.
[5] F. R. Ishengoma e T. A. B. Mtaho, "Impressão 3D: Perspectivas dos países em desenvolvimento, engenharia informática e aplicações", *International Journal of Computer Applications*, vol. 104, n.º 11, outubro de 2014, pp. 30-34.
[6] M. N. O. Sadiku, S. M. Musa e O. S. Musa, "3D Printing in the chemical industry", *Invention Journal of Research Technology in Engineering and Management,* vol. 2, n.º 2, fevereiro de 2018, pp. 24-26.
[7] D. Pitukcharoen, "3D printing booklet for beginners," https://www.metmuseum.org/-/media/files/blogs/digital- media/3dprintingbookletforbeginners.pdf
[8] C. Claus, "3D food printing technology: A doorway to an opportunistic future," setembro de 2021, https://www.foodinfotech.com/3d-food-printing-technology-a-doorway-to-an- opportunistic-future/
[9] Y. O. Kewuyemia, H. Kesaa , and O. A. Adebo, "Trends in functional food development with three-dimensional (3D) food printing technology: Prospects for value-added traditionally processed food products," *Critical Reviews in Food Science and Nutrition,* 2021.
[10] "Alimentos impressos em 3D: Tudo o que precisa de saber", dezembro de 2023, https://fhafnb.com/blog/3d-printed-food/
[11] A. Choudhry, "Aplicações de impressão 3D na indústria alimentar," https://www.aurum3d.com/blog/3d-printing-applications-food-industry/
[12] A. H. Alami et al., "3D printing in the food industry: Recent progress and role in achieving sustainable development goals", *Ain Shams Engineering Journal,* vol. 15, no. 2, fevereiro de 2024.
[13] A. Leontiou et al., "Three-dimensional printing applications in food industry," *Nanomanufacturing,* vol.3, no.1, 2023.
[14] Team Xometry, "3D printed food: How does it taste and work?" https://www.xometry.com/resources/3d-printing/3d-food-printing/#:~:text=The%20taste%20of%203D%2Dprinted,being%20in%20texture%20and%20presentation.
[15] "Alimentos impressos em 3D: tudo o que precisa de saber", março de 2024, https://all3dp.com/2/3d-printed-food-3d-printing-food/#google_vignette
[16] A. Archibald, "Individuality is everything in future food formulation," julho de 2019, https://www.naturalproductsinsider.com/ideation/individuality-is-everything-in-future- food-formulation
[17] M. Jandyal et al., "3D Printing of Meat: Uma nova fronteira de alimentos, do download ao delicioso: uma revisão", *International Journal of Current Microbiology and Applied Sciences,* vol. 10, no. 3, 2021, pp. 2095-2111.
[18] "Análise do tamanho e da quota do mercado de impressão 3D de alimentos - Tendências de crescimento e previsões (2024 - 2029)," https://www.mordorintelligence.com/industry-reports/global-food-3d-printing-market
[19] M. Bailey, *So... You Want to 3D Print Food? (Fabrico Aditivo de Alimentos): Um guia para startups e empresas que exploram o mercado em expansão de 3d Printing*

Edibles. Vaughan Publishing Limited, 2021.
[20] C. K. Chua et al., *Digital Gastronomy: Da impressão de alimentos 3d à nutrição personalizada (Série científica mundial em impressão 3d)*. WSPC, 2022.
[21] F. C. Godol et al. (eds.), *Fundamentals of 3D Food Printing and Applications*. Academic Press, 2018.
[22] K. Sandhu e S. Singh (eds.), *Food Printing: Impressão 3D na indústria alimentar*. Springer 2022.
[23] C. Anandharamakrishnan, J. A. Moses e T. Anukiruthika, *3D Printing of Foods*. Wiley, 2022.

CAPÍTULO 7 : IMPRESSÃO 3D NA CONSTRUÇÃO

"Não existe tal coisa como ser demasiado seguro na construção." - Anónimo

7.1 INTRODUÇÃO

Uma impressora 3D é considerada uma tecnologia disruptiva que irá mudar o fabrico. É utilizada há décadas nas indústrias automóvel e aeroespacial. A impressora 3D é também utilizada por amadores, pequenas empresas, criativos, fabricantes, arquitectos e, sobretudo, empreiteiros para criar instantaneamente uma variedade de produtos.

A impressão 3D deixou as pessoas maravilhadas com o seu potencial impacto na indústria transformadora. A indústria da construção é uma das aplicações mais interessantes da tecnologia de impressão 3D porque as estruturas podem ser construídas utilizando uma fração do tempo, mão de obra e material em comparação com as estruturas tradicionais. A indústria da construção está a mudar devido à impressão 3D, tornando mais barata e rápida a construção de edifícios e outras estruturas através da automatização dos processos de construção. A impressão 3D pode ser uma forma mais económica, conveniente e ecológica de construir novos edifícios. Pode resolver muitos dos inconvenientes da construção tradicional. Algumas empresas utilizaram a impressão 3D para criar escritórios, casas e outras estruturas. A utilização da impressão 3D na construção está destinada a explodir. Em abril de 2021, foi concluído o primeiro protótipo de casa impressa em 3D feita de barro, *a Tecla*. Estes edifícios podem ser baratos, bem isolados, estáveis e resistentes às intempéries, adaptáveis ao clima e personalizáveis [1].

A impressão 3D, também conhecida como fabrico aditivo, é um processo de criação de um objeto físico a partir de um modelo digital. Algumas empresas estão a utilizar as impressoras 3D para revolucionar a construção. Existem muitas vantagens na utilização de tecnologias de impressão 3D na construção. Com a impressão 3D, a discussão sobre os prós e os contras resume-se a dinheiro e tempo, bem como aos benefícios ambientais. A utilização da impressão 3D na construção tem vindo a crescer rapidamente nos últimos anos [2].

Este capítulo examina a utilização da tecnologia de impressão 3D no sector da construção. Começa por explicar o que é a impressão 3D. Apresenta a impressão 3D na construção. Fornece várias aplicações da impressão 3D no sector da construção. Destaca os benefícios e os desafios da impressão 3D na construção. Conclui com alguns comentários.

7.2 O QUE É A IMPRESSÃO 3D?

A impressão 3D (também conhecida como fabrico aditivo (AM) ou prototipagem rápida (RP)) foi inventada no início dos anos 80 por Charles Hull, considerado o pai da impressão 3D. Desde então, tem sido utilizada nos sectores da indústria transformadora, automóvel, eletrónica, aviação, aeroespacial, aeronáutica, engenharia, arquitetura, farmacêutica, produtos de consumo, educação, entretenimento, medicina, missões espaciais, militar, indústria química, indústria marítima, indústria gráfica e indústria de joalharia [3]

Uma impressora 3D funciona através da "impressão" de objectos. Em vez de utilizar tinta, utiliza materiais mais substanciais - plástico, metal, borracha e semelhantes. Digitaliza um objeto - ou pega numa digitalização existente de um objeto - e corta-o em camadas, que podem depois ser convertidas num objeto físico. Camada a camada, a impressora 3D pode replicar imagens criadas em programas CAD. Por outras palavras, a impressão 3D dá instruções a um computador para aplicar camada após camada de um material específico (como plástico ou metal) até o produto final estar construído. Isto é diferente dos métodos de fabrico convencionais, que muitas vezes se baseiam na remoção (por corte, perfuração, picagem, trituração, forjamento, etc.) em vez da adição. Os modelos podem ser multicoloridos para realçar caraterísticas importantes, como tumores, cavidades e trajectos vasculares. A tecnologia 3DP pode construir um objeto 3D com quase todas as formas imagináveis definidas num ficheiro de desenho assistido por computador (CAD). Trata-se de tecnologia aditiva, diferente das técnicas de fabrico tradicionais, que são processos subtractivos em que o material é removido por corte ou perfuração [4].

Nos últimos anos, a impressão 3D começou a entrar na moda, com alguns modelos a tornarem-se suficientemente acessíveis para serem utilizados em casa. Muitas indústrias e profissões em todo o mundo utilizam atualmente a impressão 3D. Esta desempenha um papel fundamental para tornar as empresas mais competitivas. O fosso entre a indústria e os estudantes pode ser colmatado através da inclusão no currículo das mesmas ferramentas de ponta, como a impressão 3D, que os profissionais utilizam todos os dias. Existem casas, próteses, dispositivos cirúrgicos, drones, aparelhos auditivos e componentes de motores eléctricos impressos em 3D. Como mostra a Figura 7.1, a impressão 3D envolve três etapas [5].

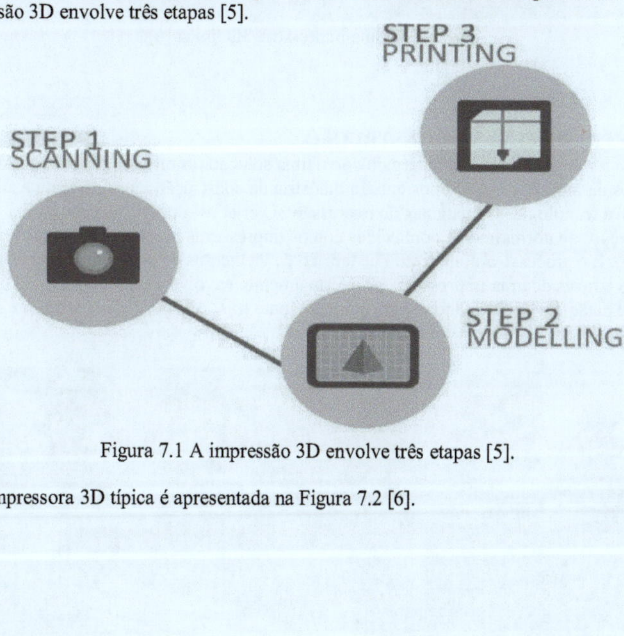

Figura 7.1 A impressão 3D envolve três etapas [5].

Uma impressora 3D típica é apresentada na Figura 7.2 [6].

Figura 7.2 Uma impressora 3D típica [6].

7.3 IMPRESSÃO 3D NA CONSTRUÇÃO

Embora a impressão 3D tenha surgido como uma solução promissora para muitos dos desafios da indústria nos últimos anos, a indústria da construção tem sido lenta a adotar esta nova tecnologia. Os sistemas de impressão 3D criados especificamente para a construção são normalmente conhecidos como "impressoras 3D para construção" (C3DP). É o processo automatizado de fabrico de elementos de construção ou estruturas inteiras através de uma impressora 3D. Normalmente, envolve um braço robótico que extrude betão enquanto se move para a frente e para trás. A Figura 7.3 mostra um exemplo típico [7].

Figura 7.3 Uma impressora 3D de construção típica (C3DP) [7].

No sector da construção, a impressão 3D tem sido utilizada para imprimir casas, escritórios e outras estruturas. As impressoras 3D utilizadas na construção dividem-se geralmente em duas categorias: configurações do tipo pórtico e braços robóticos, sendo a primeira a solução dominante para a impressão no local de estruturas de edifícios inteiras. O material utilizado na construção impressa em 3D é importante. O material selecionado deve depender do tipo de projeto em questão. Os materiais mais comuns utilizados são [8]:

- Betão padrão,
- Misturas de betão exclusivas,
- Argamassa,
- Plástico,
- Metal, e
- Materiais naturais locais (pedra, areia, lama, resíduos de arroz, etc.)

Embora a impressão 3D com base em cimento possa criar uma casa inteira, também pode ser utilizada para criar componentes de construção pré-fabricados mais pequenos. Os arquitectos, engenheiros e designers podem combinar a impressão 3D com outras tecnologias. A Figura 7.4 mostra a primeira casa de dois andares impressa em 3D, atualmente em construção em Houston, Texas [9].

Figura 7.4 A primeira casa de dois andares impressa em 3D, atualmente em construção em Houston, TX [9].

A figura 7.5 mostra trabalhadores da construção civil impressos em 3D [10].

Figura 7.5 Impressão 3D de trabalhadores da construção civil [10].

7.4 APLICAÇÕES DA IMPRESSÃO 3D NA CONSTRUÇÃO

A impressão 3D na construção é uma tecnologia relativamente nova que substitui algum trabalho manual na construção por uma máquina que cria e monta estruturas. As impressoras 3D são utilizadas para criar edifícios, infra-estruturas, modelos arquitectónicos, protótipos, soluções de cofragem e componentes estruturais. A impressão 3D é utilizada na construção para uma variedade de aplicações. Estas incluem as seguintes [11-13]:

1. *Edifícios:* A impressão 3D pode criar edifícios inteiros, incluindo casas e escritórios, camada a camada. Pode ajudar a dar abrigo a pessoas sem-abrigo e a abrigos para assistência em caso de catástrofe. A impressão 3D pode ser utilizada para criar infra-estruturas como pontes, corrimões e escadas. Devido à sua quase automação, as impressoras 3D podem, por vezes, criar casas ou outras estruturas em poucos dias. A impressão 3D pode ser efectuada de forma contínua e com pouca supervisão. O material utilizado na construção por impressão 3D é um material de betão reforçado com fibra de vidro especial, e a sua resistência e vida útil são muito superiores às do betão armado. Podem ser construídas estruturas inteiras de forma mais sustentável, com menos mão de obra e numa fração de tempo. Um edifício impresso em 3D é apresentado na Figura 7.6 [13].

Figura 7.6 Um edifício impresso em 3D [13].

2. *Peças de construção:* As impressoras 3D podem criar componentes mais pequenos. Podem ser utilizadas para criar materiais de construção como tijolos e painéis modulares necessários a partir de matérias-primas. As impressoras 3D são úteis para criar novas estruturas no local ou fabricar componentes fora do local para montagem posterior. As equipas de construção podem produzir peças à medida das necessidades, evitando problemas de desperdício decorrentes da encomenda de demasiadas peças não utilizadas durante a construção. Com a melhoria da tecnologia de impressão 3D, cada vez mais componentes de construção podem ser fabricados por impressão 3D.

3. *Criação de protótipos:* Os protótipos são modelos preliminares de estruturas que dão às pessoas um exemplo de como algo pode ser. A criação de protótipos pode ser uma parte essencial do planeamento pré-construção. Por exemplo, se uma empresa pretende construir um novo escritório, uma impressora 3D pode criar um protótipo para o escritório muito mais facilmente do que uma empresa de construção poderia nivelar o terreno, contratar mão de obra e preparar locais de construção completos. A impressão 3D oferece aos clientes a capacidade de criar estes protótipos muito mais rapidamente e a um preço mais baixo do que a construção de protótipos completos através de métodos de construção tradicionais. Um protótipo à escala de um edifício completo ajuda a avaliar a sua viabilidade e integridade estrutural. Os engenheiros podem testar ou observar o modelo para verificar potenciais áreas problemáticas.

4. *Modelação arquitetónica:* A manifestação inicial da entrada da impressão 3D na indústria da construção são os modelos arquitectónicos. A modelação é semelhante à prototipagem, exceto no que diz respeito a algumas diferenças fundamentais. A modelação é quando as empresas de construção ou os arquitectos dimensionam os

projectos propostos para um tamanho que pode ser visualizado num espaço mais pequeno. Isto permite aos clientes inspecionar o design, a disposição e outros elementos de uma estrutura. A modelação arquitetónica durante a fase de projeto centra-se nos aspectos criativos e visuais dos planos de construção. A modelação pode ser importante para obter investidores para um projeto ou para mostrar aos actuais interessados o aspeto que o edifício terá depois de concluído. Na construção tradicional, as pessoas normalmente projectam estruturas através de software e depois constroem modelos manualmente. Dependendo do tamanho, complexidade e requisitos de material, as impressoras 3D podem produzir rapidamente modelos arquitectónicos precisos. A impressão 3D pode construir rapidamente modelos depois de ter criado a estrutura no seu programa informático e a impressora ter os seus materiais. Pode ajudar a fazer uma representação mais precisa do modelo com base em planos de arquitetura.

7.5 BENEFÍCIOS

A tecnologia de impressão 3D tem sido uma solução que atinge quase todas as áreas da cadeia de valor do sector da construção. As impressoras 3D são capazes de imprimir uma vasta gama de modelos de arquitetura. O sector da construção pode beneficiar da tecnologia de impressão 3D de várias formas. Em comparação com os métodos de construção tradicionais, a impressão 3D para a construção é geralmente mais rápida, mais eficiente e requer menos trabalho manual. Outros benefícios da impressão 3D na construção incluem os seguintes [7]:

1. *Design flexível:* As formas e os desenhos complexos são muito mais possíveis através da impressão 3D do que com os processos de fabrico tradicionais. Este processo tem um impacto mínimo no custo e exige menos esforço humano do que os métodos de construção tradicionais. Pode ajudar a aumentar a funcionalidade e o atrativo estético das estruturas. As alterações de última hora ao projeto deixam de ser um problema e não atrasam o processo de construção.
2. *Produção rápida:* A tecnologia de impressão 3D pode produzir peças em poucas horas, acelerando o processo de criação de protótipos. Isto implica que as casas ou estruturas podem ser construídas em poucos dias.
3. *Minimizar os resíduos:* Os estaleiros de construção são famosos por criarem muitos resíduos. No entanto, a tecnologia de impressão 3D utiliza apenas os materiais necessários para cada peça, resultando em pouco ou nenhum desperdício. Uma vez que a impressão 3D cria o mínimo de resíduos, o local de trabalho demora menos tempo a limpar, poupando-lhe ainda mais tempo.
4. *Materiais reciclados:* A impressão 3D pode utilizar materiais reciclados. Isto beneficia tanto a sua empresa como o ambiente. A indústria da construção também beneficia do betão reciclado e de outros materiais reciclados.
5. *Menos erros humanos:* A tecnologia de impressão 3D pode diminuir significativamente a ocorrência de erros durante a construção. Devido à natureza automatizada da tecnologia de impressão 3D, as hipóteses de erro humano, ferimentos ou fatalidades são praticamente eliminadas.
6. *Segurança:* A impressão 3D trouxe para a construção a saúde e a segurança dos trabalhadores no local. Ao saberem como trabalhar eficazmente com as impressoras, os trabalhadores podem fazer o seu trabalho mais facilmente e reduzir as lesões no terreno. Outra forma de a impressão 3D aumentar a segurança é através do aumento da exatidão e da precisão.
7. *Redução de custos:* A automatização reduz o custo da construção. O sector da construção é um dos menos automatizados/digitalizados de todos os sectores, com

um grande potencial para aumentar a produtividade. A impressão 3D também pode reduzir a necessidade de maquinaria pesada, como gruas e escavadoras, cujo aluguer e funcionamento podem ser dispendiosos.

8. *Aumento da eficiência:* A impressão 3D pode aumentar a eficiência no sector da construção. Fá-lo reduzindo significativamente os tempos de construção. Também aumenta a eficiência ao reduzir o desperdício. O desperdício reduzido e o menor tempo de inatividade também resultam em poupanças de custos adicionais.
9. *Crise da habitação:* A impressão 3D é considerada uma solução potencial muito real para questões humanitárias como a crise global da habitação. Uma vez que a impressão 3D permite atualmente a criação de estruturas mais rapidamente, é ideal para combater a crise da habitação. A Figura 7.7 mostra um projeto de habitação sustentável e acessível no Malawi, em África [14].

Figura 7.7 Um projeto de habitação sustentável e acessível no Malawi, África [14].

10. *Sustentabilidade:* Uma das maiores preocupações em todas as indústrias atualmente é a sustentabilidade e a redução das emissões de CO2. A sustentabilidade assume um papel central nas casas impressas em 3D. Como as construções impressas em 3D envolvem menos resíduos, estas casas são mais amigas do ambiente. Os produtos reciclados podem ser utilizados para produzir os materiais de construção utilizados nas impressoras 3D.

7.6 DESAFIOS

Embora a tecnologia de impressão 3D se tenha mostrado promissora para a construção de grandes estruturas, a tecnologia ainda não está à altura da tarefa. A 3DCP enfrenta barreiras para desbloquear todo o seu potencial, tais como códigos/normas de construção actualizados e a melhoria das competências da mão de obra. Outros desafios ou inconvenientes da impressão 3D na construção incluem os seguintes [7]:

1. *Custos de investimento:* O custo da tecnologia e dos materiais de impressão 3D pode ser elevado. A compra ou mesmo o aluguer de uma impressora 3D pode ser muito dispendioso. Muitos profissionais da construção consideram difícil justificar o custo da tecnologia de impressão 3D quando comparado com os seus potenciais benefícios.

2. *Escassez de mão de obra:* A impressão 3D exige um conjunto de competências especializadas, criando uma escassez de trabalhadores qualificados.
3. *Controlo de qualidade:* Garantir a qualidade das estruturas impressas em 3D pode ser um desafio, especialmente porque não existem normas ou códigos industriais estabelecidos para a construção com impressão 3D. Uma vez que o processo de impressão 3D é automatizado, a construção depende da exatidão e precisão da impressora.

4. Desafios regulamentares: O quadro regulamentar para a impressão 3D no domínio da construção não é atualmente claro. Esta falta de supervisão governamental é um obstáculo significativo à rápida adoção da tecnologia.
5. *Aceitação:* Um dos maiores problemas no lançamento de uma nova tecnologia é a hesitação na aceitação. Será que as pessoas aceitariam viver numa casa construída com tecnologia de impressão 3D? As pessoas preferem manter-se fiéis aos métodos tradicionais devido a um equívoco comum de que a tecnologia torna a construção mais barata e mais fraca.

7.7 CONCLUSÃO

A impressão 3D é um dos maiores avanços e inovações tecnológicas do século XXI. O sector da construção está à beira de uma revolução e, no centro desta transformação, está a tecnologia de impressão 3D. À medida que a tecnologia continua a desenvolver-se, as possibilidades de adoção e crescimento aumentam na indústria da construção. Com o mercado de 3DCP ainda a dar os primeiros passos, as estimativas de dimensão do mercado para o sector são ainda demasiado prematuras para se poder confiar. Os gigantes da construção (como a COBOD, a empresa chinesa WinSun, a empresa italiana WASP e a empresa australiana Luyten 3D) estão a aperceber-se rapidamente do potencial das tecnologias 3D e do seu impacto no futuro da construção.

A impressão 3D de betão, também conhecida como construção aditiva, é uma tecnologia promissora que tem o potencial de revolucionar a construção de edifícios e estruturas, poupando tempo, materiais, mão de obra e custos, ao mesmo tempo que melhora a sustentabilidade e o impacto ambiental da construção. A tecnologia promete revolucionar a forma como projectamos e construímos estruturas, melhorando a qualidade, garantindo a segurança dos trabalhadores, reduzindo custos, aumentando a eficiência e promovendo práticas empresariais sustentáveis. A utilização da impressão 3D na construção está a aumentar e continuará a crescer exponencialmente nos próximos anos. A solução "de sonho" é que, um dia, os edifícios sejam impressos em betão, no local, com robôs e sistemas de pórticos que colocam cimento de secagem rápida, trabalhando 24 horas por dia, 7 dias por semana, para fornecer, a grande velocidade, estruturas acessíveis para habitação, escritórios, quartéis, hotéis, etc.
[15] . Mais informações sobre a tecnologia de impressão 3D na construção podem ser encontradas nos livros [16-21].

REFERÊNCIAS

[1] "Impressão 3D para construção," *Wikipedia,* a enciclopédia livre, https://en.wikipedia.org/wiki/Construction_3D_printing

[2] M. N. O. Sadiku, P. O. Adebo, and J. O. Sadiku, "3D printing in construction," *International Journal of Trend in Research and Development,* vol. 11, no. 3, maio-junho de 2024, pp.233-237.

[3] F. R. Ishengoma e T. A. B. Mtaho, "Impressão 3D: Perspectivas dos países em desenvolvimento, engenharia informática e aplicações", *International Journal of*

Computer Applications, vol. 104, n.º 11, outubro de 2014, pp. 30-34.
[4] M. N. O. Sadiku, S. M. Musa e O. S. Musa, "3D Printing in the chemical industry", *Invention Journal of Research Technology in Engineering and Management,* vol. 2, n.º 2, fevereiro de 2018, pp. 24-26.
[5] D. Pitukcharoen, "3D printing booklet for beginners," https://www.metmuseum.org/-/media/files/blogs/digital- media/3dprintingbookletforbeginners.pdf
[6] "The benefits of 3D Printing in children's education," fevereiro de 2021, https://www.kidsinthehouse.com/blogs/kidsinthehouse2/the-benefits-of-3d-printing-in-childrens-education
[7] "Tecnologia de impressão 3D para a construção," https://www.xometry.com/resources/3d-printing/3d-printing-in-construction/
[8] "Como funciona a impressão 3D no sector da construção", julho de 2023, https://www.cemexventures.com/3d-printing-in-construction/
[9] E. Garcia, "3D printing reaches new heights with two-story home," janeiro de 2023, https://www.reuters.com/technology/3d-printing-reaches-new-heights-with-two-story-home-2023-01-12/#:~:text=A%20enorme%20impressora%20que%20pesa%20mais de um metro quadrado%2Dfoot%20hoje%20em%20Houston.
[10] C. S. Daugherty, "Os investigadores do ERDC são uma força motriz na impressão 3D à escala da construção", setembro de 2020, https://www.erdc.usace.army.mil/Media/News-Stories/Article/2356722/erdc-researchers-are-a-driving-force-in-construction-scale-3d-printing/
[11] "Impressão 3D na construção: tipos, benefícios e utilizações", agosto de 2024 https://www.indeed.com/career-advice/career-development/3d-printing-construction
[12] "Como a impressão 3D é utilizada na construção", março de 2024, https://www.kreo.net/news-2d-takeoff/how-3d-printing-is-used-in-construction
[13] "Aplicação da casa de impressão 3D", março de 2021, https://www.eplus3d.com/application-of-3d-printing-house.html
[14] J. Biggs, "6 of the world's most impressive 3d printed buildings," janeiro de 2021, https://www.procore.com/jobsite/6-of-the-worlds-most-impressive-3d-printed-buildings
[15] M. Day, "Impressão 3D na construção", fevereiro de 2020, https://aecmag.com/features/3d-printing-in-construction/
[16] B. Rangel et al. (eds.), *3D Printing for Construction with Alternative Materials (Digital Innovations in Architecture, Engineering and Construction).* Springer, 2023.
[17] J. G. Sanjayan, A. Nazari e B. Nematollahi, *Tecnologia de impressão em betão 3D: Aplicações de construção e construção.* Butterworth-Heinemann, 2019.
[18] B. Rangel, A. S. Guimarães, e J. Teixeira (eds.), *3D Printingfor Construction in the Transformation of the Building Industry.* Boca Raton, FL: CRC Press, 2024.
[19] A. Perrot, *3D Printing of Concrete: State of the Art and Challenges of the Digital Construction Revolution [Impressão 3D de betão: estado da arte e desafios da revolução da construção digital*]. Wiley, 2019.
[20] B. Panda, P. N. Shakor, e V. Laghi(eds.), *Additive Manufacturingfor Construction.* Emerald Publishing Limited, 2023.
[21] T. S. Brar, M. A. Kamal e S. Singh, *Configuração da tecnologia de impressão de betão 3D com betão ecológico e auto-regenerativo.* Materials Research Forum LLC, 2022.

CAPÍTULO 8 : IMPRESSÃO 3D NA ARQUITECTURA

"Uma boa arquitetura é como uma boa sessão de terapia, um bom casamento, um bom poema - permite-nos, de forma suave e quase invisível, sermos nós próprios, tão imperfeitos e tão belos como somos." -Robert Sullivan

8.1 INTRODUÇÃO

Uma impressora 3D tem mais capacidade de fabrico do que uma máquina de fabrico tradicional. É considerada uma tecnologia disruptiva que irá mudar o fabrico. É utilizada há décadas nas indústrias automóvel e aeroespacial. A impressora 3D é também utilizada por amadores, pequenas empresas, criativos, fabricantes, arquitectos e, sobretudo, empreiteiros para criar instantaneamente uma variedade de produtos.

A arquitetura é tanto o processo como o produto do planeamento, conceção e construção de estruturas físicas. É um dos sectores que combina arte e tecnologia de forma perfeita. A amálgama de arte e tecnologia permite aos arquitectos planear e conceber uma grande variedade de estruturas que mantêm os espectadores fascinados. A impressão 3D, também conhecida como fabrico de aditivos, revoluciona os processos arquitectónicos tradicionais ao colocar materiais em camadas para criar estruturas tridimensionais a partir de modelos digitais.

Desde o tempo dos faraós, os modelos arquitectónicos têm servido como representações físicas para ajudar a vender um projeto, apoiar os esforços de angariação de fundos e resolver desafios de construção. Tradicionalmente, o fabrico de maquetas é um ofício manual que envolve o trabalho com materiais como a madeira, a cerâmica, o cartão ou o barro e que consome muito tempo. Atualmente, os estúdios e gabinetes de arquitetura têm acesso a uma gama mais vasta de ferramentas, incluindo software CAD, soluções de Modelação da Informação da Construção (BIM) e impressoras 3D que podem reduzir as necessidades de mão de obra e poupar tempo [1].

A impressão 3D ou fabrico aditivo é o processo de criação de objectos físicos através da sobreposição de materiais com base nos requisitos de um modelo digital. Esta tecnologia tornou-se cada vez mais popular nos últimos anos e é atualmente utilizada em vários sectores. Uma área em que a impressão 3D está a ter um impacto significativo é a arquitetura. A curadoria manual de modelos arquitectónicos físicos pode ser entediante e demorada. A impressão 3D está pronta a revolucionar a indústria da arquitetura. Não há dúvida de que a impressão 3D é uma tecnologia disruptiva destinada a mudar a forma como construímos as nossas cidades [2].

Este capítulo examina a utilização da tecnologia de impressão 3D na indústria da arquitetura. Começa por explicar o que é a impressão 3D. Apresenta a impressão 3D na indústria da arquitetura. Fornece várias aplicações da impressão 3D na indústria da arquitetura. Destaca as vantagens e os desafios da impressão 3D na arquitetura. Conclui com alguns comentários.

8.2 O QUE É A IMPRESSÃO 3D?

A impressão 3D (também conhecida como fabrico aditivo (AM) ou prototipagem rápida (RP)) foi inventada no início dos anos 80 por Charles Hull, considerado o pai da impressão 3D. Desde então, tem sido utilizada na indústria transformadora, automóvel, eletrónica, aviação, aeroespacial, aeronáutica, engenharia, arquitetura, farmacêutica, produtos de consumo, educação, entretenimento, medicina, missões espaciais, militar, indústria química, indústria marítima, indústria de impressão e indústria de joalharia [3].

Uma impressora 3D funciona através da "impressão" de objectos. Em vez de utilizar tinta, utiliza materiais mais substanciais - plástico, metal, borracha e semelhantes. Digitaliza um objeto - ou pega numa digitalização existente de um objeto - e corta-o em camadas, que podem depois ser convertidas num objeto físico. Camada a camada, a impressora 3D pode replicar imagens criadas em programas CAD. Por outras palavras, a impressão 3D dá instruções a um computador para aplicar camada após camada de um material específico (como plástico ou metal) até o produto final estar construído. Isto é diferente dos métodos de fabrico convencionais, que muitas vezes se baseiam na remoção (por corte, perfuração, picagem, trituração, forjamento, etc.) em vez da adição. Os modelos podem ser multicoloridos para realçar caraterísticas importantes, como tumores, cavidades e trajectos vasculares. A tecnologia 3DP pode construir um objeto 3D com quase todas as formas imagináveis definidas num ficheiro de desenho assistido por computador (CAD). Trata-se de tecnologia aditiva, diferente das técnicas de fabrico tradicionais, que são processos subtractivos em que o material é removido por corte ou perfuração [4].

Nos últimos anos, a impressão 3D começou a entrar na moda, com alguns modelos a tornarem-se suficientemente acessíveis para serem utilizados em casa. Muitas indústrias e profissões em todo o mundo utilizam atualmente a impressão 3D. Esta desempenha um papel fundamental para tornar as empresas mais competitivas. O fosso entre a indústria e os estudantes pode ser colmatado através da inclusão no currículo das mesmas ferramentas de ponta, como a impressão 3D, que os profissionais utilizam todos os dias. Existem casas, próteses, dispositivos cirúrgicos, drones, aparelhos auditivos e componentes de motores eléctricos impressos em 3D. Como mostra a Figura 8.1, a impressão 3D envolve três etapas [5].

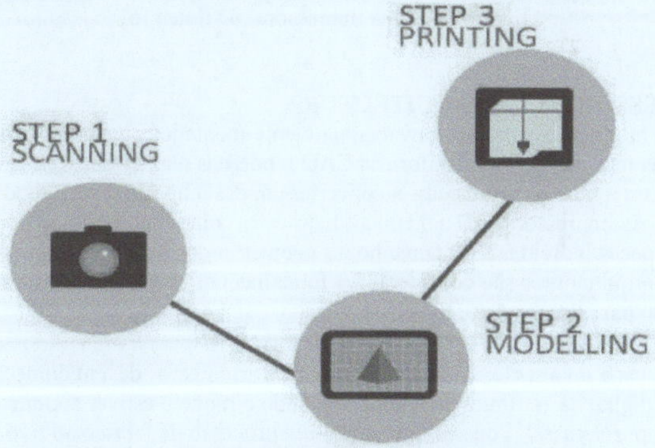

Figura 8.1 A impressão 3D envolve três etapas [5].

Uma impressora 3D típica é apresentada na Figura 8.2 [6].

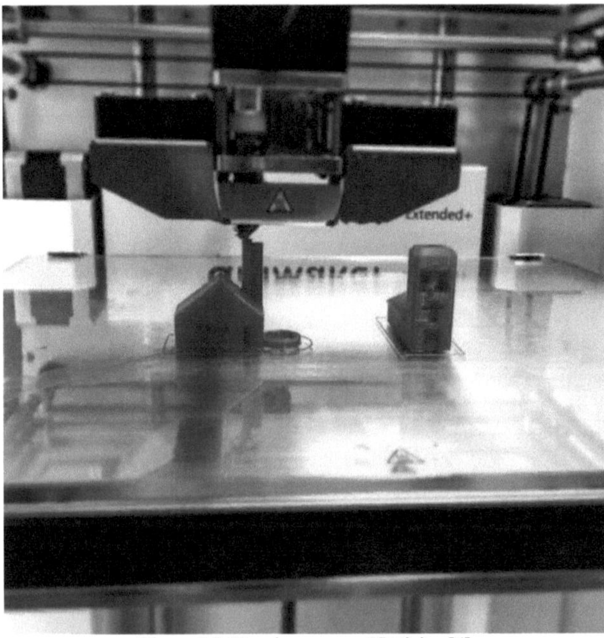

Figura 8.2 Uma impressora 3D típica [6].

8.3 IMPRESSÃO 3D NA ARQUITECTURA

Os modelos arquitectónicos são convencionalmente montados com uma variedade de materiais e componentes. As plataformas CAD modernas têm módulos de impressão 3D dedicados para ajudar os arquitectos a converter um desenho CAD num modelo imprimível. As impressoras 3D ajudam a fundir estes componentes no menor número possível de peças individuais. O tamanho e a geometria dos diferentes componentes de um modelo arquitetónico são considerações fundamentais na preparação de um modelo arquitetónico para impressão 3D.

Como funciona a impressão 3D na arquitetura? Os arquitectos devem começar por criar um modelo digital da estrutura pretendida. Quando o modelo estiver completo, é enviado para uma impressora 3D. Funcionando como um processo de fabrico aditivo camada a camada, a impressão 3D utiliza modelos digitais para criar objectos 3D personalizados com um nível notável de precisão e eficiência, poupando tempo, gerando zero resíduos e reduzindo os custos de mão de obra. A impressora utiliza materiais como o plástico, o metal ou o betão. Este processo pode demorar de algumas horas a vários dias, dependendo do tamanho e da complexidade do projeto. O pós-processamento difere consoante a tecnologia de impressão 3D específica, mas geralmente inclui lixar, colar e pintar os modelos [1]. A Figura 8.3 ilustra o processo de impressão 3D na arquitetura [7], enquanto a Figura 8.4 mostra como funciona a impressão 3D na arquitetura [8].

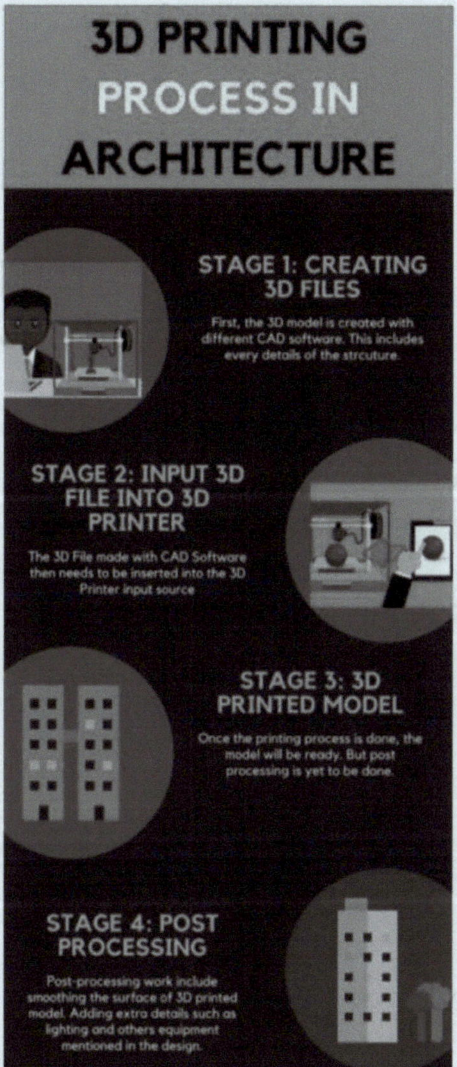

Figura 8.3 Processo de impressão 3D na arquitetura [7].

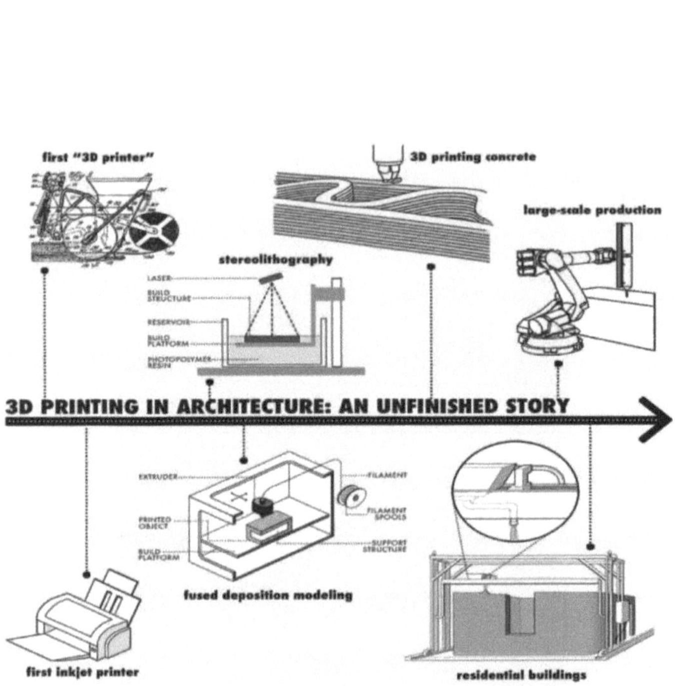

Figura 8.4 Como funciona a impressão 3D na arquitetura [8].

Os materiais desempenham um papel vital na transmissão do conceito subjacente de um design. As peças podem ser produzidas com vários materiais de impressão 3D ou pintadas individualmente com cores diferentes. Algumas impressoras imprimem apenas com os seus próprios materiais, enquanto outras trabalham com uma vasta gama de materiais. Um dos desenvolvimentos mais interessantes na impressão 3D é a utilização de materiais mais naturais que permitem técnicas de construção mais conscientes do ambiente.

As casas impressas em 3D têm o potencial de revolucionar a construção e reduzir a pegada de carbono intensiva desta indústria. Os principais inovadores do sector são a ICON, a MOBBOT e a COBOD. Estas empresas tencionam expandir-se para outros mercados, de modo a que os seus materiais possam ser utilizados não só a nível residencial, mas também a nível comercial. Se estes inovadores conseguirem demonstrar que os seus projectos são seguros, duradouros e sustentáveis quando comparados com as casas tradicionais, a impressão 3D pode tornar-se um método de construção viável e sustentável. A Figura 8.5 mostra um edifício típico de impressão 3D [9].

Figura 8.5 Um edifício típico de impressão 3D [9].

A Figura 8.6 mostra a maior estrutura impressa em 3D na Europa [10]. Chama-se Wave House e é utilizada como centro de dados de computação em nuvem em Heidelberg, Alemanha.

Figura 8.6 A maior estrutura impressa em 3D na Europa [10].

8.4 APLICAÇÕES DA IMPRESSÃO 3D NA ARQUITECTURA

Um número crescente de empresas em todo o mundo está a optar por incorporar o fabrico aditivo nos seus processos de produção. Existem diferentes aplicações desta tecnologia avançada na indústria da arquitetura. Estas incluem as seguintes [11,12]:

1. *Prototipagem:* Isto é extremamente importante na arquitetura e é a fase que está a ser mais fortemente afetada pelas tecnologias de impressão 3D. Os arquitectos aperceberam-se rapidamente de que a impressão 3D é ideal para criar protótipos e testar modelos conceptuais. Devido à natureza flexível das impressoras 3D, é possível produzir modelos estruturais ou de edifícios simples e complexos em horas, em vez de semanas ou mesmo meses. Assim que tiver o seu modelo, pode começar a discutir com os clientes, o que, por sua vez, poupa tempo e dinheiro, reduz o risco de erros dispendiosos e acelera todo o processo de conceção até ao acordo. A utilização da prototipagem rápida 3D pode reduzir a mão de obra e o tempo necessários, criar modelos à escala detalhados e precisos e transmitir eficazmente o conceito único de cada projeto ao cliente.

2. *Modelação digital 3D:* Anteriormente, a criação de modelos 3D em cartão demorava muito tempo, para além de ser trabalhosa. Atualmente, a impressão 3D permite criar protótipos tridimensionais de alta qualidade, reduzindo significativamente o tempo e o esforço. A modelação 3D é um passo fundamental no fluxo de trabalho da impressão 3D. A modelação pode ser utilizada para conceber protótipos de uma peça, estruturas reais ou modelos à escala de um projeto. Algumas empresas preferem utilizar vários programas de software diferentes para obter os melhores resultados. Assim que o ficheiro digital é processado, os designers normalmente delegam nos engenheiros o início da impressão 3D do protótipo.

3. *Infra-estruturas urbanas:* A impressão 3D está a revolucionar o planeamento urbano de muitas formas. Os arquitectos têm a capacidade de imprimir em 3D um modelo de uma cidade inteira. Isto é algo que pode ser conseguido em poucas horas com o equipamento e os materiais de impressão corretos. A impressão 3D de infra-estruturas urbanas é frequentemente uma colaboração entre uma empresa de arquitetura de impressão 3D e a cidade ou o governo. As estruturas variam normalmente entre pontes impressas em 3D e fachadas decorativas de edifícios.

4. *Desenvolvimento de modelos conceptuais:* Os arquitectos têm de afinar regularmente os modelos conceptuais para satisfazerem as necessidades e instruções precisas de um cliente. Têm de fazer alterações ao modelo concetual regularmente para mostrar todos os aspectos importantes do modelo. A impressão 3D pode criar modelos altamente detalhados que são exactos e podem ser utilizados para apresentar ideias aos clientes. Atualmente, muitas empresas de arquitetura utilizam tecnologias de impressão 3D para reduzir o tempo e os esforços necessários para converter um modelo concetual num modelo físico. Os especialistas podem agora apresentar as suas ideias e impressionar os seus clientes com modelos tangíveis que têm em conta informações precisas sobre o edifício ou o local de construção.

5. *Apresentação aos clientes:* Na indústria de arquitetura altamente competitiva, os designers precisam de expressar as suas ideias arquitectónicas de forma vívida para ganhar mais projectos. Os clientes querem visualizar os componentes ou peças de construção propostos para fazerem escolhas informadas. Assim, os arquitectos competitivos apresentam aos seus clientes modelos impressos em 3D porque estes são altamente detalhados e fornecem uma imagem mais clara do aspeto do projeto final. Os modelos físicos de edifícios em 3D facilitam aos projectistas o envolvimento dos seus clientes de uma forma significativa. Os modelos abrangentes de plantas do local que mostram de forma impressionante os componentes estruturais ajudam a aumentar as hipóteses de aprovação de um projeto pelas autoridades municipais e pelos investidores.

6. *Automatização da construção:* Os principais gabinetes e profissionais de arquitetura utilizam máquinas autónomas e soluções robóticas personalizadas para implementar a automatização na construção. Podem automatizar a maioria dos aspectos de um projeto de construção através da combinação de soluções robóticas personalizadas, algoritmos de inteligência artificial (IA) e tecnologias de impressão 3D. As impressoras 3D reduzirão o tempo e o custo global da construção, produzindo paredes internas, acessórios e tábuas de chão em simultâneo.

7. *Componentes de edifícios:* A impressão 3D pode ser utilizada para criar componentes de construção à escala real. Os componentes de construção impressos em 3D, como fachadas, divisórias e elementos estruturais, oferecem soluções económicas com uma flexibilidade de design sem paralelo. Ao tirar partido das ferramentas de design paramétrico e das técnicas de fabrico digital, os arquitectos podem personalizar os componentes de construção para satisfazer os requisitos específicos do projeto, reduzindo simultaneamente os custos de construção e os prazos de entrega.

8.5 BENEFÍCIOS

A construção e a arquitetura, profissões que geram muitas vezes desperdício e que são responsáveis por cerca de 40% das emissões de gases com efeito de estufa, são os dois principais domínios em que a impressão 3D pode ser benéfica. A impressão 3D é muito vantajosa, uma vez que permite criar novos produtos de forma muito rápida e precisa. Os arquitectos estão a utilizar cada vez mais as impressoras 3D para produzir modelos arquitectónicos bonitos e altamente detalhados. Estão a poupar tempo e dinheiro ao utilizar a impressão 3D para criar designs impressionantes e duradouros diretamente a partir de dados CAD. A impressão 3D pode ser utilizada para produzir modelos arquitectónicos de edifícios inteiros. Outros benefícios da utilização da impressão 3D na arquitetura incluem os seguintes [13-15]:

1. *Os seus clientes podem visualizar melhor:* Um dos principais objectivos dos modelos de arquitetura 3D é simplificar a comunicação entre arquitectos e facilitar a apresentação de planos aos clientes, impressionando-os com um modelo tangível de qualquer estrutura. A possibilidade de ver fisicamente algo tangível cria uma impressão duradoura. Como ilustrado na Figura 8.7, um objeto impresso em 3D facilita a visualização do projeto [16]. Assim, um modelo detalhado do projeto final pode ser uma forma valiosa de comunicar a sua ideia de design aos seus colegas ou clientes.

Figura 8.7 O objeto impresso em 3D facilita a visualização do seu desenho [16].

2. *Liberdade de design:* A maior vantagem da aplicação da impressão 3D em projectos de arquitetura é a liberdade de design, uma vez que formas anteriormente inimagináveis se tornaram agora possíveis e até fáceis de fabricar. A impressão 3D está preparada para revolucionar a prática da arquitetura, oferecendo aos arquitectos uma liberdade sem precedentes para concretizarem a sua visão criativa e reimaginarem o ambiente construído. Com mais liberdade de conceção, surge a oportunidade de criar novas geometrias complexas. Atualmente, cada cliente quer que os arquitectos concebam um edifício que se destaque da multidão. Os arquitectos têm de explorar formas de implementar os modelos exclusivos sem aumentar o tempo e o custo de construção.

3. *Sustentabilidade:* O fabrico aditivo é mais sustentável e amigo do ambiente do que outros métodos de produção. A sustentabilidade manifesta-se na redução do consumo de materiais, quer considerados no próprio produto, reduzidos graças à otimização geométrica, quer nos vários resíduos associados ao fabrico, como as cofragens. A impressão 3D é muito promissora para a criação de estruturas adaptáveis e sustentáveis que respondem de forma inteligente às sugestões ambientais e às necessidades dos utilizadores

4. *Personalização:* A capacidade de oferecer produtos altamente personalizáveis tornou-se fundamental para se manter competitivo. A personalização é difícil de conseguir com as técnicas tradicionais, em que cada molde tem de criar um grande número de produtos para justificar o custo inicial do investimento.

5. *Colaboração:* A impressão 3D abre inúmeras possibilidades de colaboração. Um software de modelação 3D que utilize a nuvem permitir-lhe-á otimizar a colaboração e a comunicação da sua equipa. O seu trabalho estará acessível a qualquer pessoa e todos poderão trabalhar no mesmo modelo.

6. *Reduzir o tempo de conceção:* No atual ritmo acelerado da indústria da construção, os projectistas têm de utilizar o menor tempo possível para desenvolver modelos 3D. Com as impressoras 3D, é possível produzir construções complexas em horas, em vez de semanas ou meses. Com uma impressora 3D, pode dar vida ao seu projeto, poupando as horas de criação de um modelo à escala. Tempo é dinheiro. Assim, poupar horas de

trabalho significa, em última análise, poupar despesas.

7. *Modelos de grande qualidade:* As impressoras 3D profissionais imprimem agora modelos de arquitetura com grande qualidade e um grande nível de detalhe arquitetónico.

8. *Protótipos de alta qualidade:* As impressoras 3D podem produzir protótipos arquitectónicos de alta qualidade para clarificar os detalhes do exterior. O equipamento pode utilizar diferentes tipos de matérias-primas para produzir objectos complexos e coloridos.

9. *Reedição e reimpressão fáceis:* A impressão 3D permite-lhe ser mais flexível com os seus modelos, uma vez que é fácil reeditar e voltar a imprimir os seus modelos 3D de arquitetura. Se o cliente solicitar uma alteração, pode simplesmente editar o ficheiro e imprimir o objeto.

10. *Poupança de custos:* Os gabinetes de arquitetura podem adquirir impressoras 3D para instalação no local, o que é muito mais barato do que subcontratar um fornecedor. O equipamento ajuda-os a aumentar a produtividade geral e a reduzir os custos de produção.

11. *Poupança de tempo:* As impressoras 3D podem funcionar durante a noite para poupar tempo. Podemos lançar a impressora durante a noite e, quando regressamos de manhã, encontramos o modelo pronto.

12. *Redução da força de trabalho:* A tecnologia de impressão 3D implica uma baixa utilização da força de trabalho e poupa muito tempo. Enquanto um conjunto de mão de obra está envolvido num projeto, ter uma impressora 3D permite distribuí-la por outros projectos diferentes.

13. *Financeiramente vantajoso:* Uma vez que a indústria da arquitetura é uma indústria milionária, o dinheiro é a chave do jogo. Com as impressoras internas, torna-se um processo de modelação sem esforço. É financeiramente sustentável e tem impacto no método de conceção.

8.6 DESAFIOS

A impressão 3D não nos permite imprimir estruturas inteiras em simultâneo, como um edifício. Toda a unidade será fabricada em partes numa unidade de fabrico e depois combinada para criar o desenho final no local de construção. Outros desafios da impressão 3D na arquitetura são os seguintes [17]:

1. *Custo elevado*: A impressão 3D na arquitetura é ainda uma tecnologia nova no mercado. Requer um custo inicial elevado para a compra da maquinaria e equipamento necessários. O custo adicional dos materiais, da experimentação e da manutenção constitui uma das maiores barreiras para quem quer experimentar esta tecnologia.

2. *Falta de materiais conhecidos:* Os materiais que podem ser impressos e construídos em tempo real são essenciais para obter os melhores resultados da impressão 3D. As impressoras sofisticadas também podem trabalhar com metal, cerâmica e vidro. No entanto, a seleção de materiais que suportam o fabrico aditivo é limitada, restringindo a utilização generalizada desta tecnologia. Nem todos os materiais de construção são

adequados para a impressão 3D, o que limita a gama de aplicações.

3. *Limitações técnicas:* A impressão 3D enfrenta desafios e limitações técnicas, tais como restrições de tamanho, compatibilidade de materiais e pós-processamento. Certas escalas e complexidades arquitectónicas podem estar para além das capacidades tecnológicas actuais. Os constrangimentos tecnológicos, como a velocidade de impressão, o volume de construção e as propriedades dos materiais, colocam barreiras significativas à escalabilidade e à relação custo-eficácia.

4. *Limitações de escala:* Os projectos de maior dimensão exigem avanços significativos na tecnologia e nos materiais de impressão. Há uma necessidade crescente de máquinas maiores, capazes de produzir peças maiores ou mesmo estruturas inteiras.

5. *Questões regulamentares:* A natureza inovadora da impressão 3D ultrapassa os actuais códigos e normas de construção, necessitando de novos enquadramentos para aprovação e implementação.

8.7 CONCLUSÃO

A comunidade de designers de arquitetura abraçou a impressão 3D de braços abertos e aproveitou o seu potencial ilimitado. Há anos que os arquitectos utilizam impressoras 3D. Os fabricantes de impressoras 3D oferecem uma vasta gama de recursos que abrangem impressoras, tecnologias, software e resolução de problemas para o tornar num especialista em pouco tempo. Para satisfazer as enormes exigências dos clientes, as empresas estão realmente a forçar os seus limites para oferecer um conceito inovador aos seus clientes.

A impressão 3D está a revolucionar o campo da arquitetura e está preparada para mudar a forma como construímos as nossas cidades e vilas no futuro. Esta tecnologia abre caminho para um futuro brilhante e cheio de oportunidades. Várias universidades estão agora a oferecer cursos de impressão 3D para arquitectos. A Figura 8.8 mostra uma aula de arquitetura futurista [18]. Mais informações sobre a tecnologia de impressão 3D na indústria da arquitetura podem ser encontradas nos livros [19-21].

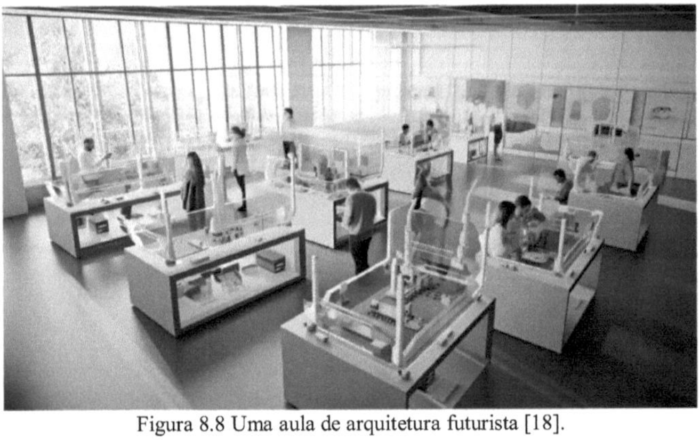

Figura 8.8 Uma aula de arquitetura futurista [18].

REFERÊNCIAS

[1] "Guia para a impressão 3D de modelos de arquitetura" https://formlabs.com/blog/3d-printing-architectural-models/

[2] M. N. O. Sadiku, U. C. Chukwu, and J. O. Sadiku, "3D printing in architecture," *Innovative Mult-disciplinary Journal of Applied Technology,* vol. 2, no. 5, 2024, pp. 136145.

[3] F. R. Ishengoma e T. A. B. Mtaho, "Impressão 3D: Perspectivas dos países em desenvolvimento, engenharia informática e aplicações", *International Journal of Computer Applications*, vol. 104, n.º 11, outubro de 2014, pp. 30-34.

[4] M. N. O. Sadiku, S. M. Musa e O. S. Musa, "3D Printing in the chemical industry", *Invention Journal of Research Technology in Engineering and Management,* vol. 2, n.º 2, fevereiro de 2018, pp. 24-26.

[5] D. Pitukcharoen, "Manual de impressão 3D para principiantes". https://www.metmuseum.org/-/media/files/blogs/digital-media/3dprintingbookletforbeginners.pdf

[6] "Impressão 3D na arquitetura", maio de 2020, https://portella.com/blog/3d-printing-in-architecture/

[7] S. R. Islam, "Role of 3D printing in architecture," (Papel da impressão 3D na arquitetura) https://iamrafiqul.medium.com/3d-printing-in-architecture-eec154498852

[8] "Infografia: A evolução da impressão 3D na arquitetura, desde 1939," https://www.archdaily.com/1005043/infographic-the-evolution-of-3d-printing-in-architecture-since-1939

[9] D. Gamsby, "3D printed architectural models are helping to build our future", maio de 2016, https://www.javelin-tech.com/blog/2016/05/3d-printed-architectural-models/

[10] R. Kazmer, "Grupo de arquitectos cria o maior edifício da região impresso em 3D em apenas 140 horas - veja", abril de 2024, https://www.yahoo.com/tech/group-architects-create-regions-largest-080000044.html

[11] M. Aysha, "Como é que as tecnologias de impressão 3D estão a remodelar o design e a arquitetura?" novembro de 2020, https://www.3dnatives.com/en/3d-printing-in-architecture-121120204/

[12] A. Choudhry, "Impressão 3D na arquitetura: Aplicações e inovações," https://www.aurum3d.com/blog/3d-printing-in-architecture-applications-and-innovations/

[13] K. Ansari, "O que é a tecnologia de impressão 3D? Como é utilizada na arquitetura?" fevereiro de 2021, https://archestudy.com/what-is-3d-printing-technology/

[14] "As 4 principais vantagens dos modelos de impressão 3D para arquitectos," https://i.materialise.com/blog/en/3d-printing-for-architects/

[15] "Como os arquitectos estão a utilizar a impressão 3D", junho de 2023, https://shop3duniverse.com/blogs/digital-fabrication-in-the-workplace/architects-using-3d-printing-today

[16] N. Jaeger, "As melhores impressoras 3D para arquitectos de 2023", outubro de 2023, https://all3dp.com/1/the-best-3d-printers-for-architects/#google_vignette

[17] "O futuro da impressão 3D na arquitetura: Oportunidades e desafios," https://www.re-thinkingthefuture.com/architectural-community/a10290-the-future-of-3d-

printing-in-architecture-opportunities-and-challenges/
[18] "Impressão 3D: Pioneirismo no futuro da arquitetura," https://insights.jonite.com/3d-printing-pioneering-the-future-of-architecture
[19] C. Bañón e F. Raspall, *Arquitetura de impressão 3D: Workflows, Applications, and Trends (Fluxos de trabalho, aplicações e tendências).* BerlinfHeidelberg, Alemanha: Springer, 2021.
[20] R. Rael e V. San Fratello. *Imprimir arquitetura: Receitas inovadoras para impressão 3D.* Princeton Architectural Press, 2018.
[21] C. Banon e F. Raspall, *Arquitetura de impressão 3D: Workflows, Applications, and Trends (Fluxos de trabalho, aplicações e tendências).* Springer, 2021.

CAPÍTULO 9 : IMPRESSÃO 3D NO SECTOR FARMACÊUTICO

"A medicina é a restauração de elementos discordantes; a doença é a discórdia dos elementos infundidos no corpo vivo." - Leonardo da Vinci

9.1 INTRODUÇÃO

Os avanços tecnológicos mudaram a face da Terra com a primeira e a segunda revoluções industriais. O rápido desenvolvimento da impressão 3D e a sua aplicação no fabrico de produtos foram considerados como a terceira revolução industrial. Estes avanços podem ter um impacto semelhante na indústria farmacêutica, que representa uma parte considerável da economia mundial. A indústria farmacêutica está à beira de uma transformação notável, e a tecnologia de impressão 3D está na vanguarda desta revolução. As empresas farmacêuticas estão constantemente a procurar inovações na conceção de medicamentos, centrando-se nas propriedades dos materiais, nos processos e nas tecnologias. Empresas estabelecidas como a Roche, a Pfizer, a Merck, a Aprecia, a FabRx e a GlaxoSmithKline estão a tirar partido da tecnologia de impressão 3D e estão a fazer a transição dos produtos farmacêuticos de impressão 3D do laboratório para a clínica.

Em contraste com as técnicas de fabrico tradicionais de "fabrico subtrativo", a impressão 3D é uma tecnologia de "fabrico aditivo", em que um modelo é construído utilizando software CAD e transferido para uma impressora, sendo o produto 3D construído camada a camada. A tecnologia de impressão 3D é amplamente utilizada nos sectores automóvel, da construção, aeroespacial, médico e muitos outros. Está a transformar os produtos farmacêuticos em tratamentos mais precisos e eficazes. Como mostra a Figura 9.1, a impressão 3D está a remodelar o mundo farmacêutico [1].

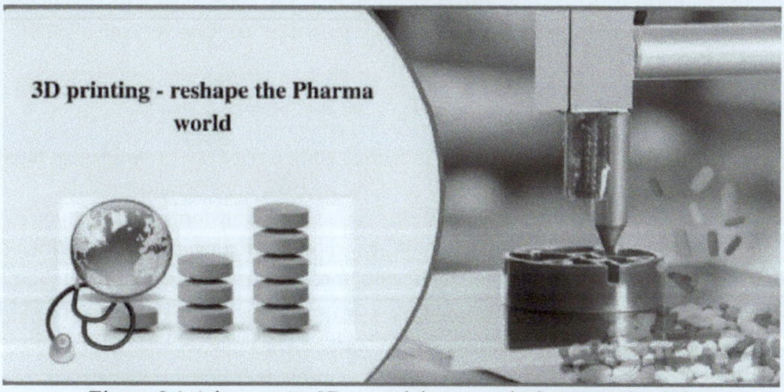

Figura 9.1 A impressão 3D remodela o mundo farmacêutico [1].

A tecnologia poderá conduzir a uma nova era da farmácia digital, permitindo que as receitas electrónicas sejam enviadas para uma impressora 3D descentralizada para a distribuição de medicamentos personalizados em tempo real, conforme ilustrado na Figura 9.2 [2].

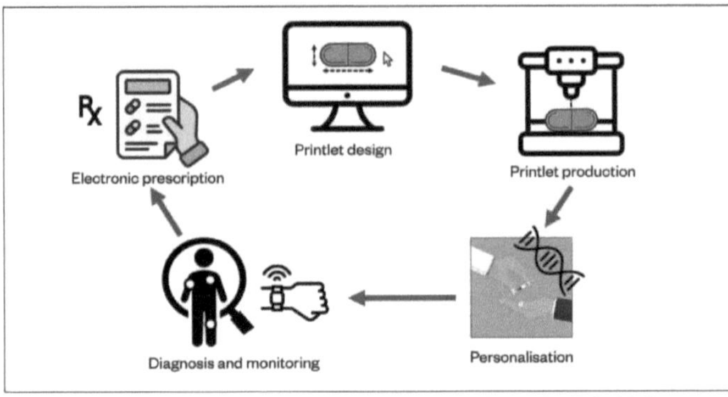

Figura 9.2 Os cinco componentes da era da farmácia digital [2].

A impressão 3D é uma das tecnologias mais revolucionárias da vida contemporânea. Esta tecnologia está a provocar uma mudança da produção em massa tradicional para medicamentos impressos em 3D personalizados através da conceção de modelos assistida por computador. A adesão dos profissionais de saúde, incluindo os farmacêuticos, é vital para a integração da impressão 3D em ambientes clínicos [3].

Este capítulo examina os métodos de impressão 3D e as principais motivações para a utilização da impressão 3D no sector farmacêutico. Começa por explicar o que é a impressão 3D. Apresenta a impressão 3D na indústria farmacêutica. Fornece várias aplicações da impressão 3D na indústria farmacêutica. São apresentados os benefícios e desafios da utilização da impressão 3D no sector farmacêutico. Conclui com alguns comentários.

9.2 O QUE É A IMPRESSÃO 3D?

A impressão 3D (também conhecida como fabrico aditivo (AM) ou prototipagem rápida (RP)) foi inventada no início dos anos 80 por Charles Hull, considerado o pai da impressão 3D. Desde então, tem sido utilizada na indústria transformadora, automóvel, eletrónica, aviação, aeroespacial, aeronáutica, engenharia, arquitetura, farmacêutica, produtos de consumo, educação, entretenimento, medicina, missões espaciais, militar, indústria química, indústria marítima, indústria de impressão e indústria de joalharia [4].

Uma impressora 3D funciona através da "impressão" de objectos. Em vez de utilizar tinta, utiliza materiais mais substanciais - plástico, metal, borracha e semelhantes. Digitaliza um objeto - ou pega numa digitalização existente de um objeto - e corta-o em camadas, que podem depois ser convertidas num objeto físico. Camada a camada, a impressora 3D pode replicar imagens criadas em programas CAD. Por outras palavras, a impressão 3D dá instruções a um computador para aplicar camada após camada de um material específico (como plástico ou metal) até o produto final estar construído. Isto é diferente dos métodos de fabrico convencionais, que muitas vezes se baseiam na remoção (por corte, perfuração, picagem, trituração, forjamento, etc.) em vez da adição. Os modelos podem ser multicoloridos para realçar caraterísticas importantes, como tumores, cavidades e trajectos vasculares. A tecnologia 3DP pode construir um objeto 3D com quase todas as formas imagináveis definidas num ficheiro de desenho assistido por computador (CAD). Trata-se de tecnologia aditiva, diferente das técnicas de fabrico tradicionais, que são processos subtractivos em que o material é removido por corte ou perfuração [5].

Nos últimos anos, a impressão 3D começou a entrar na moda, com alguns modelos a tornarem-se suficientemente acessíveis para serem utilizados em casa. Muitas indústrias e profissões em todo o mundo utilizam atualmente a impressão 3D. Esta desempenha um papel fundamental para tornar as empresas mais competitivas. O fosso entre a indústria e os estudantes pode ser colmatado através da inclusão no currículo das mesmas ferramentas de ponta, como a impressão 3D, que os profissionais utilizam todos os dias. Existem casas, próteses, dispositivos cirúrgicos, drones, aparelhos auditivos e componentes de motores eléctricos impressos em 3D. Como mostra a Figura 9.3, a impressão 3D envolve três etapas [6].

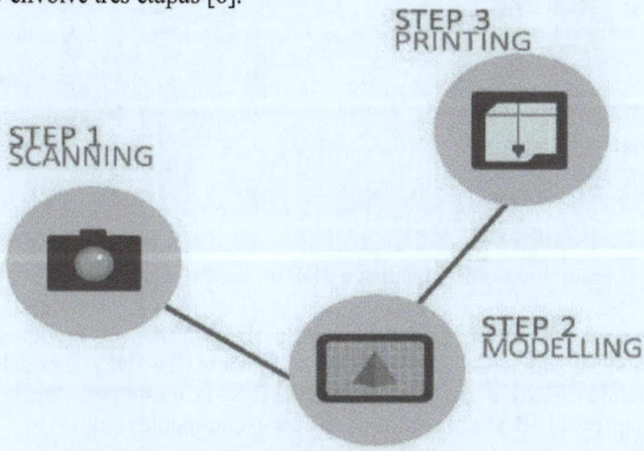

Figura 9.3 A impressão 3D envolve três etapas [6].

9.3 IMPRESSÃO 3D NOS PRODUTOS FARMACÊUTICOS

A impressão tridimensional (3DP) surge como o novo alvorecer no domínio dos produtos farmacêuticos. A tecnologia de medicamentos impressos em 3D é ideal para a preparação de medicamentos personalizados para pacientes com diferentes estados de doença e diferentes idades. Em comparação com as tecnologias de preparação tradicionais, a impressão 3D oferece flexibilidade na conceção de estruturas 3D complexas nos medicamentos. A Figura 9.4 mostra uma ilustração típica do funcionamento da 3DP no sector farmacêutico [7].

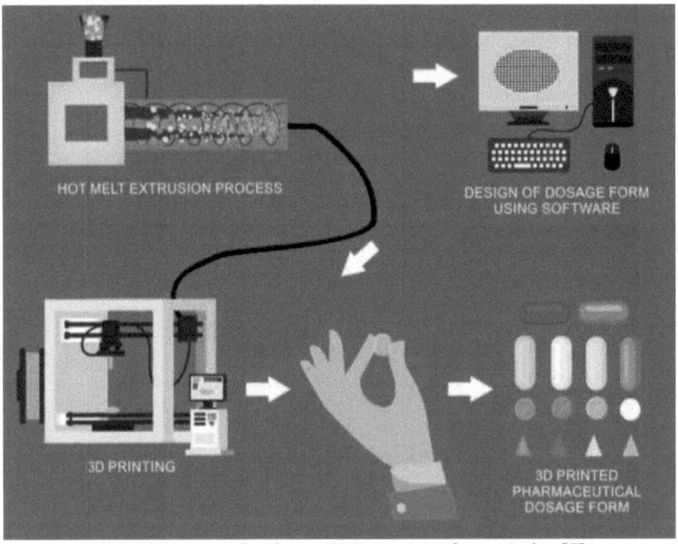

Figura 9. 4 Como funciona a 3DP no sector farmacêutico [7].

Até à data, as principais tecnologias de impressão 3D utilizadas nos produtos farmacêuticos são a impressão 3D por jato de aglutinante (BJ-3DP), a modelação por deposição fundida (FDM), a extrusão semi-sólida (SSE) e a estereolitografia (SLA). Estes métodos de impressão 3D são brevemente discutidos de seguida [8]:

(1) A BJ-3DP é a tecnologia de impressão 3D comum utilizada para a produção de medicamentos. O processo de impressão da tecnologia BJ-3DP pode ser dividido em três etapas: (1) formação de gotículas, (2) ligação selectiva das gotículas ao pó, e (3) secagem ou cura do produto acabado. A tecnologia BJ-3DP tem sido utilizada em duas categorias principais de preparações, nomeadamente formas de dosagem sólidas orais e implantes subcutâneos.

(2) A FDM é uma técnica de impressão 3D popular que é amplamente utilizada para o fabrico de uma grande variedade de produtos. É amplamente utilizada no sector farmacêutico devido às vantagens de um equipamento simples, baixo custo e elevada resistência do produto. Na FDM, o filamento extrudido por fusão a quente é utilizado como primário para a impressão, sendo o filamento carregado com o medicamento passado através do bocal. Com base nas propriedades da tecnologia FDM, esta tem sido amplamente utilizada para uma variedade de preparações. As impressoras FDM podem ser equipadas com vários bicos para imprimir preparações compostas com diferentes materiais.

(3) A SSE é uma tecnologia de fabrico aditivo que deposita material semi-sólido camada a camada. Baseia-se no FDM, com a diferença de que o material de impressão utilizado nesta tecnologia está numa forma semi-sólida à temperatura ambiente. A principal diferença entre a SSE e outras tecnologias de extrusão de material (como a FDM) é o

material. A tecnologia utiliza materiais semi-sólidos ou semi-fundidos, que requerem um elevado nível de estabilidade do material para evitar a sua precipitação.

(4) A impressão 3D MED é uma tecnologia de extrusão de materiais que combina as tecnologias de extrusão por fusão a quente e de modelação por deposição fundida. É constituída por módulos de alimentação e mistura, módulos de fornecimento de material e várias estações de impressão, cada uma das quais imprime um material. Em comparação com a FDM ou a SSE, o processo da tecnologia MED não necessita de preparar previamente filamentos ou materiais semi-sólidos e não existe aquecimento secundário dos materiais.

(5) A tecnologia SLA é mais precisa do que qualquer outra tecnologia de impressão 3D. A primeira tecnologia disponível comercialmente criada por Chuck Hull em 1980 foi a SLA. Baseia-se no princípio da fotopolimerização e utiliza a digitalização a laser para endurecer a resina líquida e fabricar objectos impressos em 3D camada a camada. Nesta técnica, o laser é utilizado para fotopolimerizar a resina para preparação. Dependendo da configuração da impressora, a impressão pode ser efectuada de cima para baixo ou de baixo para cima. Os produtos SLA requerem geralmente uma pós-cura após a impressão. O objetivo da pós-cura é melhorar as propriedades mecânicas do produto. A Figura 9.5 mostra métodos de impressão 3D aplicados à formulação de medicamentos [9], enquanto a Figura 9.6 mostra alguns medicamentos impressos em 3D [10].

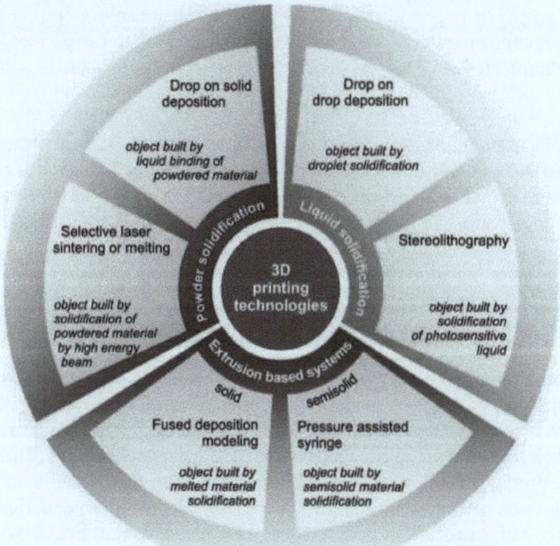

Figura 9.5 Métodos de impressão 3D aplicados à formulação de medicamentos [9].

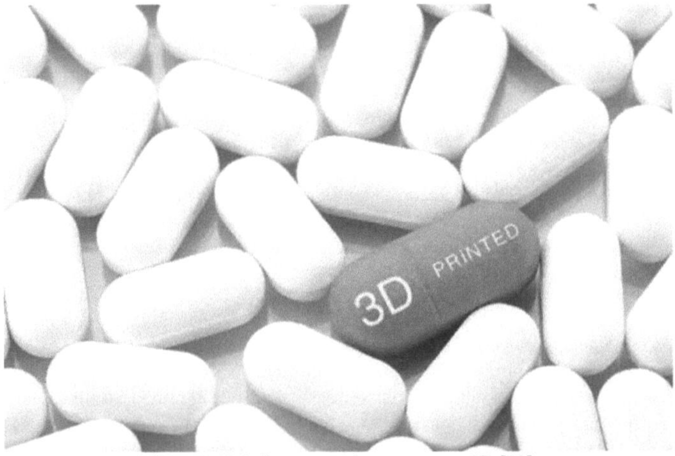

Figura 9.6 Medicamentos impressos em 3D [10].

9.2 APLICAÇÕES DA IMPRESSÃO 3D NOS PRODUTOS FARMACÊUTICOS

A utilização da impressão 3D aproximou a indústria farmacêutica da era da medicina personalizada. A utilização da tecnologia na indústria farmacêutica está a acelerar devido aos inúmeros benefícios que oferece. Muitas empresas farmacêuticas começaram a explorar a utilização da impressão 3D para uma variedade de aplicações, incluindo formas de dosagem de medicamentos, dispositivos de administração de medicamentos e dispositivos e implantes médicos. As aplicações mais comuns incluem as seguintes [11,12]:

1. *Medicina personalizada:* Uma das principais vantagens dos medicamentos impressos em 3D é a possibilidade de ajustar a dose individual. A ideia de uma farmacoterapia mais individualizada tem vindo a ser desenvolvida há muitos anos, mas só recentemente começou a ganhar uma adoção generalizada. A necessidade de desenvolver uma medicina personalizada através da utilização racional de medicamentos pelos doentes na dose certa tem sido objeto de intensa discussão. O procedimento de impressão 3D é uma solução elegante para a dosagem personalizada de medicamentos. A impressão 3D de fórmulas que requerem personalização para melhorar os resultados terapêuticos é uma mais-valia.

Os medicamentos personalizados impressos em 3D podem ser ajustados pelo seu valor terapêutico, para que os médicos possam tratar os seus doentes em vez dos números que as empresas farmacêuticas consideram convenientes. Os medicamentos personalizados já estão a ser fabricados tanto para dosagens como para formulações personalizadas. A capacidade de produzir medicamentos com dosagem, sabor, forma e tamanho personalizados pode proporcionar muitos benefícios às populações pediátricas. Num futuro próximo, os farmacêuticos poderão imprimir medicamentos exclusivos para cada paciente. No entanto, a ideia de que os doentes imprimirão os seus medicamentos nas suas próprias casas é uma perspetiva bastante distante.

2. *Hospitais e farmácias:* Nos hospitais e farmácias, a impressão 3D tem o potencial de

fazer avançar significativamente o desenvolvimento de medicamentos, a medicina personalizada, os dispositivos médicos e a administração de medicamentos. Ao aproveitar o poder do fabrico de aditivos, os investigadores e as empresas farmacêuticas podem criar fórmulas de medicamentos e formas de dosagem específicas para cada paciente. A impressão 3D permite a produção de medicamentos personalizados com base nas necessidades específicas dos pacientes, permitindo o desenvolvimento de formas de dosagem personalizadas e regimes de medicação simplificados. Os hospitais e as farmácias também têm de ter em conta uma série de problemas práticos quando utilizam a tecnologia de impressão 3D. As principais preocupações são o equipamento e os materiais. Os hospitais e as farmácias têm de investir em impressoras 3D e nos materiais necessários para criar as composições farmacêuticas pretendidas.

3. *Dispositivos médicos:* Os dispositivos médicos desempenham um papel importante na forma como estamos a avançar para a inovação. Encontram as suas aplicações em pessoas com deficiências especiais e também procuram um papel na cirurgia, ortodontia e próteses. O advento da impressão 3D alterou o desenvolvimento de dispositivos médicos, nomeadamente os sistemas de administração de medicamentos. Muitos dispositivos médicos carregados com medicamentos, como implantes, inaladores, adesivos transdérmicos e retentores ortodônticos, foram fabricados através da impressão 3D. No caso dos sistemas de administração de medicamentos implantáveis, a utilização da impressão 3D para implantes com eluição de fármacos combina os benefícios da terapia medicamentosa local direcionada com uma técnica de fabrico que permite uma fácil modificação da forma do implante.

4. *Design personalizado:* Uma das vantagens da tecnologia de impressão 3D é a sua capacidade de construir várias formas de unidades de dosagem para se adequar à anatomia e às preferências do doente. Para além das balas de goma com infusão de fármacos, foi criada e fabricada uma variedade de formas de dosagem farmacêutica pediátrica utilizando vários processos de impressão 3D. No entanto, o sabor agradável e a textura de mastigação são dois aspectos essenciais que devem ser considerados no desenvolvimento de formulações para crianças.

5. *Telefarmácia:* A prestação de serviços farmacêuticos à distância pode ser realizada utilizando tecnologias de telecomunicações e de informação, como a videoconferência e os registos de saúde electrónicos. Esta prática é conhecida como "telefarmácia". A telefarmácia refere-se à prestação à distância de serviços farmacêuticos, muitas vezes em zonas mal servidas, onde o acesso aos serviços de saúde é limitado. A telefarmácia beneficia os doentes ao permitir que as farmácias remotas ultrapassem os desafios logísticos e melhorem os cuidados prestados aos doentes. A tecnologia de impressão 3D pode ter o potencial de ser utilizada na telefarmácia em várias abordagens. Pode ser utilizada para preparar medicação personalizada para doentes que se encontram a uma certa distância uns dos outros. Para além disso, a impressão 3D pode ajudar as instalações de telefarmácia a fornecer dispositivos médicos importantes. Com a utilização de impressoras 3D, podem ser fabricados dispositivos médicos personalizados e auxiliares, tais como organizadores de comprimidos, espaçadores de inaladores, componentes protéticos e suportes ortopédicos.

6. *Engenharia de tecidos:* A falência de órgãos é uma preocupação global que tem de ser resolvida. Apesar do facto de o transplante de órgãos ser uma excelente abordagem para contornar a falência de um órgão específico, ainda há um longo caminho a percorrer. A procura de tecnologias sofisticadas é alimentada pela indisponibilidade de órgãos e pela necessidade de terapias imunossupressoras a longo prazo. Como resultado, a impressão

3D tornou-se conhecida numa variedade de tecidos de fabrico, incluindo pele, osso, cartilagem e outros órgãos vascularizados como o fígado, o rim e o coração, utilizando biotintas como materiais de construção. Estes modelos adaptáveis de tecidos/órgãos têm um grande potencial para a modelação de doenças *in vitro*, a conceção de medicamentos, o rastreio de alto rendimento e a divulgação de plataformas únicas, como o tissue/organ-on-chip.

7. Administração de medicamentos: A impressão 3D, em comparação com os processos convencionais, oferece benefícios significativos na geração de modelos extremamente complexos e personalizados, tornando-a mais rápida e económica. A versatilidade da impressão 3D permite a criação in-house e a pedido de produtos farmacêuticos personalizados. O privilégio desta tecnologia é maioritariamente demonstrado na forma de dosagem sólida. O enorme potencial da impressão 3D para a criação e implementação de sistemas de administração terapêutica da próxima geração para terapia personalizada está a disparar. Em 2015, a Food and Drug Administration (FDA) aprovou o primeiro medicamento impresso em 3D, que era um medicamento para convulsões chamado Spritam. A impressão 3D também pode ser utilizada para fabricar comprimidos que sejam mais fáceis ou mais confortáveis de engolir.

9.3 BENEFÍCIOS

Sendo uma tecnologia emergente na indústria farmacêutica, a impressão 3D tem muitas vantagens. A impressão 3D oferece um método ecológico de fabrico de medicamentos, produzindo medicamentos personalizados em massa ou personalizados. Pode melhorar a independência dos medicamentos. Os medicamentos podem também ser produzidos a pedido, reduzindo o desperdício de medicamentos susceptíveis de se degradarem durante o armazenamento. Compactas e de fácil utilização, as impressoras 3D podem ser facilmente integradas nas farmácias comunitárias e hospitalares. A impressão 3D pode ser introduzida com relativa facilidade na composição farmacêutica nas farmácias. Outros benefícios da impressão 3D farmacêutica incluem [13]:

1. Medicina personalizada: Um dos principais benefícios da impressão 3D de medicamentos é a capacidade de personalizar verdadeiramente um tratamento com base nas necessidades terapêuticas ou individuais de um doente. A impressão 3D permite individualizar os medicamentos de acordo com o peso corporal e o estilo de vida do doente através do ajuste da dose e da forma de dosagem. Como mencionado anteriormente, os medicamentos personalizados já estão a ser fabricados tanto para dosagens como para formulações personalizadas. Os medicamentos personalizados são adequados para populações especiais, como os idosos e as crianças.

2 Parâmetros específicos de dosagem: A tecnologia de impressão 3D aborda uma das questões mais importantes da medicina: as terapias direcionadas. A tecnologia de impressão tridimensional é altamente flexível e pode ser utilizada para imprimir medicamentos direcionados, ajustando os parâmetros do modelo, como o tamanho, a forma ou a taxa de enchimento.

3. *Micro-doseamento sem oxidação:* A quebra de comprimidos pode oxidar os ingredientes. As opções impressas em 3D podem oferecer formas de dosagem únicas que fornecem microdoses sem risco de oxidação.

4. *Aumento da solubilidade:* A impressão térmica por injeção TIJ tem sido utilizada para

fabricar Miconazol, que tem uma solubilidade notoriamente baixa em ambientes aquosos. Os investigadores estão atualmente a estudar o que a extrusão por fusão a quente e as alterações da geometria do fármaco podem fazer pela libertação do fármaco.

5. *Ensaios mais rápidos:* Os engenheiros médicos utilizaram a fotopolimerização em cuba e outras tecnologias 3D para criar medicamentos pré-clínicos para ensaios. Este processo é muito mais rápido do que alguma vez foi possível.

6. *Formas de dosagem únicas a pedido:* As formas de dosagem únicas podem ser obtidas através de modelos autorizados. Isto dá aos farmacêuticos o poder de encurtar a cadeia de abastecimento.

7. *Processamento sem contacto:* A impressão a jato de tinta pode processar até 100 pl de gotículas em estruturas 3D através de um bocal à escala de micrómetros. Esta tecnologia tem sido utilizada para criar formas de dosagem sólida de prednisolona com a ajuda de calor e polimorfos extra.

8. *Precisão repetível:* Os métodos impressos em 3D oferecem mais resolução, precisão e repetibilidade. Isto tornar-se-á um grande equalizador na indústria farmacêutica à medida que as pequenas empresas ganham a capacidade de criar produtos complexos com orçamentos apertados.

9. *Produção rápida:* É necessária uma capacidade de produção muito elevada para que as empresas farmacêuticas possam satisfazer a procura global de medicamentos tradicionais. A tecnologia de impressão 3D pode integrar o fabrico rápido, com equipamento compacto e a facilidade de alterar a variedade de medicamentos produzidos.

Alguns destes benefícios são apresentados na Figura 9.7 [13].

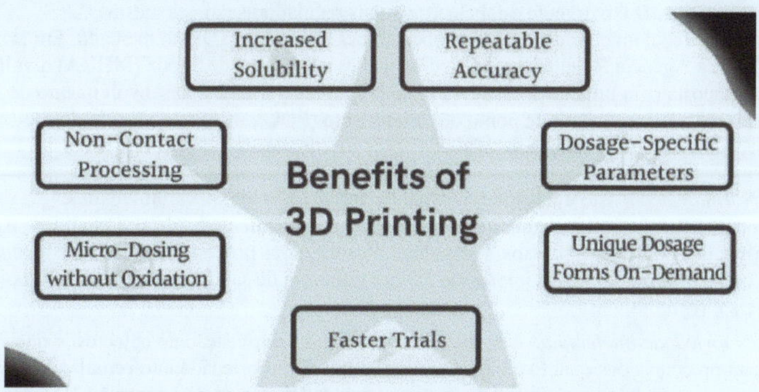

Figura 9.7 Benefícios da impressão 3D farmacêutica [13].

9.6 DESAFIOS

Apesar dos avanços e benefícios da utilização da impressão 3D no domínio farmacêutico, subsistem vários desafios, como a necessidade de uma orientação regulamentar clara sobre a integração de novas tecnologias de fabrico no local de prestação de cuidados (POC) para a produção de medicamentos personalizados. Sendo uma tecnologia emergente, os direitos de propriedade intelectual, os regulamentos sobre medicamentos e outras políticas ainda estão a desbravar novos caminhos. Os produtos imprimíveis têm de cumprir as normas de fabrico e controlo actuais para os produtos e dispositivos médicos. Outros desafios da impressão 3D em produtos farmacêuticos incluem os seguintes [11,14]:

1. Estrutura complexa: A impressão 3D de produtos comerciais exige um controlo rigoroso da qualidade e da consistência do produto, uma vez que este pode envolver estruturas de comprimidos complexas que podem ser difíceis de produzir com qualidade e consistência. À medida que a complexidade da estrutura de uma forma de dosagem aumenta, o software de modelação e corte utilizado para conceber e informar a sua produção tem de ser continuamente atualizado.

2. Controlo de qualidade: Quando a produção de medicamentos personalizados por impressão 3D é realizada, surge a questão do controlo de qualidade. Estas questões incluem a garantia de que a substância medicamentosa correta está a ser impressa e a garantia de que é impressa a quantidade certa de comprimidos. Isto torna-se particularmente importante se o medicamento for impresso na casa do doente.

3. Segurança: A impressão 3D no sector da saúde envolve a produção de dispositivos médicos, implantes e medicamentos, o que suscita preocupações regulamentares e de segurança. O desafio de garantir a segurança e a eficácia destes produtos é significativo. Para garantir que os produtos de cuidados de saúde impressos em 3D satisfazem os requisitos de qualidade, segurança e desempenho necessários, os organismos reguladores têm de estabelecer diretrizes e normas claras

4. Regulamentação: Nenhum organismo regulador emitiu diretrizes para preparações impressas em 3D e é urgente estabelecer normas reguladoras para as mesmas. A aprovação regulamentar das agências pode colocar o produto 3DP no mercado. Em março de 2021, a Agência Reguladora de Medicamentos e Produtos de Saúde (MHRA) divulgou uma proposta para uma nova estrutura regulatória para permitir o desenvolvimento de fabricação e fornecimento de ponto de atendimento (POC), incluindo tecnologias de impressão 3D para produção de medicamentos personalizados.

5. Normalização: Isto é indispensável para o sector da saúde. A variabilidade é introduzida no processo de fabrico pela impressão 3D, o que pode afetar a qualidade e a eficácia dos objectos impressos. É essencial normalizar os processos, materiais e medidas de controlo de qualidade da impressão 3D nos cuidados de saúde para garantir resultados fiáveis e reprodutíveis.

6. Propriedade intelectual: A impressão 3D permite a duplicação de objectos, o que suscita preocupações quanto à violação dos direitos de propriedade intelectual e dos direitos de autor. A disponibilidade omnipresente da tecnologia de impressão 3D torna mais difícil salvaguardar a propriedade intelectual dos dispositivos médicos e dos produtos farmacêuticos. É necessário desenvolver quadros jurídicos l adequados para resolver estas preocupações, a fim de garantir que a tecnologia é utilizada de forma justa e ética.

7. *Conhecimentos especializados:* O funcionamento das impressoras 3D e a conceção de objectos imprimíveis requerem formação e conhecimentos especializados. É essencial formar profissionais de saúde, incluindo clínicos, farmacêuticos e técnicos, para utilizarem e beneficiarem da tecnologia de impressão 3D.

9.7 CONCLUSÃO

A impressão 3D é uma tecnologia emergente com grande potencial em aplicações farmacêuticas. Está a provocar uma mudança de paradigma nos produtos farmacêuticos, passando da tradicional produção em massa de medicamentos para produtos farmacêuticos personalizados e adaptados a cada indivíduo. Para tal, é necessário o envolvimento e o apoio do pessoal de saúde, incluindo farmacêuticos, médicos, enfermeiros e técnicos de farmácia, para permitir a aplicação generalizada da tecnologia na prática clínica. A crescente procura de produtos farmacêuticos e dispositivos médicos personalizados faz com que o impacto da impressão 3D aumente rapidamente nos últimos anos. A impressão 3D tornou-se um método de sucesso, especialmente na medicina personalizada.

A impressão 3D tem o potencial de revolucionar a indústria farmacêutica, permitindo a produção de produtos personalizados e adaptados às necessidades específicas de cada paciente. Embora as oportunidades para a impressão 3D ainda estejam a ser exploradas, a integração da impressão 3D na indústria farmacêutica exigirá uma mudança no modelo de negócio e na abordagem. Até à data, a nível mundial, os farmacêuticos têm sido a força motriz da impressão 3D nos produtos farmacêuticos. Reconheceram o verdadeiro potencial desta tecnologia para a produção de medicamentos. A individualização dos medicamentos com formas de dosagem centradas no doente tornar-se-á realidade num futuro próximo. Mais informações sobre a tecnologia de impressão 3D em produtos farmacêuticos podem ser encontradas nos livros em [15-18] e nas seguintes revistas relacionadas:

- *Produtos farmacêuticos*
- *Investigação farmacêutica*
- *Fabrico aditivo*
- *A Revista Farmacêutica*
- *O Jornal Internacional de Farmácia*
- *Futuro Jornal de Ciências Farmacêuticas*

REFERÊNCIAS

[1] "Como a impressão 3D pode remodelar completamente o mundo farmacêutico," https://www.adanipharma.com/articles/how-3d-printing-can-reshape-the-pharmaceutical-world-completely.html#

[2] A. W. Basit e S. J. Trenfield, "3D printing of pharmaceuticals and the role of pharmacy," março de 2022, https://pharmaceutical-journal.com/article/research/3d-printing-of-pharmaceuticals-and- the-role-of-pharmacy

[3] M. N. O. Sadiku, U. C. Chukwu, e J. O. Sadiku, "3D printing in pharmaceuticals," *Innovative Mult-disciplinary Journal of Applied Technology,* vol. 2, no. 5, 2024, pp. 146154.

[4] F. R. Ishengoma e T. A. B. Mtaho, "Impressão 3D: Perspectivas dos países em desenvolvimento, engenharia informática e aplicações", *International Journal of Computer Applications,* vol. 104, n.º 11, outubro de 2014, pp. 30-34.

[5] M. N. O. Sadiku, S. M. Musa e O. S. Musa, "3D printing in the chemical industry", *Invention Journal of Research Technology in Engineering and Management,* vol. 2, n.º 2, fevereiro de 2018, pp. 24-26.
[6] D. Pitukcharoen, "Manual de impressão 3D para principiantes". https://www.metmuseum.org/-/media/files/blogs/digital-media/3dprintingbookletforbeginners.pdf
[7] R. Pawar e A. Pawar, "3D printing of pharmaceuticals: Approach from bench scale to commercial development," *Future Journal of Pharmaceutical Sciences,* vol. 8, no. 48, novembro de 2022.
[8] S. Wang et al., "A review of 3D printing technology in pharmaceutics: Technology and applications, now and future", *Pharmaceuticals*, vol. 15, no. 1, fevereiro de 2023.
[9] W. Jamroz et al., "3D printing in pharmaceutical and medical applications - Recent achievements and challenges", *Pharmaceutical Research,* vol. 35, n.º 9, julho de 2018.
[10] S. Renganathan, "O futuro da impressão 3D farmacêutica", outubro de 2018, https://www.linkedin.com/pulse/future-pharmaceutical-3d-printing-sriram-renganathan
[11] K. Huanbutta et al., "Practical application of 3D printing for pharmaceuticals in hospitals and pharmacies," *Pharmaceutics,* vol. 15, no. 7, 2023.
[12] P. Kalyan e L. Kumar, "3D printing: Applications in tissue engineering, medical devices, and drug delivery," *AAPS PharmSciTech,* vol. 32, no. 92, 2022.

[13] "Visão geral da impressão 3D farmacêutica," https://www.pharmaexcipients.com/pharmaceutical-3dp-overview/
[14] T. Tracy et al., "3D printing: Innovative solutions for patients and pharmaceutical industry," *International Journal of Pharmaceutics,* vol. 631, janeiro de 2023.
[15] A. W. Basit e S. Gaisford (eds.), *3D Printing of Pharmaceuticals.* Berlim, Alemanha:: Springer International Publishing, 2018.
[16] D. Douroumis, D. A. Lamprou, e S. Qi (eds.), *3D Printing of Pharmaceutical and Drug Delivery Devices: Progress from Bench to Bedside.* Wiley, 2024.
[17] D. A. Lamprou (ed.), *3D Printing of Pharmaceuticals and Drug Delivery Devices (Impressão 3D de produtos farmacêuticos e dispositivos de administração de medicamentos).* MDPI AG, 2020.
[18] L. C. du Toit et al (edsj, *Advanced 3D-Printed Systems andNanosystems for Drug Delivery and Tissue Engineering.* Elsevier Science, 2020.

CAPÍTULO 10 : IMPRESSÃO 3D EM MEDICINA DENTÁRIA

"O único lugar onde o sucesso vem antes do trabalho é no dicionário, e na sua boca, é no dentista"'. - Autor desconhecido

10.1 INTRODUÇÃO

Uma impressora 3D tem mais capacidade de fabrico do que uma máquina de fabrico tradicional. É considerada uma tecnologia disruptiva que irá mudar o fabrico. É utilizada há décadas nas indústrias automóvel e aeroespacial. A impressora 3D é também utilizada por amadores, pequenas empresas, criativos, fabricantes, arquitectos e, sobretudo, empreiteiros para criar instantaneamente uma variedade de produtos.

As aplicações da impressão 3D na indústria dentária estão a avançar rapidamente. Surgiu como um método inovador para o fabrico de implantes dentários. Um dos primeiros a adotar a medicina dentária digital foi o gigante da impressão 3D Stratasys, com sede em Israel. Em 2012, fundiu-se com a Objet 3D de Israel, outro grande fabricante de impressoras 3D. O laboratório israelita tem vindo a produzir novos produtos para permitir aos dentistas tirar partido das técnicas de impressão 3D. Com os ficheiros digitais, estes são armazenados eletronicamente e os modelos podem ser impressos em 3D a pedido, se necessário [1]. Há uma utilização crescente da impressão 3D na indústria dentária. Pode ser utilizada para preparar instrumentos, próteses, implantes dentários, etc.

A impressão 3D é uma tecnologia que permite produzir uma determinada estrutura num curto espaço de tempo, utilizando o fabrico aditivo de dados obtidos através de CAD (Computer Aided Design). Envolve a colocação de um material de filamento em pontos de apoio rotulados, de modo a construir formas complexas. É uma solução de fabrico sem falhas para obter artigos personalizados para todas as áreas. Uma área de crescimento da tecnologia de impressão 3D é a medicina dentária digital, onde os dentistas utilizam impressoras 3D para produzir modelos, próteses, aparelhos e implantes. A impressão 3D tem sido uma aliada dos consultórios dentários em todo o mundo. Este processo permite a produção de implantes dentários personalizados com o mínimo de desperdício e o máximo conforto para o paciente [2].

Este capítulo examina a utilização da tecnologia de impressão 3D na medicina dentária. Começa por explicar o que é a impressão 3D. Apresenta a impressão 3D em medicina dentária. Apresenta várias aplicações da impressão 3D em medicina dentária. São apresentados os benefícios e desafios da utilização da impressão 3D em medicina dentária. Conclui com alguns comentários.

10.2 O QUE É A IMPRESSÃO 3D?

A impressão 3D (também conhecida como fabrico aditivo (AM) ou prototipagem rápida (RP)) foi inventada no início dos anos 80 por Charles Hull, considerado o pai da impressão 3D. Desde então, tem sido utilizada nos sectores da indústria transformadora, automóvel, eletrónica, aviação, aeroespacial, aeronáutica, engenharia, arquitetura, farmacêutica, produtos de consumo, educação, entretenimento, medicina, missões espaciais, militar, indústria química, indústria marítima, indústria gráfica e indústria de joalharia [3]

Uma impressora 3D funciona através da "impressão" de objectos. Em vez de utilizar tinta, utiliza materiais mais substanciais - plástico, metal, borracha e semelhantes. Digitaliza um objeto - ou pega numa digitalização existente de um objeto - e corta-o em camadas, que podem depois ser convertidas num objeto físico. Camada a camada, a impressora 3D pode replicar imagens criadas em programas CAD. Por outras palavras, a impressão 3D dá instruções a um computador para aplicar camada após camada de um material específico (como plástico ou metal) até o produto final estar construído. Isto é diferente dos métodos de fabrico convencionais, que muitas vezes se baseiam na remoção (por corte, perfuração, picagem, trituração, forjamento, etc.) em vez da adição. Os modelos podem ser multicoloridos para realçar caraterísticas importantes, como tumores, cavidades e trajectos vasculares. A tecnologia 3DP pode construir um objeto 3D com quase todas as formas imagináveis definidas num ficheiro de desenho assistido por computador (CAD). Trata-se de tecnologia aditiva, diferente das técnicas de fabrico tradicionais, que são processos subtractivos em que o material é removido por corte ou perfuração [4].

Nos últimos anos, a impressão 3D começou a entrar na moda, com alguns modelos a tornarem-se suficientemente acessíveis para serem utilizados em casa. Muitas indústrias e profissões em todo o mundo utilizam atualmente a impressão 3D. Esta desempenha um papel fundamental para tornar as empresas mais competitivas. O fosso entre a indústria e os estudantes pode ser colmatado através da inclusão no currículo das mesmas ferramentas de ponta, como a impressão 3D, que os profissionais utilizam todos os dias. Existem casas, próteses, dispositivos cirúrgicos, drones, aparelhos auditivos e componentes de motores eléctricos impressos em 3D. Como mostra a Figura 10.1, a impressão 3D envolve três etapas [5].

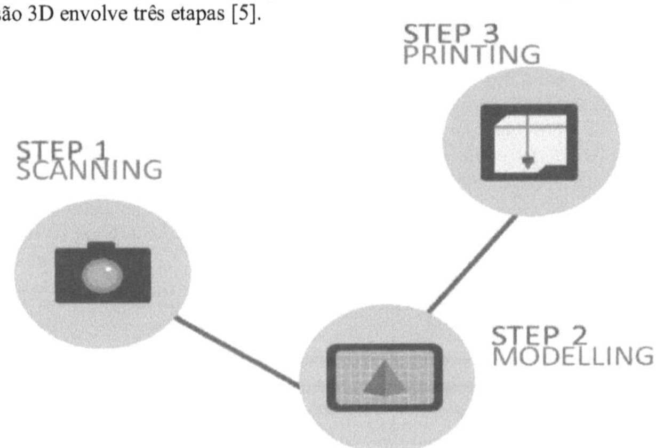

Figura 10.1 A impressão 3D envolve três etapas [5].

Uma impressora 3D típica é apresentada na Figura 10.2 [6].

Figura 10.2 Uma impressora 3D típica [6].

10.3 IMPRESSÃO 3D EM MEDICINA DENTÁRIA

Devido ao aumento da esperança de vida e a uma maior preocupação com os problemas de saúde oral e com a estética, nos últimos anos tem-se verificado uma procura crescente de estruturas e dispositivos dentários para substituir/restaurar dentes perdidos/danificados. Os métodos de produção tradicionais baseiam-se principalmente em técnicas de fabrico artesanal que consomem muito tempo e requerem grandes quantidades de mão de obra. No entanto, os métodos de produção começaram a ser ultrapassados pela medicina dentária digital, que tem cerca de meio século de existência, por volta de 1971. As tecnologias digitais, como a impressão 3D, permitiram elevados níveis de personalização que tornam as práticas mais eficientes e melhoram os resultados do tratamento dos doentes. A impressão 3D na medicina dentária está a ajudar os médicos a diagnosticar melhor e mais rapidamente, e a fazer com que os doentes se curem mais cedo também. Mais do que nunca, os profissionais de cuidados dentários estão a ter uma impressora 3D em casa. Os doentes obtêm os seus dentes impressos em 3D a um custo muito baixo e também rapidamente [7]. A Figura 10.3 mostra um laboratório dentário com impressão 3D [8].

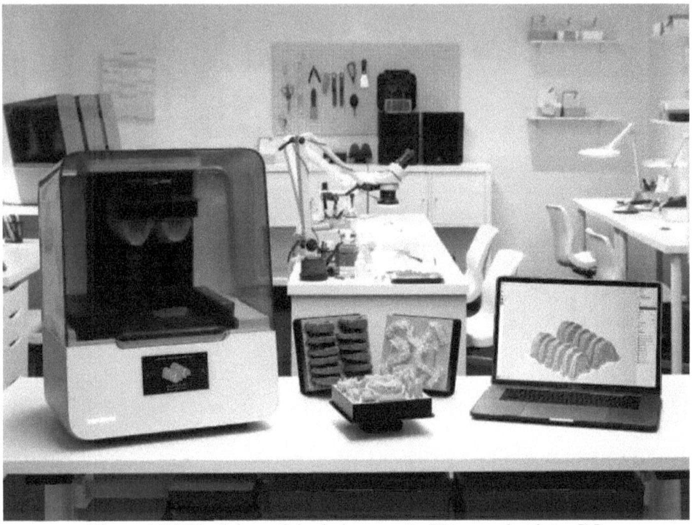

Figura 10.3 Um laboratório de impressão 3D para dentistas [8].

Dependendo da aplicação, são utilizadas diferentes impressoras na medicina dentária. Provavelmente, as tecnologias de impressão 3D mais comuns em medicina dentária são a estereolitografia (SLA) e o processamento digital de luz (DLP). (Charles Hull, nos EUA, desenvolveu oficialmente um sistema SLA em 1984.) Ambas utilizam tecnologias semelhantes, mas diferem principalmente no tipo de fonte de luz. Utilizando estas técnicas de impressão, podemos criar modelos 3D altamente precisos que nos ajudam a planear e a visualizar o desenho da sua prótese personalizada. Com tecnologias de impressão 3D como a sinterização selectiva a laser (SLS), a estereolitografia (SLA) e o processamento digital de luz (DLP), é possível produzir internamente coroas impressas em 3D e similares em vários volumes.

Nem todos os materiais utilizados na impressão 3D são iguais em termos de resistência e durabilidade, pelo que é importante selecionar um que resista à utilização no interior do corpo. A impressão 3D de implantes dentários utiliza vários materiais avançados de qualidade dentária, como o aço inoxidável, o titânio, as ligas de titânio e o crómio-cobalto. Destes materiais, o titânio é frequentemente o mais favorável devido à sua acessibilidade e biocompatibilidade. Os materiais têm sido utilizados para substituir componentes metálicos quando combinados com outros materiais, de modo a reduzir o peso da prótese final. Os biomateriais utilizados em implantes dentários incluem metais como o titânio e as suas ligas, cerâmicas e polímeros. A escolha dos biomateriais utilizados nos implantes dentários depende das particularidades do paciente [9].

10.4 APLICAÇÕES DA IMPRESSÃO 3D NA MEDICINA DENTÁRIA

A impressão tridimensional (3D) tem uma variedade de utilizações e está a tornar-se parte integrante da medicina dentária, da cirurgia oral e dos fluxos de trabalho dos laboratórios dentários. A sua utilização em medicina dentária é a progressão natural da tecnologia de desenho assistido por computador (CAD) e de fabrico assistido por computador (CAM) que tem sido utilizada há anos pelos laboratórios dentários para criar coroas, facetas, pontes e implantes. Há uma série de aplicações para a medicina dentária impressa em 3D.

As aplicações mais comuns incluem as seguintes [10]:

1. *Implantes dentários 3D:* Os implantes dentários são uma abordagem de tratamento comum universalmente empregue para a perda de dentes. Os implantes são normalmente o procedimento dentário mais temido. Os implantes tradicionais são feitos de metal e outros materiais que podem ser difíceis de substituir ou ajustar. Os implantes dentários 3D são feitos de vários materiais, incluindo plástico, e podem ser impressos em qualquer forma ou tamanho desejado. São próteses dentárias que incluem coroas, pontes e dentaduras. O tipo mais comum de implantes dentários impressos em 3D são os pilares, que são utilizados para fixar uma coroa ou ponte protética ao maxilar e para substituir dentes em falta. Os implantes dentários são feitos de titânio ou outros materiais biocompatíveis, que provaram ser seguros e eficazes para utilização em aplicações dentárias. São criados utilizando técnicas de fabrico aditivo que permitem a criação de desenhos complexos com maior precisão e exatidão do que é possível com os métodos de fabrico tradicionais. Uma vez que são colocados cirurgicamente no maxilar, os implantes dentários decidem os resultados médicos e estéticos dos procedimentos dentários. Antigamente, as máquinas e os mecanismos convencionais utilizados não conseguiam ter em conta com precisão o tamanho, a localização e o estado dos dentes dos pacientes. Atualmente, os implantes dentários melhoraram drasticamente, muito graças aos resultados precisos das digitalizações. Após uma digitalização 3D, um dentista poderá começar a imprimir virtualmente o implante necessário de imediato. A Figura 10.4 mostra implantes dentários personalizados utilizando a impressão 3D [11].

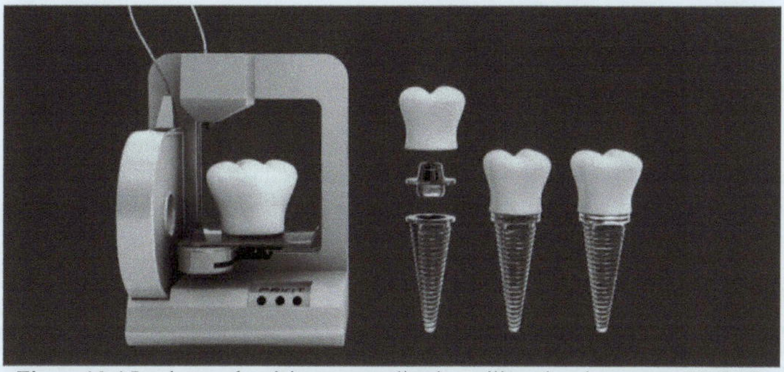

Figura 10.4 Implantes dentários personalizados utilizando a impressão 3D [11].

2. *Próteses 3D:* As próteses impressas em 3D, quer sejam próteses completas, gengivas e dentes, devem ser impressas com materiais biocompatíveis. Embora estivessem disponíveis próteses feitas por medida, estas tinham as suas próprias limitações. Atualmente, o equipamento de impressão 3D tornou-se fiável e tornou as próteses mais acessíveis. A impressão 3D interna em instalações dentárias para hospitais ou clínicas torna-a económica. Como resultado, cada vez mais pacientes estão dispostos e podem aceder a tratamento dentário. A Figura 10.5 mostra próteses dentárias impressas em 3D [12].

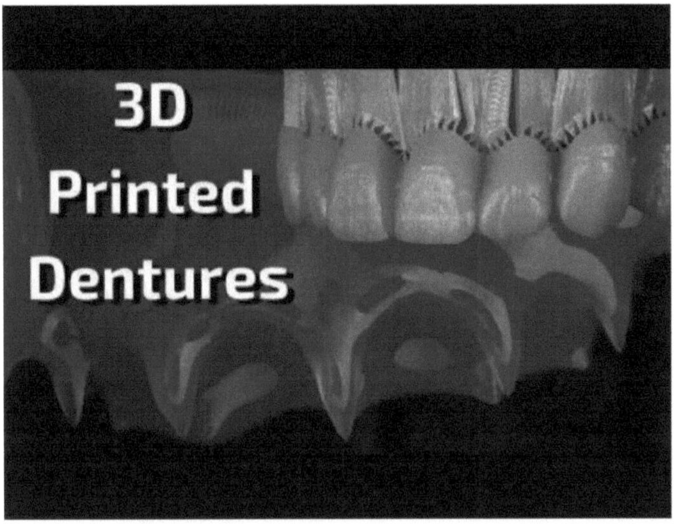

Figura 10.5 Dentaduras impressas em 3D [12].

3. *Coroas impressas em 3D:* As coroas dentárias são essencialmente o chapéu que os seus dentes usam na parte superior. Cobrem e protegem os dentes. Uma vez que não necessitam de quaisquer cuidados especiais após a colocação, são um componente importante dos acessórios dentários. É possível imprimir uma coroa em 3D na sua própria casa. Há anos que os médicos no Japão imprimem coroas dentárias com lasers. Como resultado, as coroas feitas à medida dos dentes de cada indivíduo podem ser substituídas muito mais facilmente do que as coroas tradicionais, que se podem soltar com o tempo. A Figura 10.6 mostra coroas douradas impressas em 3D [13].

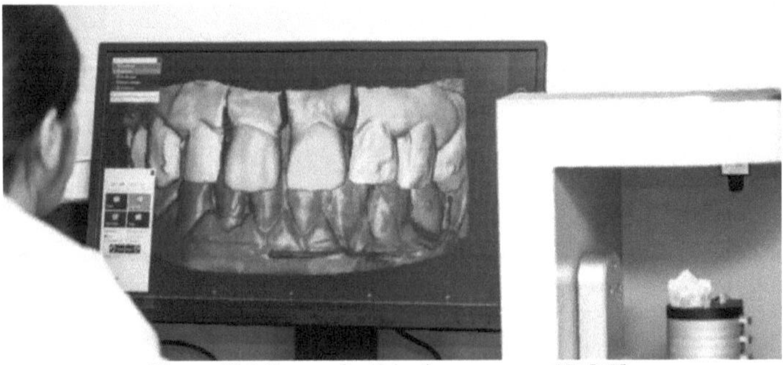

Figura 10.6 Coroas dentárias impressas em 3D [13].

2. *Alinhadores 3D:* Como alternativa aos aparelhos tradicionais, os alinhadores transparentes podem ser criados com a ajuda de modelos de dentição impressos em 3D e

de termoformagem. Os alinhadores transparentes são dispositivos transparentes, quase invisíveis, utilizados para ajustar os seus dentes a um espaçamento sugerido pelo seu dentista e acordado por si. Utilizando um scanner especializado, o seu médico efectua uma digitalização 3D rápida mas precisa dos seus dentes. Os alinhadores são impressos quando o dentista decide qual é o melhor tratamento. Esta impressão 3D em medicina dentária pode ser concluída em menos de uma hora.

3. *Dentes impressos em 3D:* Um dentista pode estar interessado em utilizar dentes impressos em 3D para os seus pacientes. Uma questão que a maioria dos não-profissionais não percebe é se estes dentes artificiais terão um aspeto natural. Todos estes dentes impressos, quer se trate de uma unidade única ou de uma substituição de várias unidades, apresentam todas as caraterísticas estéticas, médicas e de engenharia desejadas. A Figura 10.7 mostra dentes impressos em 3D típicos [14].

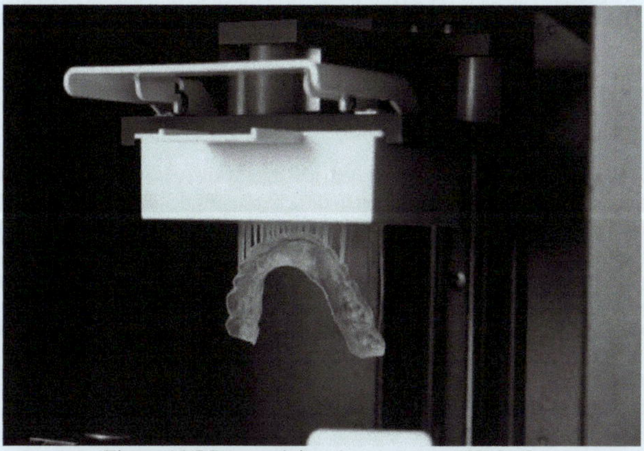

Figura 10.7 Dentes típicos impressos em 3D [14].

4. *Cirurgia dentária:* As impressoras 3D desempenham um papel importante na cirurgia de implantes dentários. Os modelos impressos em 3D podem efetivamente ser criados para substituir dentes em falta. A impressão 3D permite obter dentes de substituição mais rapidamente e com maior precisão do que os métodos tradicionais. A cirurgia de implantes dentários requer medições e planeamento exaustivos para garantir um resultado preciso e bem sucedido. Pode utilizar a sua impressora 3D para criar modelos anatómicos precisos que podem ser utilizados como guias cirúrgicos inteligentes em conjunto com modelos e digitalizações digitais.

5. *Impressão 3D ortodôntica:* A impressão 3D tem várias aplicações úteis em ortodontia, como a criação de modelos ortodônticos, retentores, moldeiras de ligação e talas. A utilização de uma impressora 3D ajuda a otimizar o fluxo de trabalho de produção e a criar produtos acabados precisos e individualizados.

10.5 BENEFÍCIOS

A tecnologia de impressão 3D ganhou popularidade devido à sua capacidade de produzir dispositivos altamente personalizados com detalhes intrincados que, de outra forma, seriam difíceis ou impossíveis de alcançar nos processos de fabrico tradicionais. Uma das principais vantagens que a impressão 3D oferece é o facto de ter uma precisão de um décimo de milímetro. Os implantes impressos em 3D oferecem um grande potencial, apresentando oportunidades de personalização, redução do tempo de colocação no mercado e maior eficiência de custos. São mais duráveis, personalizáveis e fáceis de substituir. Os modelos impressos podem ser utilizados para conceber guias pré-cirúrgicos específicos para cada paciente, modelos de brocas e aparelhos dentários, como coroas e pontes, que são depois produzidos no mesmo dispositivo. Outras vantagens dos implantes dentários impressos em 3D são as seguintes [12,15]:

1. Mais duráveis: São muito mais duradouros do que os implantes tradicionais. Isto deve-se ao facto de serem feitos de um material sólido, pelo que não há qualquer hipótese de se partirem ou soltarem com o tempo.

2. Mais acessíveis: São mais acessíveis do que as tradicionais, o que as torna uma opção atractiva para os dentistas que querem oferecer aos seus pacientes uma medicina dentária de qualidade a um preço acessível. Com preços acessíveis e tamanhos mais compactos das impressoras 3D, estas são uma opção acessível para muitos consultórios dentários. Os avanços na tecnologia de fabrico aditivo melhoraram não só o tamanho, as capacidades e a acessibilidade das impressoras, mas também uma gama de materiais imprimíveis.

3. Menor probabilidade de falhar: Também são menos susceptíveis de falhar do que os implantes tradicionais. Isto deve-se ao facto de serem feitos de um material sólido, o que significa que não podem ficar danificados ou corrompidos com o tempo.

4. Mais baratos para replicar: Também são mais baratos de replicar do que os materiais de implante tradicionais. Podem ser produzidos em grandes quantidades de forma rápida e fácil utilizando a tecnologia moderna.

5. Menos doloroso: Os implantes dentários tradicionais são de metal e estão frequentemente associados a mais dor, desconforto e um tempo de recuperação mais longo. Os implantes dentários impressos em 3D são feitos de plástico e podem ser fabricados através de vários métodos, incluindo a impressão 3D.

6. Menos arriscado: Os implantes impressos em 3D são menos invasivos do que os implantes tradicionais, exigindo apenas anestesia local em vez de anestesia geral. Isto torna-os mais confortáveis para os pacientes e reduz o risco de complicações.

7. Tempo de recuperação mais curto: Também têm um tempo de recuperação mais curto, o que significa que os doentes podem regressar ao trabalho mais cedo após a cirurgia do que os implantes tradicionais. A impressão 3D interna demonstrou reduzir o tempo total de tratamento de um paciente. Os implantes dentários impressos em 3D são implantes seguros, eficientes e precisos no paciente, servindo para substituir os dentes em falta.

8. Personalização: A impressora 3D interna permite a personalização e a precisão necessárias para aplicações de implantes dentários. Uma vez que tem a capacidade de visualizar e editar ficheiros CAD antes da impressão, tem consequentemente a capacidade de personalizar completamente o produto final do seu paciente. Ao utilizar dados de planeamento de tratamento digital, podemos produzir guias cirúrgicos específicos para cada paciente e restaurações temporárias que se adaptam com precisão à anatomia do indivíduo, garantindo uma colocação precisa e previsível do implante.

9. Alta velocidade: A impressão dentária 3D está cada vez mais rápida. Dependendo do tamanho, as impressoras 3D podem produzir peças com muitos detalhes sem sacrificar a qualidade em algumas horas ou num dia. A capacidade de reproduzir um dente enquanto espera na cadeira do dentista.

10. Eficiência melhorada: Com a utilização combinada de um scanner intra-oral e de uma impressora 3D, todo o planeamento e criação de próteses dentárias pode ser feito de forma rápida e eficiente no seu consultório e pode contar com uma precisão incrível nos seus produtos acabados.

11. Eficácia em termos de custos: Embora o custo inicial de aquisição de uma impressora 3D possa ser um pouco elevado, verificará que as operações são muito mais rentáveis a longo prazo.

10.6 DESAFIOS

Tal como qualquer outra tecnologia promissora, a impressão 3D dentária também tem o seu próprio conjunto de desafios. Estes desafios impedem a implementação em larga escala da tecnologia na medicina dentária. É necessário enfrentá-los quando se utilizam tecnologias de impressão 3D. Estes incluem os seguintes [10,16,17]:

1. *Custo elevado:* O custo da impressão 3D é um desafio significativo. O investimento em equipamento de impressão 3D, materiais e formação pode ser financeiramente oneroso para os consultórios dentários, especialmente para as pequenas clínicas. A máquina de impressão 3D para a maioria dos consultórios e laboratórios dentários é dispendiosa. O custo inicial de aquisição do equipamento e dos materiais pode ser elevado. No entanto, atualmente, as impressoras 3D são muito mais compactas e acessíveis do que eram há vinte anos, tornando-as mais viáveis para consultórios e laboratórios privados.

2. *Competências:* A adaptação à tecnologia de impressão 3D exige que os profissionais de medicina dentária adquiram novas competências e conhecimentos. O profissional de medicina dentária médio necessita de uma sólida experiência para operar a maquinaria de impressão 3D envolvida. É necessário formar os membros da equipa para que compreendam totalmente como utilizar e manter o equipamento. Apesar da automatização envolvida no processo de impressão real, existe uma curva de aprendizagem para o dentista médio no que respeita à compreensão de como operar uma impressora 3D de forma eficaz. A impressão 3D está em constante evolução e a tornar-se mais sofisticada. Por conseguinte, os utilizadores precisam de melhorar as suas competências para manusear corretamente o equipamento e os materiais.

3. *Resina líquida:* A variedade de materiais adequados para a impressão 3D é um pouco restrita. Esta limitação pode impedir a capacidade de reproduzir com exatidão o aspeto e a sensação dos dentes naturais. A resina líquida de alta qualidade é utilizada para fabricar produtos dentários. Nos EUA, é necessário o selo de aprovação das autoridades de saúde locais, que pode não estar disponível em todas as regiões, restringindo assim a disponibilidade da resina. Está também a ser feita investigação sobre alternativas que podem proporcionar a mesma qualidade e resistência que a resina líquida, mas que estão mais facilmente disponíveis.

4. *Efeitos secundários:* Uma das maiores questões prendia-se com os efeitos secundários

das resinas de impressão 3D em dispositivos dentários. A investigação mostra que a impressão 3D pode ter um impacto negativo na saúde reprodutiva dos pacientes.

5. *Falta de normas:* O campo da impressão 3D em medicina dentária carece de normas universais, o que dificulta a regulação da qualidade e segurança dos dispositivos dentários impressos. Esta falta de normalização pode levar a inconsistências na qualidade dos cuidados prestados aos pacientes.

6. *Regulamentação:* Um dos principais desafios que a impressão 3D enfrenta é a regulamentação da tecnologia. O panorama regulamentar da impressão 3D em medicina dentária ainda está a evoluir. Os regulamentos sobre a impressão 3D diferem consoante os países. Nos EUA, a FDA regula os materiais utilizados na impressão 3D, mas não as impressoras. Como a impressão 3D em medicina dentária pode não estar abrangida pelos regulamentos já existentes da FDA. É necessária uma regulamentação clara e normalizada para monitorizar os tratamentos efectuados através deste processo. Isto ajudaria a estabelecer determinadas diretrizes e protocolos. Os organismos governamentais devem coordenar-se com os médicos e os fabricantes de dispositivos médicos para compreender os requisitos e definir diretrizes.

7. *Velocidade lenta:* Em muitas aplicações de impressão 3D em medicina dentária, o processo de impressão pode ser moroso. Velocidades de impressão mais lentas podem limitar o número de pacientes que uma clínica dentária pode atender num determinado dia.

8. *Perda de postos de trabalho:* A aplicação da tecnologia de impressão 3D irá reduzir drasticamente o custo da mão de obra. Isto resultará na perda de postos de trabalho, uma vez que serão contratadas menos pessoas para a indústria transformadora.

10.7 CONCLUSÃO

As aplicações médicas da tecnologia de impressão 3D estão a alargar-se diariamente devido ao facto de um número crescente de pessoas se preocupar com a sua saúde dentária. A tecnologia revolucionou a medicina dentária nos últimos anos, proporcionando novas oportunidades para adaptar os tratamentos ortodônticos e cirúrgicos de forma mais precisa e eficiente do que nunca.

A impressão dentária 3D é crucial para a medicina dentária moderna. Os dentistas, ortodontistas e cirurgiões orais estão a utilizar a tecnologia de impressão 3D nos cuidados aos doentes, bem como na investigação e nos testes. O futuro da medicina dentária está aqui com os implantes impressos em 3D. Esta tecnologia inovadora permite uma colocação de implantes mais rápida e precisa, resultando num processo mais confortável e eficiente para o paciente. Os estudos prevêem que, no futuro, os dentistas serão capazes de imprimir um dente artificial recém-impresso em 3D em 6,5 minutos. Mais informações sobre a impressão 3D em medicina dentária podem ser encontradas nos livros em [18-30].

REFERÊNCIAS

[1] D. Shamah, "New niche for 3D printers in dentistry," março de 2014, https://www.timesofisrael.com/new-niche-for-3d-printers-in-dentistry/

[2] M. N. O. Sadiku, P. A. Adekunte, e J. O. Sadiku, "3D printing in dentistry," *International Journal of Trend in Scientific Research and Development,* vol. 8, no. 3, maio-junho de 2024, pp. 1063-1069.

[3] F. R. Ishengoma e T. A. B. Mtaho, "Impressão 3D: Perspectivas dos países em desenvolvimento, engenharia informática e aplicações", *International Journal of Computer Applications*, vol. 104, n.º 11, outubro de 2014, pp. 30-34.

[4] M. N. O. Sadiku, S. M. Musa e O. S. Musa, "3D Printing in the chemical industry", *Invention Journal of Research Technology in Engineering and Management,* vol. 2, n.º 2, fevereiro de 2018, pp. 24-26.
[5] D. Pitukcharoen, "3D printing booklet for beginners," https://www.metmuseum.org/-/media/files/blogs/digital- media/3dprintingbookletforbeginners.pdf
[6] "The benefits of 3D Printing in children's education," fevereiro de 2021, https://www.kidsinthehouse.com/blogs/kidsinthehouse2/the-benefits-of-3d-printing-in-childrens-education
[7] C. G. Figueiredo-Pina e A. P. Serro, "3D printing for dental applications," *Materials* (Basel), vol. 16, n.º 14, julho de 2023.
[8] "Abrir bem: Como a impressão 3D está a remodelar a medicina dentária," https://www.medicaldevice-network.com/features/ 3d-printing-in-dentistry/
[9] "3D printed dental implants - Applications, materials, biocompatibility and benefits of 3D printing dental implants and dental prosthesis," outubro de 2023, https://2onelab.com/en/learn/blog/3d-printed-dental-implants-applications-materials-biocompatibility-and-benefits-of-3d-printing-dental-implants-and-dental-prosthesis/
[10] "Como a tecnologia está a mudar a medicina dentária", https://almostism.com/dental-3d-printing-changing-dentistry/
[11] "Implantes dentários personalizados utilizando a impressão 3D," https://www.dentalogytx.com/customized-dental-implants-using-3d-printing/
[12] "Diga adeus aos implantes tradicionais: O futuro da medicina dentária com implantes impressos em 3D," https://doverfamilydentistry.org/ dentistry-with-3d-printed-implants/
[13] "4 passos para a impressão 3D de coroas dentárias," https://dental.proto3000.com/dental-posts/4-steps-for-3d-printing-dental-crowns/
[14] T. Vialva, "How 3D printing has revolutionized dental practices," abril de 2023, https://www.straumann.com/en/discover/youtooth/article/digital/2023/how-3d-printing-has-revolutionized-dental-practices.html
[15] "Guia definitivo para a impressão 3D em medicina dentária," https://www.safcodental.com/blog/guide-to-3d-printing-in-dentistry/
[16] "Impressão 3D em medicina dentária: Desafios e soluções", dezembro de 2022, https://www.aranca.com/knowledge-library/articles/ip-research/3d-printing-in-dentistry-desafios-e-soluções
[17] "Desvantagens da impressão 3D nas inovações dentárias," https://bweisshealth.com/blogs/oral-health-blog/drawbacks-of-3d-printing-in-dental-inovações
[18] N. Singh, N. Sridevi e A. Sawhny, *Impressão 3D em medicina dentária.* Dentomed Publication House, 2021.
[19] I. Ahmad, I. E. Ahmad e F. Al-Harbi, *Impressão 3D em medicina dentária 2019/2020.* Quintessence Publishing, 2019.
[20] A. S. Sharma et al., *Essentials of 3D Printing -In Dentistry.* Selfypage Developers Pvt Limited, 2024.
[21] S. Saroa, *Impressão 3D em Medicina Dentária,* LAP LAMBERT Academic Publishing, 2022.
[22] V. Patel, *Explorando os novos horizontes da impressão 3D em odontologia.* Publicado de forma independente, 2024.
[23] S. K. S. Bawa, P. Sharma, and G. Kapur, *Dentistry Redefined with 3d Printing - a Boon in Itself: Impressão 3D - Redefinir a Medicina Dentária.* LAP LAMBERT Academic Publishing, 2023.
[24] S. Palanisamy, *Inovações dimensionais: Tecnologias de Impressão Avançadas em*

Medicina Dentária: Tecnologias de impressão 3D e 4D. LAP LAMBERT Academic Publishing, 2024.
[25] I. Khan, *Impressão 3D em Medicina Dentária: Opportunities and Challenges: The Ultimate Guide.* Edição Kindle, 2023.
[26] A. Bhargava, S. Raj e V. Nikhil, *3D Printing: Changing Face of Dentistry.* LAP LAMBERT Academic Publishing, 2022.
[27] S. Banerjee e R. Somani, *Impressão 3D: Uma perspetiva reconfortante em Odontopediatria: Impressão 3D e Processo de Fabrico Envolvendo a Medicina Dentária.* LAP LAMBERT Academic Publishing, 2023.
[28] K. Becker, *3D Printed Materials Dentistry.* MDPI AG, 2023.
[29] C. N. Joshi, *Impressão 3D em Odontologia.* Publicado de forma independente, 2024.
[30] A. Sharma, *Impressão 3D em Medicina Dentária.* LAP LAMBERT Academic Publishing, 2024

CAPÍTULO 11 : IMPRESSÃO 3D EM ESCULTURA

"A pintura e a escultura ajudam as pessoas a ver o mundo maravilhoso em que vivemos".

- Henry Moore

11.1 INTRODUÇÃO

Uma impressora 3D é considerada uma tecnologia disruptiva que irá mudar o fabrico. É utilizada há décadas nas indústrias automóvel e aeroespacial. A impressora 3D também é utilizada por amadores, pequenas empresas, criativos, fabricantes, arquitectos e, sobretudo, empreiteiros para criar instantaneamente uma variedade de produtos.

A impressão tridimensional (3DP), também conhecida como fabrico aditivo, tem sido um dos avanços tecnológicos mais significativos no mundo da arte nos últimos anos. Percorreu um longo caminho desde a sua criação em 1976, quando foi inventada a primeira impressora de jato de tinta. Atualmente, podemos utilizar materiais para imprimir objectos impressos em 3D, como esculturas. Todos os artistas estão a tentar dizer algo com a sua arte, quer seja uma declaração política ou o desenvolvimento de uma cena, têm uma mensagem que estão a tentar transmitir. Ao utilizar a impressão 3D, podem certificar-se de que a sua mensagem será transmitida exatamente como pretendem.

A impressão 3D monta objectos através da sobreposição e fusão subsequente de materiais. Tem feito progressos em vários campos, alimentando a criatividade em próteses, arquitetura, construção e muito mais. As artes plásticas e a escultura não são exceção. Existem ferramentas de modelação 3D que imitam digitalmente o processo de escultura. A impressão 3D abre completamente novas possibilidades na criação de escrituras e belas-artes. O fabrico em massa rápido e acessível utilizando a impressão 3D é mais rápido e menos dispendioso. A impressão 3D permitiu que os artistas explorassem domínios que antes eram impensáveis [1]. Dá um significado completamente novo ao ditado "a arte não conhece fronteiras".

Este capítulo explora a utilização da tecnologia de impressão 3D na arte e na escultura. Começa por explicar o que é a impressão 3D. Apresenta a impressão 3D na escultura. Discute diferentes tipos de esculturas impressas em 3D. Apresenta várias aplicações da impressão 3D na escultura. Destaca as vantagens e os desafios da utilização da impressão 3D na escultura. Conclui com alguns comentários.

11.2 O QUE É A IMPRESSÃO 3D?

A impressão 3D (também conhecida como fabrico aditivo (AM) ou prototipagem rápida (RP)) foi inventada no início dos anos 80 por Charles Hull, considerado o pai da impressão 3D. Desde então, tem sido utilizada na indústria transformadora, automóvel, eletrónica, aviação, aeroespacial, aeronáutica, engenharia, arquitetura, farmacêutica, produtos de consumo, educação, entretenimento, medicina, missões espaciais, militar, indústria química, indústria marítima, indústria de impressão e indústria de joalharia [2].

Uma impressora 3D funciona através da "impressão" de objectos. Em vez de utilizar tinta, utiliza materiais mais substanciais - plástico, metal, borracha e semelhantes. Digitaliza um objeto - ou pega numa digitalização existente de um objeto - e corta-o em camadas, que podem depois ser convertidas num objeto físico. Camada a camada, a impressora 3D pode replicar imagens criadas em programas CAD. Por outras palavras, a impressão 3D dá instruções a um computador para aplicar camada após camada de um material específico (como plástico ou metal) até o produto final estar construído. Isto é diferente dos métodos de fabrico convencionais, que muitas vezes se baseiam na remoção (por corte, perfuração, picagem, trituração, forjamento, etc.) em vez da adição. Os modelos podem ser multicoloridos para realçar caraterísticas importantes, como tumores, cavidades e trajectos vasculares. A tecnologia 3DP pode construir um objeto 3D com quase todas as formas imagináveis definidas num ficheiro de desenho assistido por computador (CAD). Trata-se de tecnologia aditiva, diferente das técnicas de fabrico tradicionais, que são processos subtractivos em que o material é removido por corte ou perfuração [3].

Nos últimos anos, a impressão 3D começou a entrar na moda, com alguns modelos a tornarem-se suficientemente acessíveis para serem utilizados em casa. Muitas indústrias e profissões em todo o mundo utilizam atualmente a impressão 3D. Esta desempenha um papel fundamental para tornar as empresas mais competitivas. O fosso entre a indústria e os estudantes pode ser colmatado através da inclusão no currículo das mesmas ferramentas de ponta, como a impressão 3D, que os profissionais utilizam todos os dias. Existem casas, próteses, dispositivos cirúrgicos, drones, aparelhos auditivos e componentes de motores eléctricos impressos em 3D. Como mostra a Figura 11.1, a impressão 3D envolve três etapas [4].

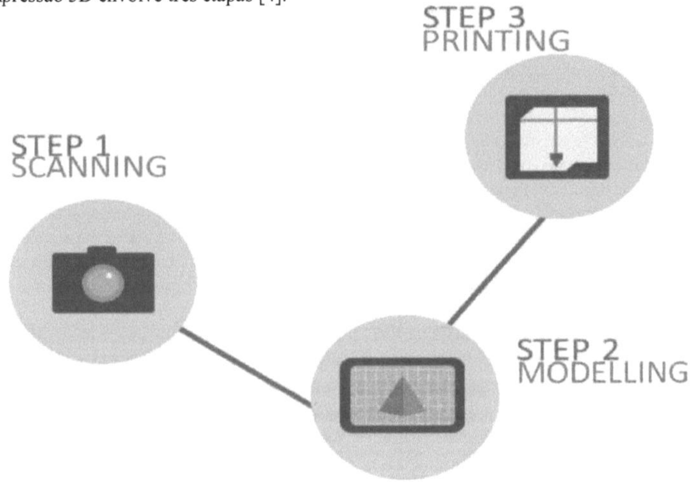

Figura 11.1 A impressão 3D envolve três etapas [4].

Uma impressora 3D típica é apresentada na Figura 11.2 [5].

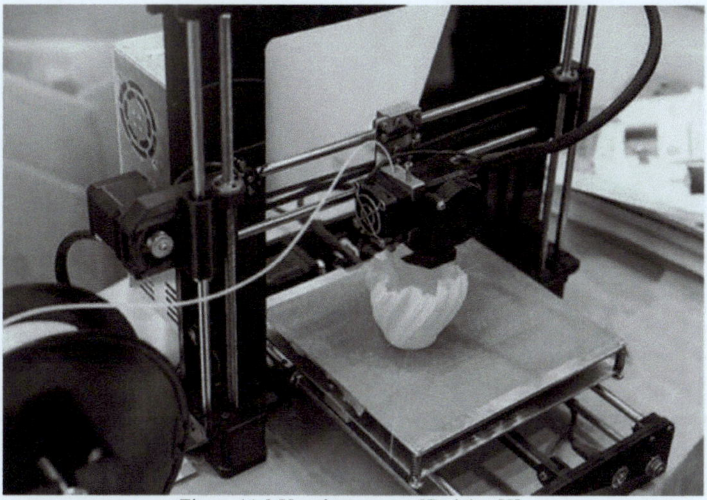

Figura 11.2 Uma impressora 3D típica [5].

11.3 IMPRESSÃO 3D EM ESCULTURA

A chegada das tecnologias de impressão 3D nos anos 80 abriu um mundo de possibilidades não só a nível industrial, mas também para desenvolvimentos criativos. A escultura é uma das formas de arte mais estabelecidas. Requer criatividade e competências para conseguir criar estruturas ou objectos interessantes que possam ser considerados como formas de arte.

As esculturas sempre foram em 3D, mas são necessários anos para aprender as competências necessárias para criar obras de arte. A tecnologia de impressão 3D permite que os artistas utilizem os seus esboços ou fotografias para criar obras de escultura fantásticas diretamente a partir de um computador. A impressão 3D permite ao artista ver como vai ficar a sua obra de arte antes de começar a trabalhar na peça final. Com o rápido avanço da tecnologia, atualmente é possível criar esculturas metálicas maiores do que a vida com a impressão 3D e esculturas impressas em 3D. A Figura 11.3 mostra um exemplo de criação de uma escultura utilizando uma impressora 3D [6], enquanto a Figura 11.4 mostra uma obra de arte utilizando uma impressora 3D [5].

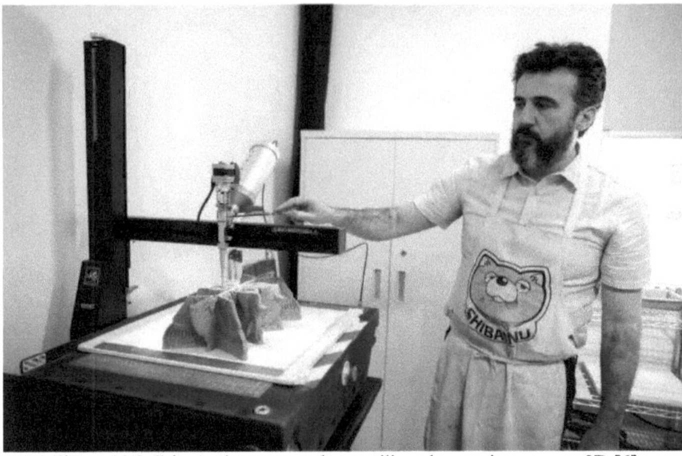

Figura 11.3 Criação de uma escultura utilizando uma impressora 3D [6].

Figura 11.4 Criação de obras de arte utilizando uma impressora 3D [5].

11.4 TIPOS DE ESCULTURAS IMPRESSAS EM 3D As esculturas impressas em 3D utilizam uma variedade de tecnologias e processos, e a inspiração por detrás delas também difere. Podem ser criados através da impressão 3D diferentes tipos de esculturas, incluindo esculturas tradicionais, esculturas modernas/contemporâneas, esculturas abstractas e esculturas de arte pública e empresarial. As réplicas de esculturas antigas também podem ser feitas com a impressão 3D. Materiais como o bronze, alumínio, ouro, prata, titânio, cerâmica, plástico, argila, resina, poliamida, etc. podem ser utilizados ou combinados para criar esculturas deslumbrantes. A impressão 3D tornou possível criar esculturas grandes e pequenas impressas em 3D que têm a perfeição de uma escultura feita com métodos tradicionais. Embora demore mais tempo a criar peças de arte maiores, o resultado é nada menos do que excecional. Devido à sua cor dourada brilhante e durabilidade, o bronze é amplamente utilizado para criar belas esculturas. A Figura 11.5 mostra uma impressão 3D típica com bronze [7].

Figura 11.5 Uma impressão 3D típica com bronze [7].

Embora o bronze seja o material mais comum utilizado no fabrico de esculturas, o alumínio é um meio valioso utilizado para criar esculturas impressionantes. Esculturas mais pequenas feitas inteiramente de ouro ou prata, ou esculturas maiores feitas com uma combinação de materiais são agora possíveis na impressão 3D [8].

11.5 APLICAÇÕES DA IMPRESSÃO 3D NA ESCULTURA

No domínio da escultura e da arte, a impressão 3D tem provado repetidamente que pode ser muito útil. Os museus e as instituições de património cultural de todo o mundo têm utilizado a tecnologia de impressão 3D para duplicar relíquias culturais e oferecer acesso a um público mais vasto. A tecnologia de impressão 3D tem encontrado aplicações generalizadas na arte e na cultura, incluindo a replicação de artefactos, a escultura digital, os periféricos culturais e criativos e a produção de figuras de animação. As seguintes aplicações variadas são apenas típicas [9,10]:

1. O Embrace foi criado em homenagem a Martin Luther King Jr., como mostra a Figura 11.6 [11].

Figura 11.6 O Embrace em Boston foi criado em honra de Martin Luther King Jr [11].

Retrata-o a ele e à sua mulher, Coretta Scott King, a partilharem um abraço depois de Martin Luther King Jr. ter ganho o Prémio Nobel da Paz. Embora a estátua em si não seja impressa em 3D, 600 peças individuais foram impressas em 3D e utilizadas para o modelo. O resultado é uma estátua de 6 metros de altura que se encontra atualmente em Boston em memória de King.

2. Token Homes é uma reflexão sobre o estado da crise habitacional em Londres. Esta obra de arte do artista britânico Matthew Plummer Fernandez é uma crítica à forma como muitas casas são vistas como um investimento e não como um lugar para viver. A escultura de 3 metros de altura é composta por 400 casas em miniatura, feitas por impressão 3D. A Figura 11.7 mostra as Token Homes em Londres [11].

F igura 11.7 As casas Token em Londres [11].

3. A instalação artística Yinyun é composta por 85 peças de cerâmica impressas em 3D, localizada em Taipé, Taiwan. Foram utilizadas tecnologias de fabrico aditivo para criar cada uma das peças utilizando cerâmica. A principal caraterística da instalação Yinyun é o facto de as formas complexas das peças significarem que nenhuma das unidades é igual a outra. A arte é apresentada na Figura 11.8 [12].

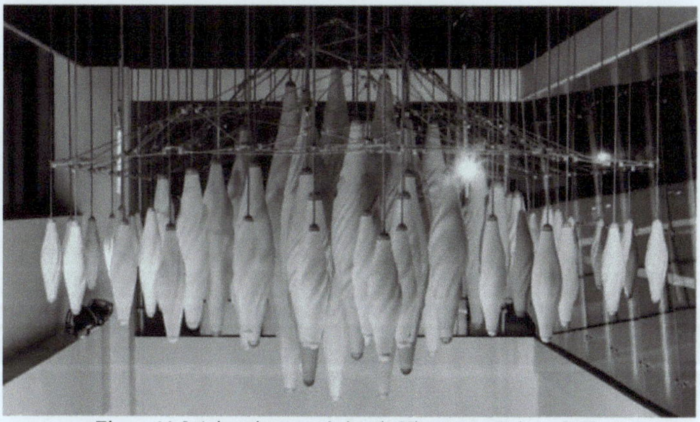

Figura 11.8 A instalação artística de Yinyun em Taiwan [12].

4. As plantas vivas podem absorver as toxinas do ar quando colocadas dentro de casa e essa é uma das razões pelas quais as pessoas têm vindo a adicionar plantas à sua decoração de interiores. As esculturas de plantas impressas em 3D actuam como purificadores de ar para o seu espaço interior. As plantas impressas em 3D servem como purificadores de ar para tornar o ar interior que respira um pouco mais saudável.

5. A escultura impressa em 3D mais alta do mundo é apresentada na Figura 11.9 [13].

Figura 11.9 A escultura impressa em 3D mais alta do mundo, em Las Vegas [13].

Pesa 2.800 libras e tem 30 pés de altura. A criação desta estátua exige muita criatividade, planeamento, atenção aos detalhes e trabalho de equipa. A WhiteClouds foi incumbida de construir uma estátua de 30 pés de altura, denominada Scout, para a CONEXPO-CON/AGG 2020 em Las Vegas. Esta estátua inspiradora foi feita para homenagear as mulheres no sector da construção.

6. Magic Queen: Uma aplicação para a arte na impressão 3D, a Magic Queen,

apresentada na Bienal de Arquitetura de Veneza de 2021, Magic Queen. Magic Queen é uma estrutura biodegradável impressa em 3D feita de solo local que foi concebida para ser uma paisagem para diferentes plantas e cogumelos. O projeto foi concebido como uma forma de mostrar a fusão entre materiais orgânicos e máquinas, provando a possibilidade de empatia e coexistência dos dois. A impressão 3D com solo permitiu aos designers criar uma estrutura única perfeitamente adequada para sustentar a vida.

7. Arte decorativa: Com a impressão 3D, os designers industriais e os artistas gozam de uma liberdade virtualmente ilimitada para desenvolver criações demasiado complexas ou dispendiosas para serem produzidas através de outros métodos. A impressão 3D pode ser utilizada para conceber arte e produtos decorativos para produzir produtos acabados personalizados que fundem imaginação e tecnologia. Com um prazo de entrega curto e a capacidade de desenvolver peças completas a partir de um ficheiro de design, a impressão 3D em metal tem apoiado uma série de artistas e designers na concretização dos seus sonhos.
A Figura 11.10 mostra esculturas de plantas impressas em 3D para decoração [14].

Figura 11.10 Plantas impressas em 3D para decoração de casas [14].

11.6 BENEFÍCIOS

Uma vantagem significativa da impressão 3D é o facto de os artistas poderem resolver todos os seus problemas de design à medida que introduzem as informações das suas imagens no computador. A impressão 3D ajuda especificamente a arte contemporânea a desbloquear o potencial criativo e a torná-lo tangível. As impressoras 3D permitem aos escultores criar cavidades, torções e voltas mais complexas com o trabalho de escultura e criar provas de conceito para os clientes antes da execução final. Outros benefícios incluem os seguintes [15]:

1. *Novas possibilidades:* Quer se trate de novos objectos, esculturas ou réplicas de obras valiosas, tudo o que é construtivamente concebível pode ser impresso. Para

além da possibilidade de construção geométrica sem limites, o tamanho desempenha agora um papel mínimo. A impressão 3D dá um significado completamente novo ao ditado "a arte não conhece fronteiras", provando que as novas tecnologias e a criatividade são, de facto, muito compatíveis. Com a impressão 3D, o restauro de obras de arte históricas, anteriormente impossível, está a tornar-se viável.

2. *Geometrias complexas:* Trabalhar com processos de fabrico aditivo permite a realização de geometrias altamente complexas com um elevado nível de detalhe e precisão. A capacidade de processar com precisão desenhos complexos é uma das maiores vantagens da impressão 3D.

3. *Escala:* Desde miniaturas até ao tamanho real, tudo é impresso numa só peça. A arte impressa em 3D pode ser escalada quase infinitamente e combinada com processos de fabrico convencionais. A impressão 3D tem a capacidade de criar esculturas em grande escala. Isto tem sido um fator de mudança para os escultores que anteriormente estavam limitados em termos de tamanho devido aos materiais que estavam a utilizar.

4. *Precisão:* A impressão 3D pode ser utilizada para criar esculturas com elevada precisão e a baixo custo. A tecnologia de ponta da cabeça de impressão garante que até os mais pequenos detalhes e estruturas de filigrana podem ser reproduzidos com a máxima precisão.

5. *Prototipagem rápida:* A velocidade da impressão 3D reduz consideravelmente o tempo que decorre entre o desenho aprovado e os protótipos acabados e até mesmo a produção final. Os artistas que utilizam tecnologias digitais estão a mudar a sua abordagem à criação de protótipos e à produção, quer trabalhem com meios pequenos ou grandes. Os artistas que pretendem criar muitas cópias de obras mais pequenas consideram a facilidade e a rapidez da prototipagem digital uma estratégia de fabrico altamente potenciadora.

6. *Eficácia em termos de custos:* O processo é mais económico do que a utilização de ferramentas rígidas; a tecnologia é muito menos dispendiosa do que a criação de moldes e elimina a necessidade de ferramentas dispendiosas. E uma vez aprovado o design, a impressão a pedido torna-se uma comodidade bem-vinda.

7. *Liberdade de design:* a impressão 3D permite aos artistas criar esculturas com padrões complexos e designs intrincados, que anteriormente eram difíceis ou impossíveis de alcançar. A tecnologia de impressão 3D é um aliado natural da criatividade, trazendo uma nova liberdade aos processos de design e fabrico. A liberdade de design concedida pelo fabrico camada a camada e a versatilidade dos materiais de impressão 3D estão a abrir novas fronteiras para todos os tipos de artistas.

8. *Cópias múltiplas:* Uma das vantagens significativas da impressão 3D na escultura é a capacidade de criar várias cópias da mesma escultura. Isto permitiu aos artistas criar esculturas de edição limitada, uma tendência popular no mundo

da arte.

9. *Democratizar a arte:* O custo de uma educação artística de qualidade e dos materiais artísticos é caro e continua a aumentar. A impressão 3D é uma forma de muitos artistas poderem utilizar as novas tecnologias para comunicar a sua mensagem de forma única e económica. A impressão 3D está agora ao alcance tecnológico e financeiro de muitas pessoas.

10. *Impacto ambiental:* A impressão 3D pode ajudar a reduzir os resíduos e a poluição através da gestão da utilização de materiais. Pode gerir eficazmente a utilização de materiais e reduzir a poluição e o desperdício, assegurando simultaneamente um processo de produção eficiente e amigo do ambiente.

11.7 DESAFIOS

Embora a impressão 3D ofereça inúmeras vantagens, não irá substituir completamente os métodos de produção convencionais. Trata-se ainda de uma tecnologia em desenvolvimento com obstáculos que devem ser considerados aquando da escolha de uma abordagem de desenvolvimento de produtos. Estes obstáculos incluem os seguintes:

1. *Custo elevado:* Devido ao custo restritivo da impressão 3D, até à data só conseguimos recriar peças com um mercado garantido.

2. *Ameaça:* Com o desenvolvimento da impressão 3D, parece que a tradição artística está a ser ameaçada. A impressão 3D pode fazer com que a escultura se torne menos popular, uma vez que os escultores têm menos oportunidades de emprego.

3. *Direitos de autor:* É fácil duplicar desenhos sem o consentimento do criador original. A impressão 3D pode criar problemas com marcas registadas, direitos de autor, patentes e direitos de design. Por exemplo, a impressão de um desenho artístico num objeto pode violar os direitos de autor.

4. *Espessura mínima da parede:* Os processos de impressão 3D têm uma espessura de parede mínima padrão, o que dificulta a impressão de elementos muito finos.

5. *Reprodução de obras de arte:* Para reproduzir de forma convincente uma obra de arte, o método de impressão 3D tem de suportar o controlo total da cor e do aspeto e ter uma resolução elevada. O material e a técnica de impressão também devem imitar o aspeto material da obra de arte.

6. *Materiais limitados:* A impressão 3D está limitada a uma seleção de plásticos e metais, e a seleção não é exaustiva.

7. *Limitações de tamanho:* As câmaras de impressão das impressoras 3D são pequenas, o que limita o tamanho das peças que podem ser impressas. As impressoras 3D mais económicas têm uma área de impressão máxima de um pé cúbico.

8. *Pós-processamento:* A maioria das peças impressas em 3D precisa de algum pós-processamento. Requerem alguma forma de pós-processamento para remover o material de suporte e alisar a superfície.

11.8 CONCLUSÃO

A tecnologia de impressão 3D está a ser cada vez mais adaptada por artistas e escultores como uma ferramenta com a qual a realização de uma ideia quase não conhece limitações. Tanto os artistas comerciais como os artistas plásticos e escultores estão sempre a explorar novos meios. Estão entusiasmados com a experiência e o contacto com este meio relativamente novo. Atualmente, a relação entre a impressão 3D e a escultura já é um facto estabelecido. Desde estudantes a artistas com grande experiência, começaram a dar uso criativo às tecnologias 3D.

A impressão 3D na escultura tem vindo a aumentar rapidamente nos últimos anos. O trabalho com a impressão 3D permite a realização de geometrias altamente complexas com um elevado nível de pormenor. A indústria da arte não tem tido vergonha de utilizar a impressão 3D como outro meio de expressão. Não há dúvida de que o mundo da arte está obcecado com a impressão 3D. Esta tecnologia revolucionária tornou-se um meio popular entre os artistas contemporâneos para fazer esculturas de objectos e pessoas. Oferece um meio novo e mais fácil para os artistas explorarem a sua criatividade de formas revolucionárias.

O futuro da impressão 3D na escultura é entusiasmante. É provável que vejamos mais artistas a incorporar esta tecnologia no seu trabalho. À medida que a tecnologia continua a avançar, tornar-se-á ainda mais acessível aos artistas, permitindo-lhes criar esculturas ainda mais complexas e detalhadas. Com a capacidade de criar esculturas em grande escala, os artistas poderão criar instalações de arte pública mais impressionantes do que nunca.

REFERÊNCIAS

[1] M. N. O. Sadiku, P. A. Adekunte, and J. O. Sadiku, "3D printing in sculpture," *International Journal of Trend in Scientific Research and Development*, vol. 8, no. 3, maio-junho de 2024, pp. 1127-1133.

[2] F. R. Ishengoma e T. A. B. Mtaho, "Impressão 3D: Perspectivas dos países em desenvolvimento, engenharia informática e aplicações", *International Journal of Computer Applications*, vol. 104, n.º 11, outubro de 2014, pp. 30-34.

[3] M. N. O. Sadiku, S. M. Musa e O. S. Musa, "3D printing in the chemical industry", *Invention Journal of Research Technology in Engineering and Management,* vol. 2, n.º 2, fevereiro de 2018, pp. 24-26.

[4] D. Pitukcharoen, "Manual de impressão 3D para principiantes".

https://www.metmuseum.org/-/media/files/blogs/digital-media/3dprintingbookletforbeginners.pdf

[5] "Como a impressão 3D está a mudar o jogo para artistas e designers," https://www.invaluable.com/blog/3d-printing/

[6] E. O'Grady, "Fusão de escultura e tecnologia". https://news.harvard.edu/gazette/story/2023/04/artist-demonstrates-harvards-new-3d-argila-impressora/

[7] "As vantagens de esculpir com impressão 3D: Entrevista com o escultor Charles-Eric Gogny," https://i.materialise.com/blog/en/sculpting-3d-printing-gogny/

[8] "Impressão 3D,"
https://aarne.co.uk/what-we-do/3d-printed-sculptures/
[9] D. Jamie, "As 10 principais aplicações da impressão 3D na arte", outubro de 2021, https://www.3dnatives.com/en/top-10-3d-printing-art-141020174/
[10] "Arte decorativa,"
https://www.exone.com/en-US/About/industries/decorative-art-3d-printing-applications
[11] "Escultura impressa em 3D: Os 15 projectos mais impressionantes de 2023", dezembro de 2023, https://all3dp.com/2/3d-printed-sculpture-most-jaw-dropping-pieces-of-art/
[12] D. Jamie, "Top 10 applications of 3D printing in art," outubro de 2021, https://www.3dnatives.com/en/top-10-3d-printing-art-141020174/
[13] "A maior estátua impressa em 3D,"
https://www.whiteclouds.com/blog/largest-3d-statue/
[14] I. Torres, "Esculturas de plantas impressas em 3D actuam como purificadores de ar para o seu espaço interior,"
julho de 2023,
https://www.yankodesign.com/2023/07/12/3d-printed-plant-sculptures-act-as-air-purificadores para o seu espaço interior/
[15] "5 maneiras de os artistas utilizarem a impressão 3D,"
08 de junho de 2023
https://shop3duniverse.com/blogs/digital-fabrication-projects/5-ways-artists-use-3d-printing?srsltid=AfmBOor7g79lRDat3MK2oVXVhoFZGF52n879h5wNR0xGCygr2VTgIS9o

CAPÍTULO 12 : IMPRESSÃO 3D NA MODA

"Estar bem vestido não tem muito a ver com ter boas roupas. É uma questão de bom equilíbrio e bom senso." - Oscar de la Renta

12.1 INTRODUÇÃO

Uma impressora 3D tem mais capacidade de fabrico do que uma máquina de fabrico tradicional. É considerada uma tecnologia disruptiva que irá mudar o fabrico. É utilizada há décadas nas indústrias automóvel e aeroespacial. A impressora 3D também é utilizada por amadores, pequenas empresas, criativos, fabricantes, arquitectos e, sobretudo, empreiteiros para criar instantaneamente uma variedade de produtos.

A moda reúne vários sectores, quer se trate do vestuário, da cosmética ou do luxo. Todos os tipos de produtos estão a ser criados para embelezar e afirmar um estilo, um visual, uma forma de estar. Antes da era industrial, a moda era feita principalmente por alfaiates. A produção em massa de vestuário começou em meados do século XIX, quando várias fábricas começaram a fabricar roupas que não exigiam alfaiataria.

Agora imagine um mundo onde pode desenhar e criar as suas próprias roupas sem esforço, no conforto da sua própria casa. A indústria da moda é conhecida pela sua necessidade constante de inovação e criatividade, e a impressão 3D proporciona uma nova plataforma para os designers ultrapassarem os limites do que é possível. Desde sapatos e acessórios a vestidos impressos em 3D, a indústria da moda está a abraçar todo o potencial da impressão 3D e a desenvolver objectos interessantes. A impressão 3D é uma tecnologia que tem o potencial de revolucionar a indústria da moda, uma vez que trará muita flexibilidade à indústria [1].

A impressão 3D, também conhecida como fabrico aditivo, é um processo que cria objectos tridimensionais através da sobreposição de materiais. Ao contrário das técnicas de fabrico tradicionais que envolvem esculpir ou moldar blocos sólidos, a impressão 3D constrói objectos camada a camada. A impressão 3D está a transformar a indústria da moda, revolucionando a forma como as roupas são concebidas, produzidas e personalizadas. Os designers e produtores de vestuário podem utilizar a tecnologia para criar fantásticas peças de moda impressas em 3D com formas e geometrias nunca antes criadas [2].

Neste capítulo, vamos explorar a forma como a tecnologia de impressão 3D está a remodelar a indústria da moda. O capítulo começa por explicar o que é a impressão 3D. Apresenta a impressão 3D na indústria da moda. Apresenta várias aplicações da impressão 3D na moda. Destaca as vantagens e os desafios da utilização da impressão 3D na moda. Conclui com alguns comentários.

12.2 O QUE É A IMPRESSÃO 3D?

A impressão 3D (também conhecida como fabrico aditivo (AM) ou prototipagem rápida (RP)) foi inventada no início dos anos 80 por Charles Hull, considerado o pai da impressão 3D. Desde então, tem sido utilizada nos sectores da indústria transformadora, automóvel, eletrónica, aviação, aeroespacial, aeronáutica, engenharia, arquitetura, farmacêutica, produtos de consumo, educação, entretenimento, medicina, missões espaciais, militar, indústria química, indústria marítima, indústria gráfica e indústria de joalharia [3]

Uma impressora 3D funciona através da "impressão" de objectos. Em vez de utilizar tinta, utiliza materiais mais substanciais - plástico, metal, borracha e semelhantes. Digitaliza um objeto - ou pega numa digitalização existente de um objeto - e corta-o em camadas, que podem depois ser convertidas num objeto físico. Camada a camada, a impressora 3D pode replicar imagens criadas em programas CAD. Por outras palavras, a impressão 3D dá instruções a um computador para aplicar camada após camada de um material específico (como plástico ou metal) até o produto final estar construído. Isto é diferente dos métodos de fabrico convencionais, que muitas vezes se baseiam na remoção (por corte, perfuração, picagem, trituração, forjamento, etc.) em vez da adição. Os modelos podem ser multicoloridos para realçar caraterísticas importantes, como tumores, cavidades e trajectos vasculares. A tecnologia 3DP pode construir um objeto 3D com quase todas as formas imagináveis definidas num ficheiro de desenho assistido por computador (CAD). Trata-se de tecnologia aditiva, diferente das técnicas de fabrico tradicionais, que são processos subtractivos em que o material é removido por corte ou perfuração [4].

Nos últimos anos, a impressão 3D começou a entrar na moda, com alguns modelos a tornarem-se suficientemente acessíveis para serem utilizados em casa. Muitas indústrias e profissões em todo o mundo utilizam atualmente a impressão 3D. Esta desempenha um papel fundamental para tornar as empresas mais competitivas. O fosso entre a indústria e os estudantes pode ser colmatado através da inclusão no currículo das mesmas ferramentas de ponta, como a impressão 3D, que os profissionais utilizam todos os dias. Existem casas, próteses, dispositivos cirúrgicos, drones, aparelhos auditivos e componentes de motores eléctricos impressos em 3D. Como mostra a Figura 12.1, a impressão 3D envolve três etapas [5].

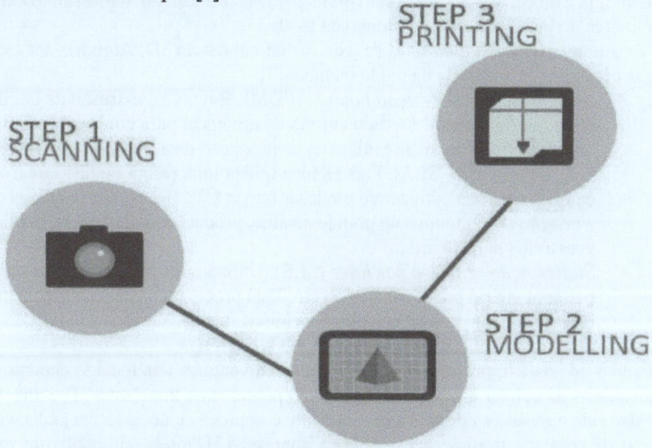

Figura 12.1 A impressão 3D envolve três etapas [5].

Uma impressora 3D típica que cria um vestido é mostrada na Figura 12.2 [6].

Figura 12.2 Uma impressora 3D típica a criar um vestido [6].

12.2 IMPRESSÃO 3D NA MODA

A impressão 3D tomou de assalto a indústria da moda, revolucionando a forma como concebemos, produzimos e consumimos vestuário. Os designers de moda já revelaram sapatos e vestuário feitos através da impressão 3D, em que o material plástico é depositado camada sobre camada para criar uma estrutura tridimensional. À medida que a tecnologia avança, estão a ser desenvolvidas novas técnicas de impressão 3D, alargando os limites do que é possível no mundo da moda.

Existem vários tipos diferentes de técnicas de impressão 3D. Algumas das técnicas mais utilizadas na indústria da moda incluem [7]:

- *Modelação por deposição fundida* (FDM): Envolve a extrusão de um fluxo contínuo de material fundido através de um bocal para construir as camadas do objeto. É frequentemente utilizada na produção de acessórios de vestuário.
- *Estereolitografia* (SLA): Esta técnica utiliza uma resina líquida que é solidificada camada a camada utilizando um laser ou luz UV. É uma ferramenta popular para a criação de protótipos de grande detalhe, produções em pequena escala e acessórios de joalharia.
- *Sinterização selectiva por laser* (SLS): Utiliza um laser para fundir seletivamente material em pó para formar o objeto. Este processo é frequentemente utilizado para criar peças e componentes funcionais.

12.4 APLICAÇÕES DA IMPRESSÃO 3D NA MODA

Desde o início da impressão 3D, os designers e inventores têm tentado encontrar formas inovadoras de utilizar as suas capacidades. O processo de impressão 3D é uma boa forma de dar vida a objectos com designs realmente complexos e de os tornar utilizáveis como peças de vestuário tradicionais. Embora a impressão 3D ainda seja relativamente nova na indústria da moda, já existem várias aplicações que adoptaram esta tecnologia. As aplicações comuns da impressão 3D na moda incluem as seguintes [8,9]:

1. *Roupas impressas em 3D:* A impressão 3D em roupas representa um capítulo cativante na narrativa contínua da evolução da moda. Em vez de imprimir em 3D peças de vestuário completas, as impressoras 3D na moda são utilizadas para complementar partes de um design completo, como enfeites, acessórios e botões. A impressão 3D tem sido utilizada para criar peças extremamente complexas e impressionantes. Na Figura 12.3 são apresentados exemplos de tecidos impressos em 3D [10]. A aplicação mais importante

continua a ser a personalização de vestuário particular para adereços de cinema e televisão.

Figura 12.3 Exemplos de panos impressos em 3D [10].

2. *Impressão 3D de fatos:* Atualmente, é possível utilizar o fabrico aditivo para criar fatos para a indústria cinematográfica. O principal objetivo é criar um traje leve, com um design ambicioso, mas que não prejudique o desempenho do bailarino.

3. *Impressão 3D de calçado:* A tecnologia de impressão 3D está a revolucionar a indústria do calçado, bem como a indústria do desporto. No passado, a tecnologia era utilizada principalmente na indústria do calçado para imprimir as entressolas em 3D. Atualmente, a impressão 3D pode imprimir diretamente a sola ou o sapato inteiro, como mostra a Figura 12.4 [11].

Figura 12.4 Impressão 3D de um sapato [11].

Algumas marcas importantes, como a Adidas, estão a tirar o máximo partido do fabrico aditivo para desenvolver projectos impressionantes. A Adidas criou uma sola intermédia impressa em 3D para um dos seus ténis, feita com plástico reciclado encontrado no oceano. A empresa Feetz está a adotar uma nova abordagem ao calçado, criando um sapato totalmente impresso em 3D e personalizável.

4. *Jóias impressas em 3D:* Isto está a tornar-se cada vez mais comum. A impressão 3D é um método perfeito para lançar um negócio de jóias. Uma das principais vantagens da joalharia impressa em 3D é a liberdade que oferece em termos de design. Com as técnicas tradicionais de fabrico de jóias, certos padrões complexos e intrincados podem ser difíceis ou impossíveis de alcançar. As tecnologias de impressão 3D são adequadas para a criação das suas peças de joalharia ou moldes de joalharia. A impressão 3D de resina e plástico também pode ser utilizada para projectos de joalharia. A Figura 12.5 mostra um relógio impresso em 3D [12].

Figura 12.5 Um relógio impresso em 3D [12].

5. *Bolsas impressas em 3D:* Desde malas a óculos de sol, a impressão 3D abriu um universo de possibilidades no fabrico de acessórios. Acessórios como sacos também podem ser produzidos com tecnologia 3D. Estas bolsas são personalizáveis, oferecendo a possibilidade de brincar com geometrias e experimentar coisas novas. A XYZ Bag é uma marca italiana de malas impressas em 3D que valoriza a personalização. Um exemplo de uma bolsa impressa XYZ é apresentado na Figura
12.6 [13]

Figura 12.6 Um saco impresso XYZ [13]

5. *Roupa de homem 3D:* Imagine um casaco que é tão confortável que nem parece um casaco. Sendo impresso em 3D, não há necessidade de ter costuras. O casaco pode ser feito à medida da forma e do tamanho do corpo de cada indivíduo. A Figura 12.7 mostra uma peça de vestuário típica para homem impressa em 3D [14].

Figura 12.7 Um vestuário típico de homem impresso em 3D [14].

6. *Acessórios impressos em 3D:* As impressoras 3D estão disponíveis para os consumidores criarem acessórios de moda simples em casa, como pulseiras, capas de telemóvel, malas e até unhas postiças. Algumas empresas utilizam a tecnologia SLS para criar acessórios. Um acessório deste género é apresentado na Figura 12.8 [15].

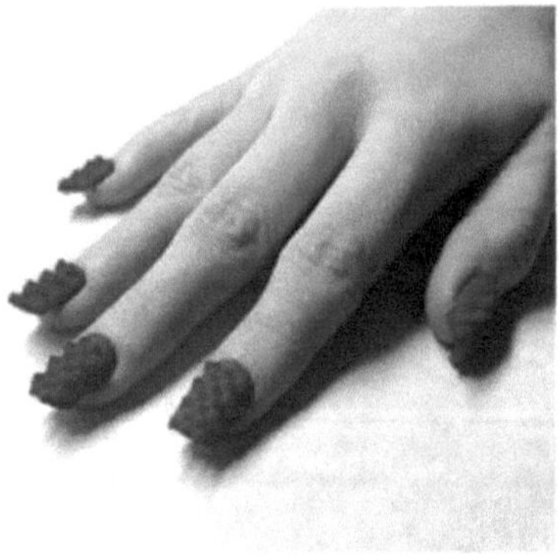

Figura 12.8 Acessório impresso em 3D [15].

7. *Celebridades da indústria da moda:* É divertido ver as celebridades a desfilar na passadeira vermelha com os seus vestidos deslumbrantes. No entanto, algumas destas peças de vestuário dramáticas e únicas são impressas em 3D, o que já é um fenómeno comum na indústria da moda. Um designer de moda de impressão 3D criou um vestido de cortar a respiração, mostrado na Figura 12.9 [16].

Figura 12.9 Um designer de moda com impressão 3D criou um vestido de cortar a respiração [16].

12.5 BENEFÍCIOS

O impacto dos têxteis impressos em 3D na indústria da moda é multifacetado. A tecnologia de impressão 3D permite aos designers criar peças complexas que antes eram consideradas inatingíveis. Uma das principais vantagens dos têxteis impressos em 3D é o seu impacto ambiental positivo. Esta tecnologia está realmente a dar muita liberdade aos designers em termos de geometria. Outras vantagens da impressão 3D na moda são as seguintes [6,7]:

1. Velocidade: Uma das principais vantagens da impressão 3D na moda é a sua capacidade de acelerar significativamente o processo de conceção e produção. Os métodos de fabrico tradicionais podem ser lentos e demorados, envolvendo vários protótipos e iterações. Com a impressão 3D, os designers podem transformar rapidamente as suas ideias em objectos físicos, reduzindo o tempo desde o conceito até à criação.

2. *Prototipagem:* A prototipagem e o fabrico de ferramentas são duas das aplicações profissionais de impressão 3D mais frequentemente utilizadas na produção, e o sector da moda não é exceção. O processo de criação de protótipos é acelerado pela capacidade da impressão 3D de produzir peças numa questão de horas. Isto permite que cada etapa seja concluída mais cedo. Em comparação com as peças moldadas ou maquinadas, a impressão 3D pode produzir um objeto numa questão de horas, dependendo da complexidade e do design da peça

3. *Personalização:* A impressão 3D de moda cria novas possibilidades de personalização. Cada pessoa tem uma forma e um tamanho de corpo únicos, mas a produção em massa tradicional muitas vezes não consegue satisfazer as necessidades individuais. A impressão 3D permite que os designers criem peças de vestuário e acessórios que são adaptados às medidas de cada indivíduo, garantindo um ajuste perfeito. Com a impressão 3D, o vestuário e os acessórios feitos à medida das preferências e medidas individuais estão a tornar-se mais acessíveis. Este nível de personalização aumenta a satisfação do cliente e acrescenta um toque único às peças de moda.

4.*Sustentabilidade:* A indústria da moda tem sido conhecida pelo seu impacto negativo no ambiente, sendo a moda rápida e o excesso de resíduos as principais preocupações. A poluição atmosférica é uma grande preocupação em gigantes produtores de têxteis como a China. A impressão 3D beneficia os esforços de moda sustentável devido à reutilização e reciclagem de materiais para criar novos designs. Oferece uma alternativa mais sustentável ao reduzir significativamente o desperdício de materiais. Ao contrário dos métodos de fabrico tradicionais, a impressão 3D utiliza apenas a quantidade de material necessária para criar o objeto pretendido.

5. *Precisão:* A impressão 3D permite o controlo preciso da utilização de materiais, reduzindo os resíduos e oferecendo uma alternativa sustentável aos métodos tradicionais. A tecnologia garante que é utilizada apenas a quantidade necessária de material. A precisão na utilização do material traduz-se em custos de produção reduzidos, tornando as peças de vestuário impressas em 3D numa opção financeiramente mais viável.

6. *Redução de resíduos:* A impressão 3D cria produtos camada a camada, reduzindo o desperdício de material. Ao contrário do fabrico tradicional, a impressão 3D utiliza apenas o material necessário para cada artigo.

7. *Produção localizada:* As impressoras 3D podem ser colocadas estrategicamente em regiões com elevada procura, reduzindo a necessidade de transporte de longa distância e minimizando a pegada de carbono associada ao transporte.

8. *Produção a pedido:* Quando se trata de serviços de impressão a pedido, é essencial destacar-se da multidão. Em vez de produzir vestuário em grandes quantidades e arriscar o excesso de stock, as marcas de moda rápida podem utilizar a produção a pedido. Isto garante que os produtos são fabricados apenas quando são encomendados, reduzindo o

excesso de stock e o desperdício.

9. *Disponibilidade:* Com a impressão 3D, é muito menos incómodo criar roupa a pedido. O vestuário de marca é caro porque é feito à medida do corpo e demora tempo a ser produzido. Um desenho impresso em 3D é mais barato e rapidamente disponibilizado e, por conseguinte, pode permitir uma disponibilidade mais rápida de vestuário.

10. *Design flexível:* Podem ser criados e impressos desenhos mais complicados utilizando a impressão 3D do que utilizando técnicas de fabrico convencionais. Com a utilização da impressão 3D, as limitações de design que estão presentes em procedimentos mais convencionais deixam de ser um problema.

12.6 DESAFIOS

Embora as vantagens da impressão 3D na moda sejam muitas, há vários desafios que têm de ser ultrapassados para uma adoção generalizada. A indústria da moda tem de se adaptar para adotar plenamente a tecnologia. Os projectos de impressão 3D no mundo da moda são frequentemente monocromáticos e não são tão coloridos. Outros desafios da impressão 3D na moda são os seguintes [7,17] :

1. *Limitações de materiais:* Um dos principais desafios na impressão 3D de moda é a gama limitada de materiais disponíveis. Os materiais de impressão 3D são muito mais rígidos do que os tecidos utilizados no vestuário. A maior parte da moda impressa em 3D ainda é feita com plásticos. Este facto limita a variedade de texturas, cores e acabamentos que podem ser obtidos com peças de vestuário e acessórios impressos em 3D. Os designers e investigadores estão a explorar diferentes materiais, como filamentos à base de algas e plásticos reciclados, para criar moda impressa em 3D mais ecológica.

2. *Custo elevado:* Outro desafio da impressão 3D na moda é o elevado custo da tecnologia e a acessibilidade limitada para designers e consumidores. As impressoras 3D podem ser bastante caras. O custo inicial da impressão 3D pode ser elevado.

3. *Conhecimentos especializados:* Os conhecimentos necessários para operar e manter as impressoras 3D podem ser um obstáculo para muitos designers. Os designers de moda e arquitectos que planeiam utilizar impressoras 3D para fazer jóias, acessórios e vestuário terão de investir algum tempo e dinheiro na aprendizagem de software de modelação.

4. *Não há produção em massa:* A indústria da moda baseia-se na produção e no consumo em massa, o que constitui um obstáculo. Mudar a indústria para produtos a pedido, personalizáveis e recicláveis levará tempo. Devido a limitações de materiais, custos e eficiência de produção, não há oportunidade de negócio para a produção em massa.

5. *Direitos de autor:* À semelhança da pirataria de música e filmes, a pirataria de ficheiros de desenhos também pode afetar a indústria da moda. A partilha ilegal de desenhos para artigos de moda pode prejudicar o criador original do desenho.

6. *Durabilidade e usabilidade:* Outro desafio é garantir a durabilidade e a usabilidade das peças de vestuário e acessórios impressos em 3D. Embora os artigos impressos em 3D possam ser altamente detalhados e esteticamente agradáveis, devem também resistir ao desgaste quotidiano. Isto é particularmente importante para o vestuário e o calçado que

estão sujeitos a uma utilização frequente.

7. *Escalabilidade:* Aumentar a produção utilizando a impressão 3D pode ser um desafio. Embora a tecnologia seja excelente para a criação de protótipos e produção de pequenos lotes, pode ainda não ser viável para o fabrico em grande escala. Este facto limita a sua aplicação a marcas de moda do mercado de massas que procuram produzir grandes volumes de vestuário e acessórios.

12.7 CONCLUSÃO

Os visionários da moda estão a utilizar a impressão 3D para criar têxteis alucinantes que são quase impossíveis de usar. Eles sonham com têxteis impressos em 3D que sejam à prova de bala, à prova de fogo, resistentes à pressão ou capazes de reter calor ou frio. À medida que a tecnologia continua a evoluir, veremos o seu impacto na indústria da moda, conduzindo a um futuro mais sustentável, inovador e personalizado para a moda. O interesse crescente no vestuário impresso em 3D serve como uma razão convincente para os retalhistas de moda se manterem a par dos últimos avanços na impressão 3D.

A impressão 3D está a revolucionar a indústria da moda. Com a impressão 3D, os designers têm a liberdade de criar peças de vestuário verdadeiramente únicas e personalizadas que seriam impraticáveis, se não impossíveis, de produzir utilizando técnicas de fabrico tradicionais. A aplicação da tecnologia de impressão 3D na indústria da moda está a avançar a um ritmo acelerado. A introdução da tecnologia de impressão 3D na indústria da moda tem sido benéfica para o seu crescimento e tem um grande potencial para o futuro. A impressão 3D está a oferecer grandes vantagens para a indústria da moda, desde roupas impressas em 3D a calçado e acessórios impressos em 3D, as possibilidades são infinitas. Alguns especialistas prevêem um dia em que poderemos imprimir peças de vestuário personalizadas diretamente na loja ou em casa, a pedido. O futuro da impressão 3D tem um enorme potencial para revolucionar a forma como concebemos, criamos e usamos a moda. Mais informações sobre a impressão 3D na indústria da moda podem ser encontradas nos livros em [18-21].

REFERÊNCIAS

[1] "Como a impressão 3D vai trazer flexibilidade à indústria da moda," https://www.ilovefashionretail.com/journal/how-3d-printing-will-bring-flexibility-in-the-fashion-industry/

[2] M. N. O. Sadiku, O. D. Olaleye, and J. O. Sadiku, "3D printing in fashion," *International Journal of Trend in Research and Development,* vol. 11, no. 4, julho-agosto de 2024, pp.11-14.

[3] F. R. Ishengoma e T. A. B. Mtaho, "Impressão 3D: Perspectivas dos países em desenvolvimento, engenharia informática e aplicações", *International Journal of Computer Applications*, vol. 104, n.º 11, outubro de 2014, pp. 30-34.

[4] M. N. O. Sadiku, S. M. Musa e O. S. Musa, "3D printing in the chemical industry", *Invention Journal of Research Technology in Engineering and Management,* vol. 2, n.º 2, fevereiro de 2018, pp. 24-26.

[5] D. Pitukcharoen, "3D printing booklet for beginners," https://www.metmuseum.org/-/media/files/blogs/digital-media/3dprintingbookletforbeginners.pdf

[6] M. Foster, "A impressão 3D pode tornar a moda mais sustentável?" setembro de 2023, https://medium.com/@meredithfosterjo/can-3d-printing-make-fashion-more-sustainable- e91f12fdf138

[7] "Como a impressão 3D está a revolucionar a indústria da moda," https://www.tomorrow.bio/post/how-3d-printing-is-revolutionizing-the-fashion-industry-2023-06-4727466168-3d-printing
[8] "Roupa impressa em 3D em 2024: Quais são os melhores projectos?" https://www.sculpteo.com/en/3d-learning-hub/applications-of-3d-printing/3d-printed-clothes/
[9] "Da nuvem para o seu armário: A história da moda na era da impressão 3D", maio de 2023, https://sites.aub.edu.lb/outlook/2023/03/07/from-the-cloud-to-your-closet-the-story-of- fashion-in-the-era-of-3d-printing/
[10] "How 3D printing is revolutionizing the future of fashion," https://nyembroiderystudio.com/blog/3d-printing-future-fashion#:~:text=Unleashing%20Creativity,individual's%20unique%20style%20and%20 measurements.
[11] "A aplicação da impressão 3D na moda," https://www.in3dtec.com/the-application-of-3d-printing-in-fashion/
[12] J. Flynt, "Impressão de moda em 3D: Advantages, disadvantages, and future", setembro de 2019, https://3dinsider.com/3d-printing-fashion/
[13] "Impressão 3D na moda", julho de 2020, https://filament2print.com/gb/blog/89_3d-printing-in-fashion.html
[14] "Os 10 resultados mais surpreendentes da impressão 3D no mundo da moda e do vestuário", https://www.linkedin.com/pulse/top10-amazing-3d-printing-results-world-fashion- clothing-julia-swans
[15] "Impressão 3D | moda | Gizmo Dorks," setembro de 2015, https://gizmodorks.com/blog/3d-printing-fashion-gizmo-dorks/
[16] "Aplicações de impressão 3D em celebridades da indústria da moda," https://www.elecrow.com/blog/3d-printing-applications-on-fashion-industry-celebrities.html#:-:text==Há%20mais%203D%2D vestidos%20com%20 Acessórios impressos em 3D.
[17] "Impressão 3D na indústria da moda: Benefícios, desafios, aplicações", julho de 2024, https://www.dms.com.ph/blog/3d-printing-fashion-industry/#:-:text=3D%20printing%20is%20revolutionizing%20the,the%20need%20for%20competências técnicas.
[18] D. Gael, *The Future of Fashion Exploring the World of 3D Printed Accessories (O Futuro da Moda Explorando o Mundo dos Acessórios Impressos em 3D).* Editora independente, 2023.

[19] K. Plate, *Printed to the Nines: Why 3D-Printing Will Transform the Fashion Industry [Por que a impressão 3D transformará a indústria da moda].* New Degree Press, 2017.

[20] T. M. Dip et al., *3D Printing Technology for Textiles and Fashion (Tecnologia de impressão 3D para têxteis e moda).* Taylor & Francis, 2021.

[21] T. Makryniotis, *3D Fashion Design: Technique, Design and Visualization.* Batsford, 2015.

CAPÍTULO 13 : IMPRESSÃO 3D EM JOALHARIA

"A joalharia é uma coisa muito pessoal... deve contar uma história sobre a pessoa que a está a usar." -Garance Daré

13.1 INTRODUÇÃO

Uma impressora 3D tem mais capacidade de fabrico do que uma máquina de fabrico tradicional. É considerada uma tecnologia disruptiva que irá mudar o fabrico. É utilizada há décadas nas indústrias automóvel e aeroespacial. A impressora 3D é também utilizada por amadores, pequenas empresas, criativos, fabricantes, arquitectos e, sobretudo, empreiteiros para criar instantaneamente uma variedade de produtos.

Tradicionalmente, o artesanato e a fundição por cera perdida são as duas técnicas de fabrico de jóias. Ambas as técnicas requerem conhecimentos técnicos significativos, um investimento de longo prazo, são altamente morosas e os erros no processo podem revelar-se dispendiosos. Além disso, existem sempre limitações às possibilidades humanas. O fabrico tradicional de jóias é apresentado na Figura 13.1 [1].

Figura 13.1 O fabrico tradicional de jóias [1].

É preciso muito tempo, paciência e habilidade para fazer jóias completamente à mão. Os artistas ao longo da história sonharam com a capacidade de criar tão rapidamente quanto podiam imaginar. Com a tecnologia atual, isso já não é um sonho.

A impressão 3D tornou-se uma nova forma de produzir jóias. Permite à produção de jóias criar protótipos rapidamente, reduzir o elevado investimento orçamental e desenhar livremente. A crescente procura de peças de joalharia impressas em 3D sugere que os fabricantes de jóias têm vindo a substituir os métodos tradicionais de fabrico de jóias habitualmente utilizados pelas tecnologias de impressão 3D. A produção de jóias impressas em 3D aumenta os princípios da fundição de investimento ou da fundição por cera perdida com as vantagens de um processo de design e fabrico digital. O impacto transformador das tecnologias de impressão 3D na indústria da joalharia pode ser avaliado a partir do crescimento consistente do mercado mundial de joalharia impressa em 3D [2]. Quando falamos de impressão 3D de jóias, na maioria das vezes estamos a referir-nos à impressão 3D do modelo de cera que é depois utilizado para fazer um molde, tal como no fabrico tradicional de jóias.

A tecnologia mudou a forma como as jóias bonitas são feitas. A impressão 3D, também conhecida como fabrico aditivo, envolve a construção de objectos tridimensionais camada a camada a partir de um modelo digital. Permite aos designers criar peças incrivelmente detalhadas e únicas de uma nova forma. A joalharia é um dos campos em que as tecnologias de impressão 3D apenas começaram a sua expansão, tornando-se uma ponte para o fabrico convencional de jóias. A joalharia impressa em 3D revolucionou, sem dúvida, o mundo do design e da produção de jóias. A sua capacidade de oferecer uma personalização sem paralelo, de libertar a liberdade de design e de introduzir práticas sustentáveis impulsionou-a para a vanguarda da indústria [3].

Este capítulo aborda o impacto da impressão 3D na indústria da joalharia, destacando a sua influência no design e na personalização. Começa por explicar o que é a impressão 3D. Apresenta a impressão 3D na indústria da joalharia. Fornece várias aplicações da impressão 3D na joalharia. Destaca os benefícios e desafios da utilização da impressão 3D na joalharia. Conclui com alguns comentários.

13.2 O QUE É A IMPRESSÃO 3D?

A impressão 3D (também conhecida como fabrico aditivo (AM) ou prototipagem rápida (RP)) foi inventada no início dos anos 80 por Charles Hull, considerado o pai da impressão 3D. Desde então, tem sido utilizada na indústria transformadora, automóvel, eletrónica, aviação, aeroespacial, aeronáutica, engenharia, arquitetura, farmacêutica, produtos de consumo, educação, entretenimento, medicina, missões espaciais, militar, indústria química, indústria marítima, indústria de impressão e indústria de joalharia [4].

Uma impressora 3D funciona através da "impressão" de objectos. Em vez de utilizar tinta, utiliza materiais mais substanciais - plástico, metal, borracha e semelhantes. Digitaliza um objeto - ou pega numa digitalização existente de um objeto - e corta-o em camadas, que podem depois ser convertidas num objeto físico. Camada a camada, a impressora 3D pode replicar imagens criadas em programas CAD. Por outras palavras, a impressão 3D dá instruções a um computador para aplicar camada após camada de um material específico (como plástico ou metal) até o produto final estar construído. Isto é diferente dos métodos de fabrico convencionais, que muitas vezes se baseiam na remoção (por corte, perfuração, picagem, trituração, forjamento, etc.) em vez da adição. Os modelos podem ser multicoloridos para realçar caraterísticas importantes, como tumores, cavidades e trajectos vasculares. A tecnologia 3DP pode construir um objeto 3D com quase todas as formas imagináveis definidas num ficheiro de desenho assistido por computador (CAD). Trata-se de tecnologia aditiva, diferente das técnicas de fabrico tradicionais, que são processos subtractivos em que o material é removido por corte ou perfuração [5].

Nos últimos anos, a impressão 3D começou a entrar na moda, com alguns modelos a tornarem-se suficientemente acessíveis para serem utilizados em casa. Muitas indústrias e profissões em todo o mundo utilizam atualmente a impressão 3D. Esta desempenha um papel fundamental para tornar as empresas mais competitivas. O fosso entre a indústria e os estudantes pode ser colmatado através da inclusão no currículo das mesmas ferramentas de ponta, como a impressão 3D, que os profissionais utilizam todos os dias. Existem casas, próteses, dispositivos cirúrgicos, drones, aparelhos auditivos e componentes de motores eléctricos impressos em 3D. Como mostra a Figura 13.2, a impressão 3D envolve três etapas [6].

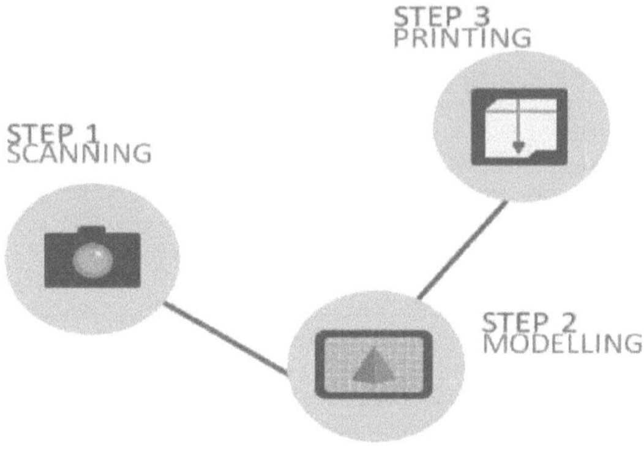

Figura 13.2 A impressão 3D envolve três etapas [6].

Uma impressora 3D típica que cria um vestido é mostrada na Figura 13.3 [7].

Figura 13.3 Uma impressora 3D típica [8].

13.3 IMPRESSÃO 3D EM JOALHARIA

Atualmente, os fabricantes de jóias criam designs de jóias digitalmente, utilizando design assistido por computador (CAD). Alguns deles utilizam tecnologias 3D em todas as fases de produção, começando com a digitalização 3D e, em seguida, empregando a impressão 3D para a criação de protótipos. Ao selecionar uma impressora 3D para jóias, a principal consideração é a tecnologia que utiliza. Deve ter-se em conta a resolução, a velocidade de impressão, a compatibilidade dos materiais, o custo e o volume. Isto garantirá resultados óptimos nos seus processos de design e produção de jóias [8].

Os fabricantes de jóias com impressão 3D têm vindo a utilizar várias tecnologias de impressão 3D, modelação por depósito fundido (FDM), sinterização selectiva a laser (SLS) e processamento digital de luz (DLP), para criar protótipos. Ao contrário dos métodos convencionais de fabrico de jóias, a impressão 3D produz peças de jóias a partir de ficheiros 3D digitais. Os designers e os fabricantes podem fazer alterações aos ficheiros 3D sem despender tempo e esforço adicionais. Atualmente, alguns clientes optam por designers de jóias independentes para obterem peças de jóias personalizadas e únicas.

A impressão 3D revoluciona o processo de fabrico de jóias de várias formas únicas, distinguindo-o dos métodos tradicionais. No processo de fabrico de jóias ou peças, os modelos são uma parte muito importante. Existem diferentes modelos utilizados para fazer jóias [9]:

1. *O modelo de cera para impressão 3D é utilizado para a fundição por cera perdida:* Com a ajuda da tecnologia de impressão 3D, os complicados passos manuais são poupados e a velocidade de produção do modelo de cera é acelerada.

2. *A impressão 3D produz diretamente jóias ou peças:* Desde que a aplicação da impressão 3D se tornou gradualmente popular, alguns novos produtos de joalharia começaram a surgir num fluxo interminável. O equipamento de impressão 3D pode ser utilizado para produzir rapidamente modelos suficientes para avaliação, o que não só poupa tempo, como também reduz os defeitos de conceção.

3. *A 3D vai ao encontro da personalização:* A impressão 3D, com a sua elevada eficiência, pode ajudar as empresas a responder rapidamente às necessidades de personalização dos clientes. Os testes de montagem 3D e os testes funcionais podem ser implementados para atingir os objectivos de melhorar as funções do produto, reduzir os custos de produção, melhorar a qualidade e aumentar a aceitação do mercado.

A impressão 3D oferece uma vasta gama de materiais para o fabrico de jóias. Cada material tem as suas propriedades e caraterísticas únicas que devem ser consideradas ao selecionar o material adequado para um design específico. Cada material tem as suas propriedades e caraterísticas únicas que precisam de ser consideradas ao selecionar o material apropriado para um design específico. Alguns dos tipos comuns de materiais utilizados incluem [10]:

1. *Metais preciosos:* Ouro, prata e platina. A impressão 3D de metais é relativamente recente, mas estes tornaram-se os materiais mais comuns para os designers de jóias. Por exemplo, um anel de impressão 3D de latão banhado a ouro é mostrado na Figura 13.4 [11].

Figura 13.4 Um anel de latão dourado impresso em 3D [11].

2. *Metais não preciosos:* Latão e bronze.
3. *Resina:* Os materiais de resina oferecem uma gama de cores e acabamentos. As jóias impressas em resina 3D têm um acabamento de superfície liso e bonito, e permitem uma pintura suave. A Figura 13.5 mostra alguns modelos de jóias em resina [12].

Figura 13.5 Alguns modelos de jóias em resina [12].

4. *Cerâmica:* Os materiais cerâmicos proporcionam um aspeto e um toque únicos.

5. *Materiais compósitos:* Os materiais compósitos combinam elementos para obter propriedades específicas.
6. *Metais especiais:* Materiais como o titânio ou o aço inoxidável também podem ser utilizados para criar peças de joalharia modernas e duradouras.

13.4 APLICAÇÕES DA IMPRESSÃO 3D NA JOALHARIA

As jóias impressas em 3D combinam a precisão e a exatidão da tecnologia com a criatividade e a visão artística dos designers. A tecnologia fornece aos designers as ferramentas e capacidades para criar designs intrincados e complexos que anteriormente eram impossíveis de alcançar. A utilização da impressão 3D na joalharia juntou a inovação, a acessibilidade e o artesanato tradicional. As aplicações mais comuns incluem as seguintes:

1. moda e acessórios: Alguns pequenos acessórios, como anéis e brincos impressos em 3D, também podem ser impressos com todos os pormenores. A pintura dedicada pode fazer brilhar os seus anéis, suportes e colares impressos em 3D. O negócio da impressão 3D de jóias é relativamente novo no mercado; pode produzir lindas jóias e acessórios impressos em 3D. Alguns destes acessórios são mostrados na Figura 13.6 [13].

Figura 13.6 Algumas jóias impressas em 3D [13].

2. *Anéis feitos à mão:* Os anéis feitos à mão são românticos e bonitos. São um símbolo de amor duradouro. Os anéis típicos são mostrados na Figura 13.7 [14].

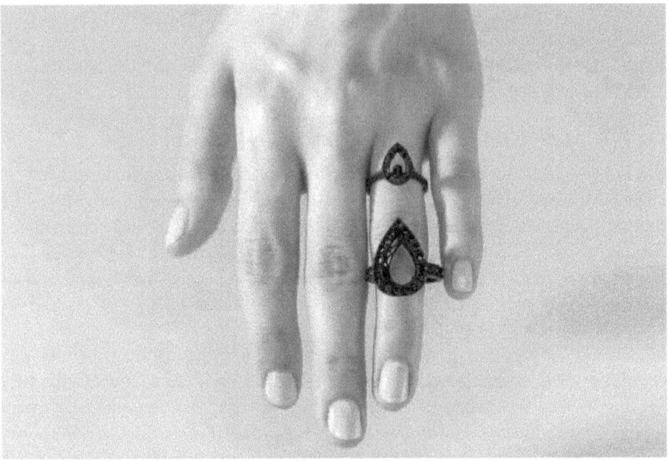

Figura 13.7 Anéis artesanais típicos [14].

3. *Anéis para brincos:* A impressão 3D pode conceber colecções de anéis, pulseiras e colares a condizer, o que seria impossível de conseguir sem as tecnologias 3D. A Figura 13.8 mostra brincos impressos em 3D com filamentos [15].

Figura 13.8 Brincos impressos em 3D com filamentos [15].

4. *Jóias personalizadas:* A maior parte do mar de anéis expostos nas lojas de rua são

cópias de carbono uns dos outros. Tem havido um boom no número de pessoas que querem jóias personalizadas. Com a impressão 3D, as jóias podem ser personalizadas para corresponder ao estilo de cada pessoa, incluindo o tamanho, a forma e a colocação de pedras preciosas. A impressão 3D está a permitir que os joalheiros melhorem a experiência do cliente de várias formas.

5. *Demonstração e conceção do projeto:* A impressão 3D permite-nos criar rapidamente modelos suficientes para avaliar o equipamento de impressão 3D no início da fase de conceção do produto. Isto não só poupa tempo, como também reduz os defeitos de conceção.

13.4 BENEFÍCIOS

A maior vantagem para os designers de jóias é que já não precisam de se preocupar com a produção. Outra grande vantagem é que os ficheiros 3D podem ser facilmente editados. Outros benefícios da impressão 3D no fabrico de jóias incluem os seguintes [10,12]:

1. *Personalização:* A impressão 3D permite um elevado nível de personalização, permitindo aos designers criar designs complicados e únicos que anteriormente eram difíceis ou impossíveis de alcançar através dos métodos tradicionais. Com a impressão 3D, os clientes têm a opção de experimentar para se certificarem de que o modelo se ajusta na perfeição e satisfaz completamente todas as suas necessidades, antes de a peça final ser fabricada.

2. *Geometrias complexas:* A tecnologia de impressão 3D elimina as limitações dos métodos de maquinação tradicionais, permitindo aos joalheiros criar designs altamente complexos e detalhados. A tecnologia pode criar geometrias muito mais complexas e intrincadas do que as que são possíveis de esculpir à mão. A tecnologia permite a criação de jóias com geometrias altamente complexas e detalhes intrincados que seriam extremamente difíceis ou mesmo impossíveis de produzir utilizando técnicas tradicionais. A tecnologia de impressão 3D permite a produção de peças de joalharia maiores, mantendo os detalhes intrincados.

3. *Prototipagem rápida:* A produção de amostras de jóias costumava ser lenta e dispendiosa. Agora, a impressão 3D permite aos designers criar modelos rápidos e exactos. Simplifica o processo de criação de protótipos, permitindo aos designers iterar e testar rapidamente novos designs. As capacidades de prototipagem rápida reduzem o tempo de conceção e produção. Utilizando esta tecnologia, os designers podem criar protótipos físicos precisos que fornecem aos clientes uma representação realista da peça de joalharia final.

4. *Reparação rápida:* Quando um cliente danifica uma peça de joalharia, pode reproduzir o molde para fazer a peça de substituição com a sua impressora 3D. Uma vez que irá gerar a peça de substituição com o mesmo molde que o original, não tem de se preocupar em criar e encaixar uma pequena peça de metal.

5. *Produção acessível*: Com a impressão 3D, a produção de jóias torna-se mais acessível a um leque mais alargado de designers e artesãos. Os clientes podem participar ativamente no processo de design de jóias impressas em 3D e escolher os materiais que preferem.

6. *Liberdade de design:* A tecnologia de impressão 3D facilita a criação de jóias através

da liberdade de design e da conveniência. A flexibilidade e a liberdade oferecidas pela modelação 3D permitem aos designers experimentar designs únicos. A impressão 3D dá aos designers de jóias mais liberdade para serem criativos. Ao contrário dos métodos tradicionais com certas limitações, permite que os designers imaginem e criem formas mais complexas e pormenores intrincados, trazendo facilmente as suas ideias para a realidade. É possível desenhar as jóias num computador e torná-las reais através da impressão 3D.

7. *Satisfação do cliente:* A impressão 3D na produção de jóias contribui para a satisfação do cliente de muitas formas. Permite que os clientes participem ativamente no processo de design, permitindo-lhes fornecer requisitos de design específicos e escolher materiais. A personalização garante que cada peça seja adaptada às preferências únicas do cliente, levando a uma maior satisfação do cliente através de jóias personalizadas.

8. *Amigo do ambiente:* Fazer jóias pode envolver muitos resíduos. Muitos restos de materiais são deitados fora. Mas a impressão 3D é como um tipo especial de impressora que desperdiça menos material. A impressão 3D pode ser mais eficiente em termos de recursos, uma vez que permite uma utilização precisa do material, reduzindo o desperdício. Faz jóias de uma forma que é boa para o ambiente.

9. *Acessibilidade:* As gerações anteriores de impressoras 3D para jóias exigiam uma manutenção significativa e um operador qualificado, para além de um investimento de milhares de dólares. A tecnologia de impressão 3D expandiu as possibilidades de design e tornou o fabrico de jóias mais acessível a todos. Os pequenos joalheiros podem comprar impressoras 3D devido à diminuição dos custos e ao aumento da acessibilidade desta tecnologia. O fabrico em lote na impressão 3D de jóias permite reduzir os custos de produção.

10. *Alta qualidade:* As boas impressoras 3D FDM já conseguem imprimir objectos de alta resolução. Outras tecnologias profissionais de impressão 3D, como SLA, SLS, MJF e SLM, podem proporcionar-lhe jóias de alta qualidade com elevada precisão e alta resolução, permitindo-lhe construir jóias de alta qualidade a baixo custo.

11. *Peso leve*: Usar brincos grandes por vezes faz com que as orelhas fiquem muito doridas. No entanto, a impressão 3D pode reduzir o peso das jóias para tornar essas jóias impressas em 3D confortáveis de usar. É uma forma prática de reduzir o peso sem sacrificar a qualidade.

12. *Fácil produção em massa:* A impressão 3D permite uma produção em massa fácil. Não há dúvida de que a criação de moldes de injeção é dispendiosa e não há tolerância zero para quaisquer erros. As jóias impressas em 3D são mais económicas e garantem menos erros antes da produção em massa. Desde protótipos, amostras até à produção em massa, a impressão 3D oferece muitas possibilidades ao mercado da joalharia.

13. *Eficiência de custos:* A impressão 3D à escala da joalharia utiliza muito pouco material de impressão, reduzindo os custos de material. Permite a produção de vários padrões de jóias em simultâneo, reduzindo significativamente os prazos de entrega e os custos em comparação com os métodos tradicionais.

14. *Precisão:* A tecnologia de impressão 3D alargou os limites da joalharia artesanal. A precisão e a exatidão da impressão 3D garantem que todos os detalhes intrincados do

design são fielmente reproduzidos, resultando em peças de arte deslumbrantes.

13.5 DESAFIOS

Apesar dos inúmeros benefícios, a impressão 3D tem alguns inconvenientes. Como satisfazer as necessidades dos clientes, melhorar a eficiência e produzir rapidamente os estilos que os clientes desejam é um novo desafio enfrentado pelos profissionais de processamento de jóias. Outros desafios da impressão 3D no fabrico de jóias incluem os seguintes [16,17]:

1. *Limitações técnicas:* Atualmente, a maioria das impressoras 3D só pode imprimir com um único material de cada vez. No entanto, os investigadores estão a trabalhar no desenvolvimento de impressoras que possam imprimir com vários materiais em simultâneo. Isto permitiria desenhos mais intrincados e complexos através da combinação de diferentes materiais com propriedades variáveis. O tamanho dos objectos que podem ser impressos é limitado pelo tamanho da impressora e da base de impressão.

2. *Alta resolução:* Um dos desafios técnicos do processo de impressão é conseguir um elevado nível de detalhe e resolução. Alguns desenhos podem exigir pormenores intrincados que podem ser difíceis de reproduzir com precisão através da impressão 3D.

3. *Superfície lisa:* Conseguir um acabamento de superfície suave pode ser difícil, especialmente com determinados materiais. Isto requer investigação e desenvolvimento contínuos para melhorar a qualidade e a resolução das jóias impressas em 3D.

4. *Controlo de qualidade:* Como em qualquer processo de fabrico, existe sempre um risco de defeitos ou erros. É crucial ter medidas de controlo de qualidade robustas para garantir que cada peça de joalharia cumpre os padrões de qualidade e precisão desejados.

5. *Custo elevado:* As considerações de custo também são importantes quando se trata de impressão 3D no fabrico de jóias. Embora o custo da impressão 3D tenha diminuído ao longo dos anos, ainda pode ser mais caro em comparação com os métodos de fabrico tradicionais. Os investigadores estão a esforçar-se por tornar as impressoras 3D mais acessíveis, reduzindo o custo do material e o equipamento especializado necessário para o processo de impressão.

6. *Competência:* Apesar dos avanços na tecnologia de impressão 3D, o artesanato especializado continua a desempenhar um papel vital na produção de jóias impressas em 3D de alta qualidade. São os artesãos qualificados que dão os toques finais e o polimento às jóias. Os artesãos qualificados podem trabalhar lado a lado com os designers para ultrapassar os limites do que é possível com a impressão 3D.

7. *Precisão:* Um dos principais desafios da prototipagem 3D para o design de jóias é conseguir o nível de precisão e detalhe de que necessita para as suas peças. As jóias são frequentemente pequenas e complexas, exigindo alta resolução e precisão nos seus modelos e impressões 3D. Alcançar o nível de exatidão e detalhe necessário para as peças de joalharia pode ser difícil.

8. *Resistência:* Alguns profissionais da indústria da joalharia são resistentes à impressão 3D, achando que esta retira o aspeto "artesanal" da profissão.

9. *Requisitos de pós-processamento:* Embora a impressão 3D permita a criação de designs complexos, as jóias impressas requerem frequentemente passos adicionais de pós-processamento para obter um aspeto polido e refinado. O pós-processamento pode incluir lixagem, polimento, revestimento ou colocação de pedras, aumentando o tempo e os custos de produção. A experiência e a mão de obra necessárias para estes retoques finais podem também afetar a eficiência global do processo de fabrico.

Apesar destes desafios, os benefícios da tecnologia de impressão 3D ultrapassam largamente os inconvenientes, tornando-a uma ferramenta valiosa para os joalheiros modernos.

13.6 CONCLUSÃO

Tradicionalmente, a produção de jóias tem sido um ofício moroso e de trabalho intensivo que requer conhecimentos técnicos e investimento de tempo. Com a utilização da impressão 3D, o negócio da joalharia transformou com sucesso o seu processo de fabrico. A impressão 3D permite a qualquer pessoa produzir jóias de qualidade única e oferece aos joalheiros profissionais uma nova solução para a produção de jóias que é mais barata, mais fácil e mais rápida. As jóias impressas em 3D, apesar do seu potencial, representam atualmente uma fração relativamente pequena do mercado. Com impressoras 3D para jóias cada vez mais fáceis de utilizar e acessíveis, os fluxos de trabalho digitais no mercado da joalharia estão prontos para crescer.

À medida que a tecnologia continua a evoluir, podemos esperar melhorias na velocidade, resolução e opções de materiais. Isto irá aumentar ainda mais as possibilidades de design e a qualidade das jóias impressas em 3D. À medida que a tecnologia 3DP continua a avançar, o futuro do fabrico de jóias parece brilhante e promissor. Mais informações sobre a impressão 3D na indústria da joalharia podem ser encontradas no livro inn [18].

REFERÊNCIAS

[1] "Impressão 3D na produção de jóias", julho de 2022, https://top3dshop.com/blog/3d-printing-in-jewelry-production

[2] "Como é que a impressão 3D está a perturbar a indústria da joalharia?" https://www.aurum3d.com/blog/3d-printing-jewelry-industry/

[3] M. N. O. Sadiku, O. D. Olaleye, e J. O. Sadiku, "3D printing in jewelry," *International Journal of Trend in Research and Development,* vol. 11, no. 4, julho-agosto de 2024, pp.15-19.

[4] F. R. Ishengoma e T. A. B. Mtaho, "Impressão 3D: Perspectivas dos países em desenvolvimento, engenharia informática e aplicações", *International Journal of Computer Applications*, vol. 104, n.º 11, outubro de 2014, pp. 30-34.

[5] M. N. O. Sadiku, S. M. Musa e O. S. Musa, "3D printing in the chemical industry", *Invention Journal of Research Technology in Engineering and Management,* vol. 2, n.º 2, fevereiro de 2018, pp. 24-26.

[6] D. Pitukcharoen, "3D printing booklet for beginners," https://www.metmuseum.org/-/media/files/blogs/digital- media/3dprintingbookletforbeginners.pdf

[7] "Criando o futuro: A ascensão da joalharia de impressão 3D", https://gqresearch.com/the-rise-of-3d-printed-jewelry/

[8] "Sobre as impressoras 3D para jóias: Como escolher jóias impressas em 3D?" https://ifunprintshop.com/about-jewelry-3d-printers/ifun-3d-jewelry-printing-center-blog/

[9] "Aplicação da impressão 3D no processo de fabrico de jóias," maio de 2021, https://www.toautotool.com/blogs/3d-printing/3d-printing-application-in-jewelry-

making-process
[10] "O mundo da impressão 3D na joalharia," https://www.3idea.in/blog/the-world-of-3d-printing-in-jewellery
[11] "Jóias impressas em 3D: Porque é que os designers de jóias se juntam à revolução da impressão 3D," https://i.materialise.com/blog/en/3d-printed-jewelry/
[12] "Impressão de jóias em 3D - O guia definitivo," novembro de 2023, https://all3dp.com/1/3d-printing-jewelry-the-ultimate-guide/
[13] "Jóias impressas em 3D: Porque é que deve experimentá-las e como obtê-las," https://www.wenext.com/blog/3D-Printing/3d-printed-jewelry
[14] "Como a impressão 3D está a perturbar a indústria da joalharia", setembro de 2019, https://additive-x.com/blog/how-3d-printing-is-disrupting-the-jewellery-industry/#:~:text=3D%20printing%20is%20changing%20that,creations%20while%20a%20customer%20waits.
[15] P. Bulnick, "Jóias impressas em 3D". https://www.instructables.com/3D-Print-Jewelry/
[16] "A arte da precisão: Como a impressão 3D está a elevar o artesanato da joalharia," https://sequinsinthesouth.com/how-3d-printing-is-elevating-jewelry-making/#:~:text=Com%20métodos%2C%20tradicionais%20existem%20designs%20e%20jóias%2Dpersonalizadas%2Dfeitas%20por encomenda.
[17] "Revolucionando os adornos: As vantagens e desvantagens da impressão 3D para joalharia", julho de 2023,' https://medium.com/@sculptoris123/revolutionizing-adornments-the-advantages-and-disadvantages-of-3d-printing-for-jewellery-7305e1a58005
[18] A. Cappellieri, *Joalharia: Da Art Nouveau à impressão 3D*. Skira, 2018.

CAPÍTULO 14 : IMPRESSÃO 3D NO SECTOR AUTOMÓVEL

"Os automóveis são o símbolo máximo da liberdade, da independência e do individualismo. Oferecem a liberdade de 'ir a qualquer lado', quando e com quem quisermos. "

- Sarah Redshaw

14.1 INTRODUÇÃO

Desde que Henry Ford instalou a primeira linha de montagem para a produção em massa de automóveis, em dezembro de 1913, a indústria automóvel tem sido um marco da inovação na produção moderna. A indústria automóvel continua a ser ferozmente competitiva a nível mundial. O objetivo da indústria é criar formas novas e melhoradas de tornar os automóveis mais rápidos, mais leves e mais económicos. Tradicionalmente, quando o engenheiro concebe um automóvel, tem de começar por um desenho e, em seguida, utilizar o software de conceção para visualizar o aspeto do automóvel num modelo 3D e dados exactos.

O fabrico tradicional de automóveis é tipicamente apresentado na Figura 14.1 [1].

Figura 14.1 O fabrico tradicional de automóveis [1].

Os métodos tradicionais de produção em massa de automóveis, como a moldagem por injeção de plástico e a fundição de metal, podem ainda ser mais rentáveis, mas a impressão 3D pode desempenhar um papel importante na produção de veículos. O crescimento do mercado da impressão 3D no sector automóvel é impulsionado pela necessidade crescente de tecnologia de baixo custo e mais eficiente para produzir produtos complexos e de alta qualidade que os métodos tradicionais não conseguem satisfazer.

As principais empresas que operam no mercado da impressão 3D para automóveis incluem a Local Motors, a EDAG, a Startasys, a Autodesk, a 3D systems, a Porsche, a Fórmula 1, a Ford, a BMW, a Volkswagen, a Volvo, a Nissan, a Lotus, a McLaren, a Geely, a TATA, a Rolls Royce, a XEV, a Tesla, entre outras. A figura 14.2 mostra a fábrica de automóveis da Toyota [2].

Figura 14.2 Fábrica de automóveis da Toyota [2].

A Porsche foi a primeira empresa de fabrico de automóveis a aderir à impressão 3D. Apenas as melhores empresas permaneceram no mercado, aquelas que são capazes de fornecer dispositivos a preços acessíveis. Os fabricantes de automóveis têm de equilibrar a eficiência, o fabrico racional, os custos de produção, a sustentabilidade e os processos de conceção ágeis [3].

Os métodos tradicionais de conceção de automóveis, outrora vistos como o pináculo da arte da engenharia, estão agora a ser ultrapassados pelos seus homólogos digitais. No topo desta revolução digital está a tecnologia de impressão 3D. Esta tecnologia deu origem a realizações espectaculares na indústria automóvel, com a produção generalizada de peças de automóveis e o fabrico próximo de automóveis completos. Em muitos aspectos, a impressão 3D está a influenciar, mas também a redefinir, todo o espetro da conceção e fabrico de veículos. A transição do barro para o CAD foi uma mudança de paradigma na própria filosofia do design.

Os serviços de impressão 3D a preços acessíveis estão a desempenhar um papel importante no desenvolvimento e manutenção de veículos de consumo. As possibilidades oferecidas pelas tecnologias de impressão 3D tiveram uma influência significativa na indústria automóvel [4].

Este capítulo explora o impacto significativo da impressão 3D na indústria automóvel. Começa por explicar o que é a impressão 3D. Apresenta a impressão 3D na indústria automóvel. Fornece várias aplicações da impressão 3D no sector automóvel. Destaca as vantagens e os desafios da utilização da impressão 3D na indústria automóvel. Conclui com alguns comentários.

14.2 O QUE É A IMPRESSÃO 3D?

A impressão 3D (também conhecida como fabrico aditivo (AM) ou prototipagem rápida (RP)) foi inventada no início dos anos 80 por Charles Hull, considerado o pai da impressão 3D. Desde então, tem sido utilizada na indústria transformadora, automóvel, eletrónica, aviação, aeroespacial, aeronáutica, engenharia, arquitetura, farmacêutica, produtos de consumo, educação, entretenimento, medicina, missões espaciais, militar, indústria química, indústria marítima, indústria de impressão e indústria de joalharia [5].

Uma impressora 3D funciona através da "impressão" de objectos. Em vez de utilizar tinta, utiliza materiais mais substanciais - plástico, metal, borracha e semelhantes. Digitaliza um objeto - ou pega numa digitalização existente de um objeto - e corta-o em camadas, que podem depois ser convertidas num objeto físico. Camada a camada, a impressora 3D pode replicar imagens criadas em programas CAD. Por outras palavras, a impressão 3D dá instruções a um computador para aplicar camada após camada de um material específico (como plástico ou metal) até o produto final estar construído. Isto é diferente dos métodos de fabrico convencionais, que muitas vezes se baseiam na remoção (por corte, perfuração, picagem, trituração, forjamento, etc.) em vez da adição. Os modelos podem ser multicoloridos para realçar caraterísticas importantes, como tumores, cavidades e trajectos vasculares. A tecnologia 3DP pode construir um objeto 3D com quase todas as formas imagináveis definidas num ficheiro de desenho assistido por computador (CAD). Trata-se de tecnologia aditiva, diferente das técnicas de fabrico tradicionais, que são processos subtractivos em que o material é removido por corte ou perfuração [6].

Nos últimos anos, a impressão 3D começou a entrar na moda, com alguns modelos a tornarem-se suficientemente acessíveis para serem utilizados em casa. Muitas indústrias e profissões em todo o mundo utilizam atualmente a impressão 3D. Esta desempenha um papel fundamental para tornar as empresas mais competitivas. O fosso entre a indústria e os estudantes pode ser colmatado através da inclusão no currículo das mesmas ferramentas de ponta, como a impressão 3D, que os profissionais utilizam todos os dias. Existem casas, próteses, dispositivos cirúrgicos, drones, aparelhos auditivos e componentes de motores eléctricos impressos em 3D. A impressão 3D tem sido aplicada em muitos domínios, como mostra a Figura 14.3 [7].

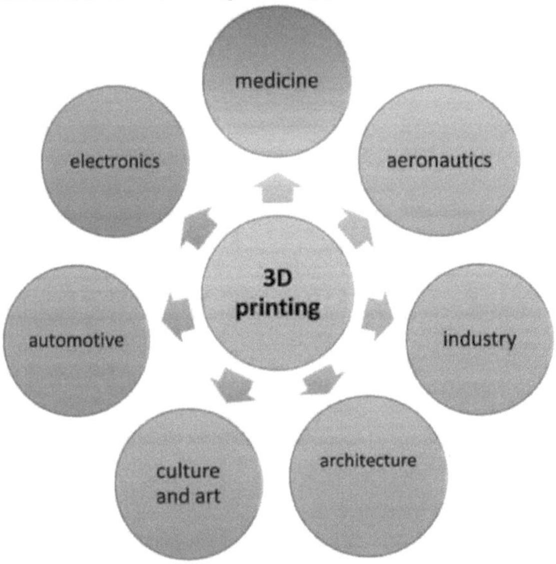

Figura 14.3 Aplicações típicas da impressão 3D [7].

Como mostra a Figura 14.4, a impressão 3D envolve três etapas [8].

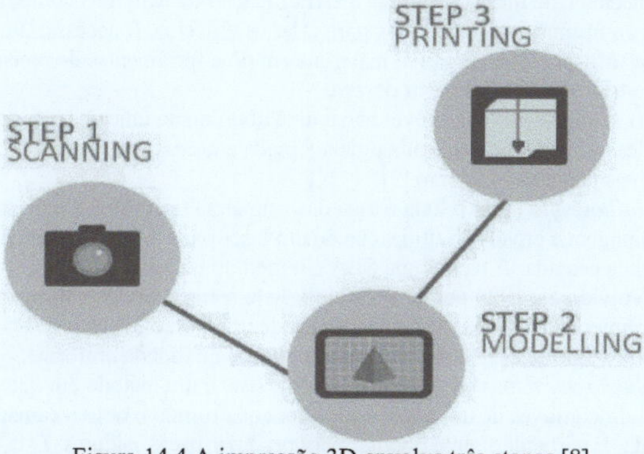

Figura 14.4 A impressão 3D envolve três etapas [8].

Uma impressora 3D típica é apresentada na Figura 14.5 [2].

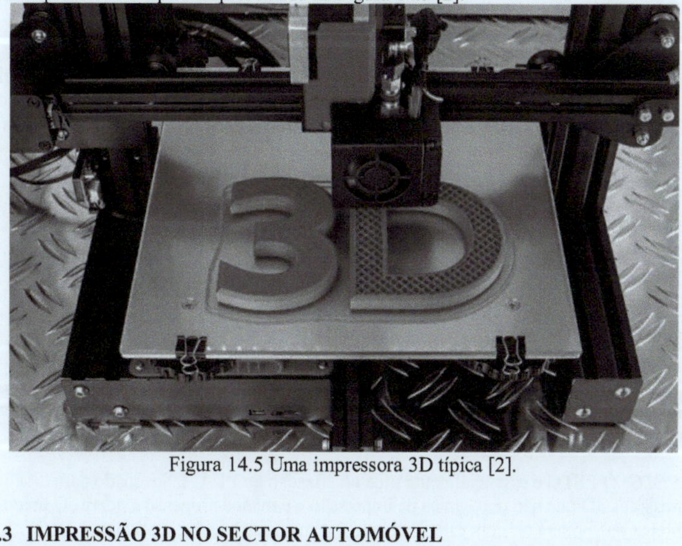

Figura 14.5 Uma impressora 3D típica [2].

14.3 IMPRESSÃO 3D NO SECTOR AUTOMÓVEL

A indústria automóvel está a enfrentar exigências em todas as frentes: a procura de veículos mais recentes e com melhor desempenho, bem como a necessidade de otimizar a produção e agilizar as cadeias de abastecimento e a logística. Uma tecnologia que está a ajudar a enfrentar estes desafios é a impressão 3D. Os avanços na tecnologia de impressão 3D na indústria automóvel alteraram a forma como os produtos são fabricados, desenvolvidos, concebidos e distribuídos. As impressoras 3D utilizam um desenho assistido por computador (CAD) para criar objectos tridimensionais através de um método de camadas. Este método envolve a estratificação de materiais como o plástico, os compósitos ou mesmo os biomateriais para criar os objectos. É necessária uma combinação de software topo de gama, materiais em pó e ferramentas de precisão para criar um objeto tridimensional a partir do zero.

A impressão 3D no sector automóvel não é uma abordagem única para todos. Existem múltiplas técnicas e metodologias, cada uma adaptada a necessidades específicas. Alguns dos métodos mais populares incluem [9]:

- *Estereolitografia* (SLA): Esta é uma das primeiras técnicas de impressão 3D para prototipagem e envolve a utilização de um laser para solidificar resina líquida camada a camada. A tecnologia SLA é o método básico de prototipagem rápida, desenvolvido em 1984 por Charles Hull. Este método utiliza o processo de fotopolimerização. A SLA, como técnica de impressão 3D, é muito rápida e muito precisa. Permite obter moldes prontos de qualidade uniforme.
- *Modelação por deposição fundida* (FDM): Este é um método em que o material é extrudido através de um bocal aquecido, construindo o objeto camada a camada. É particularmente popular para produzir peças maiores. Esta é uma das técnicas de impressão 3D mais antigas e, por conseguinte, é o tipo mais comum e mais barato de tecnologia de fabrico aditivo. A tecnologia FDM tem encontrado aplicação em muitos domínios industriais, incluindo as indústrias aeroespacial, automóvel, marítima, de equipamento desportivo, eléctrica e médica. Na indústria automóvel, a FDM é utilizada principalmente na impressão de instrumentos, pegas e protótipos.
- *Sinterização selectiva por laser* (SLS): Este método baseia-se na fusão e sinterização sucessivas de polímeros ou grânulos de cerâmica utilizando um feixe de laser programado com produção camada a camada. Dada a sua capacidade de produzir peças de elevada resistência, a SLS tem uma utilidade substancial nas aplicações automóveis.

Embora vários materiais possam funcionar para a impressão 3D no sector automóvel, consideramos apenas três tipos comuns que podem funcionar com quase todos os tipos de impressoras 3D [10]:

1. *ABS:* O Acrilonitrilo Butadieno Estireno (ABS) é o filamento mais popular na impressão 3D de peças para automóveis. Pode suportar uma vasta gama de temperaturas (-20°C - 80°C) durante longos períodos.

2. *PLA:* Este material é mais adequado para impressoras 3D sem caixas aquecidas e não se deforma facilmente. No entanto, não é tão resistente aos choques como o ABS e a sua temperatura de transição para o vidro é mais baixa.

3. *PETG:* O PETG é essencialmente uma atualização do PLA. É adequado para impressoras 3D que não têm camas de impressão e é menos propenso a aderir. O único problema que poderá ter com este filamento é a sua fraca aderência ocasional

14.4 APLICAÇÕES DA IMPRESSÃO 3D NO SECTOR AUTOMÓVEL

Até há alguns anos, a impressão 3D era utilizada para fabricar protótipos de peças únicas para carros-conceito, mas atualmente, a impressão 3D começa a ser utilizada para produzir peças de automóveis de boa qualidade. A impressão 3D tem sido uma ferramenta importante para os fabricantes de automóveis criarem protótipos e validarem componentes automóveis antes da produção. Pode acrescentar um enorme valor às cadeias de abastecimento, desbloqueando um vasto espetro de aplicações de produção. A impressão 3D pode ajudar em muitas aplicações diferentes através de muitos materiais. As seguintes aplicações são comuns [11].

1. *Impressão 3D de protótipos:* A criação de protótipos é uma das fases mais críticas de um processo de fabrico na indústria automóvel. Os fabricantes de automóveis gastam uma quantidade significativa de tempo e dinheiro na criação de protótipos de novas peças ou veículos. Antes do advento das tecnologias de impressão 3D, a criação de protótipos costumava ser um processo moroso e dispendioso. Com a impressão 3D, os fabricantes podem produzir protótipos de forma rápida e económica, o que lhes permite testar e aperfeiçoar os designs de forma mais eficiente. A impressão 3D permite a criação de geometrias complexas que seriam difíceis ou impossíveis de produzir com os métodos tradicionais. Com a impressão 3D, os fabricantes podem produzir protótipos de forma rápida e económica.

2. *Peças impressas em 3D:* Historicamente, o inventário na indústria automóvel evocava imagens de peças sobresselentes e de substituição empilhadas fisicamente em grandes armazéns, ocupando espaço até serem necessárias. A impressão 3D é mais frequentemente utilizada no fabrico das peças finais dos automóveis. Os líderes na utilização da tecnologia aditiva para o fabrico de peças finais de automóveis incluem a Volkswagen, a BMW e a Ford. Estes fabricantes de automóveis estabelecidos aplicam a impressão 3D nas suas fábricas de produção em grande escala. A Divergent 3D combina design generativo e impressão 3D para criar componentes personalizados para fabricantes de peças automóveis. As peças impressas em 3D para automóveis são apresentadas na Figura 14.6 [12].

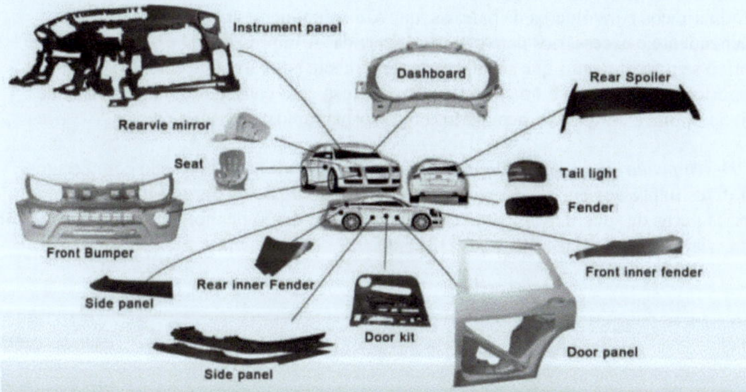

Figura 14.6 Peças de automóvel impressas em 3D [12].

O YoYo é o primeiro carro elétrico impresso em 3D para o "mercado de massas" que está agora a ser enviado aos clientes, como mostra a Figura 14.7 [13]. Foi desenvolvido pelo fabricante de automóveis eléctricos XEV e pelo fabricante de filamentos Polymaker.

Figura 14.7 O primeiro automóvel elétrico impresso em 3D para o "mercado de massas", da YoYo [13].

3. *Construção de carros de corrida:* Os carros de corrida podem ser construídos com recurso à tecnologia de impressão 3D. Para além disso, a utilização dessa impressora 3D permitiu a criação de outras peças e modelos, incluindo matrizes de elementos aerodinâmicos e invólucros de baterias, que são componentes preparados de forma independente e necessários para o carro de corrida. A impressão 3D é um processo de fabrico sem ferramentas que se adequa perfeitamente aos carros de corrida e aos desportos motorizados. É uma ferramenta poderosa para conseguir uma produção de baixo volume e um fabrico personalizado de forma rápida e económica.

4. *Desempenho do motor:* O desempenho do motor pode ser melhorado com designs iterativos impressos em 3D. Como se mostra na Figura 14.8, a Forge Motorsport, que fabrica peças de substituição para automóveis de alto desempenho, utiliza a impressão 3D para criar protótipos das suas peças [13].

Figura 14.8 A Forge Motorsport utiliza a impressão 3D para melhorar o desempenho dos automóveis [13].

5. *Carroçaria do automóvel:* Algumas empresas criaram o chassis, a carroçaria e o para-choques impressos em 3D Uma carroçaria típica de automóvel com impressora 3D é apresentada na Figura 14.9 [14].

Figura 14.9 Uma carroçaria de automóvel típica impressa em 3D [14].

6. *Assentos personalizados impressos em 3D:* A impressão 3D é comummente utilizada na indústria da automação para personalizar o processo de produção de peças para se adaptar a diferentes condutores ou veículos. O fabricante alemão de automóveis Porsche introduziu recentemente um novo conceito de assentos para carros desportivos utilizando a impressão 3D. A Porsche pretende alargar a personalização dos bancos para além da firmeza e da cor, personalizando-os de acordo com o contorno específico do corpo do cliente. Atualmente, a impressão 3D continua a ser a única tecnologia que permite este nível de personalização. Os assentos amovíveis permitem aos clientes escolher as suas cores interiores favoritas e os materiais a imprimir. A Figura 14.10 mostra bancos personalizados impressos em 3D desenvolvidos pela Porsche [15].

Figura 14.10 Assentos personalizados impressos em 3D [15].

7. *Ferramentas de fabrico impressas em 3D:* A tecnologia de impressão 3D é utilizada para desenvolver ferramentas. O termo "ferramentas" refere-se ao processo pelo qual são concebidas e criadas ferramentas específicas para ajudar no fabrico de automóveis. No que diz respeito aos auxiliares de fabrico, a impressão 3D está a crescer rapidamente como uma alternativa às formas mais estabelecidas de fabrico de ferramentas. Um bom exemplo disto é a Volkswagen. Em 2014, a empresa começou a testar impressoras 3D de secretária para produzir equipamento de ferramentas na fábrica da Volkswagen em Portugal. Desde o sucesso do projeto-piloto, a Volkswagen mudou a sua produção de ferramentas quase inteiramente para a impressão 3D. Produzir as suas ferramentas internamente reduz os custos de produção de ferramentas para o fabricante de automóveis.

14.5 BENEFÍCIOS

O fabrico aditivo reduz o tempo de produção, uma vez que várias fases podem ser combinadas numa única etapa de produção. Isto também elimina a fase de montagem do produto e reduz os custos de transporte logístico. Existem muitas vantagens na utilização da impressão 3D no processo de produção de automóveis. A impressão 3D está também a revolucionar o restauro de automóveis clássicos. Embora ainda não seja possível comprar um carro impresso em 3D no concessionário, a impressão 3D tem sido, desde há muitos anos, uma parte vital do processo de desenvolvimento de automóveis. Outras vantagens da impressão 3D na indústria automóvel são as seguintes [16,17]:

1. *Prototipagem rápida:* A rapidez de colocação no mercado é um atributo empresarial que pode ser a diferença entre o sucesso e o fracasso em muitas indústrias, especialmente na indústria automóvel. A criação de protótipos costumava ser morosa e dispendiosa, uma vez que um produto passa por muitas iterações. Os métodos de prototipagem antigos, como a maquinagem ou a moldagem por injeção, são dispendiosos e consomem demasiado tempo para produzir um único protótipo. As impressoras 3D utilizam materiais adequados para prototipagem económica e aplicações automóveis. Os projectistas têm conseguido produzir protótipos no próprio dia.

2. *Design melhorado:* A impressão 3D permite aos engenheiros automóveis conceber e modificar formas complexas e orgânicas que, de outra forma, seriam demasiado difíceis (se não impossíveis) de produzir utilizando métodos de fabrico tradicionais.

3. *Personalização:* A capacidade de criar peças altamente personalizadas é essencial no fabrico de automóveis. Esta personalização não é possível com os métodos de fabrico tradicionais, que dependem de métodos antigos de produção em massa, subcontratação, prazos de entrega longos e custos mais elevados. As impressoras 3D permitem um processo de desenvolvimento e produção ágil, centrado na elevada qualidade artesanal, na personalização e no desempenho. As possibilidades de personalização de automóveis com a impressão 3D parecem destinadas a expandir-se a um ritmo muito maior nos próximos anos.

4. *Redução de peso:* Na produção automóvel, o peso do automóvel determina a eficiência do combustível. A indústria automóvel está constantemente a tentar reduzir o peso total das suas peças e desenhos. Ao utilizar materiais leves, a impressão 3D facilita a produção de peças com peso reduzido, contribuindo para a eficiência do combustível e para a redução das emissões. As impressoras 3D reforçam este esforço ao utilizarem materiais leves, como plásticos de engenharia e compósitos. Isto resulta numa redução significativa do peso dos veículos, numa maior eficiência do combustível e na redução das emissões.

5. *Sustentabilidade:* A indústria automóvel procura sempre fabricar com a máxima eficiência. As impressoras 3D, mais uma vez, estão em sintonia com esses objectivos. Podem ser experimentados e utilizados materiais amigos do ambiente, com menos desperdício. Quando os resíduos são reduzidos e a produção é muito mais eficiente, a linha de fabrico global torna-se mais sustentável. A indústria automóvel, muitas vezes escrutinada pela sua pegada ambiental, encontra na impressão 3D um aliado mais amigo do ambiente.

6. *Maior eficiência:* A natureza precisa da impressão 3D permite a produção de peças automóveis a pedido. Isto elimina a necessidade de grandes inventários de peças sobresselentes. Isto poupa tempo e dinheiro aos fabricantes e reduz o risco de rutura de stock de algumas peças, ao mesmo tempo que mantém o inventário mais reduzido.

7. *Liberdade de conceção:* O fabrico aditivo permite a liberdade de conceção e produção

de diferentes produtos em qualquer sequência. Assim, são possíveis produtos personalizados e as empresas do sector automóvel podem incluir os clientes no processo de desenvolvimento.

8. *Peças para carros clássicos:* Um problema com os carros clássicos é que é difícil encontrar peças sobresselentes para carros que já não são fabricados. Quanto mais antigo for o veículo, maior é o desafio. A impressão 3D permite fabricar peças sobresselentes que já não conseguimos encontrar. As peças personalizadas são mais económicas do que as que se obtêm numa oficina.

9. *Poupança de custos:* Fabricar bons automóveis a custos óptimos é vital para obter lucros. O dinheiro, que é a força vital do negócio, encontra um fluxo mais saudável com a tecnologia de impressão 3D. As poupanças diretas de custos são evidentes. Não há necessidade de moldes dispendiosos e o desperdício de material é reduzido. A capacidade de produzir a pedido com a impressão 3D para prototipagem significa menos capital imobilizado em stock. À medida que a tecnologia se torna mais acessível, até os fabricantes mais pequenos podem adotar a impressão 3D para a criação de protótipos, democratizando o mundo do design e da produção automóvel.

10. *Amálgama:* Talvez a vantagem mais significativa da impressão 3D na indústria automóvel seja a fusão de conjuntos de várias peças numa única peça.

11. *Flexibilidade de design:* A impressão 3D permite aos engenheiros automóveis dar vida aos seus designs mais complexos e inovadores sem os constrangimentos dos métodos de fabrico tradicionais.

14.6 DESAFIOS

Embora a impressão 3D ofereça um mundo de possibilidades no design automóvel, não está isenta de desafios. Encontrar o material perfeito para uma aplicação específica pode ser uma tarefa complicada, uma vez que nem todos os materiais oferecem a combinação certa de durabilidade e flexibilidade. A impressão 3D tem apenas algumas décadas, enquanto o fabrico tradicional passou por séculos de otimização. Outros desafios da impressão 3D na indústria automóvel são os seguintes [18,19] :

1.*Tamanho:* O tamanho representa um desafio. Embora seja fácil imprimir peças mais pequenas utilizando a impressão 3D, criar componentes maiores ou estruturas de veículos inteiras continua a ser uma tarefa difícil.

2. *Limitações de materiais:* Um dos maiores desafios é imprimir um modelo em diferentes materiais simultaneamente. A capacidade de utilizar multimateriais para impressão ainda não foi explorada pela tecnologia de impressão 3D. Embora a gama de materiais para impressão 3D esteja a expandir-se, alguns materiais podem ainda não cumprir os requisitos rigorosos de determinadas aplicações automóveis. Alguns materiais, incluindo ligas metálicas, são difíceis de processar pelas impressoras 3D nesta altura.

3. *Requisitos de pós-processamento:* Dependendo do método de impressão e do material utilizado, podem ser necessários passos de pós-processamento, como o acabamento e a inspeção da superfície, o que aumenta o tempo e os custos de produção. A realidade da impressão 3D é que praticamente todas as peças que saem de uma impressora 3D necessitam de alguma forma de pós-processamento para melhorar as propriedades mecânicas, a precisão e a estética de uma peça.

4. *Velocidade de produção:* Embora a impressão 3D ofereça vantagens de prototipagem rápida, a produção em massa de determinadas peças automóveis pode ainda ser mais lenta em comparação com os processos de fabrico tradicionais. A velocidade é importante, especialmente se o objetivo for a produção em grande escala.

5. *Formação:* Existe uma falta de capital humano na indústria da impressão 3D, uma vez que é necessário tempo para formar pessoas em áreas específicas. A falta de um conhecimento profundo das capacidades das tecnologias de impressão 3D pode criar muitos obstáculos.

6. *Qualidade:* A tecnologia de impressão 3D tem novas falhas que não se verificam no fabrico tradicional, o que pode levar a variações na qualidade da peça. As impurezas, causadas por um armazenamento ou manuseamento inadequados, podem alterar as propriedades da peça final, o que, por sua vez, pode levar a uma impressão falhada. Uma das principais fontes de variações na qualidade das peças é a química do material. Garantir a qualidade do material requer métodos e ferramentas de teste padronizados, que a indústria não possui em grande parte.

7. *Falta de normas:* Na indústria transformadora, as normas são essenciais, uma vez que definem os parâmetros que devem ser cumpridos para fornecer um produto de qualidade. Seria extremamente benéfico se a indústria automóvel tivesse melhores normas, normas que fossem universalmente compreendidas e aceites. Com as normas, as empresas podem comparar os dois lados e tomar decisões inteligentes que podem ser implementadas num ecossistema abrangente de fornecedores, fabricantes e utilizadores. O desenvolvimento de normas é normalmente apoiado pela colaboração e parcerias da indústria.

Estes desafios confrontam a indústria automóvel ao longo das fases de fabrico de conceção, prototipagem, produção e montagem. Apesar destes desafios, a impressão 3D pode oferecer vários benefícios na indústria automóvel.

14.7 CONCLUSÃO

A indústria automóvel está à beira de uma revolução no fabrico com o aparecimento da tecnologia de impressão 3D. A impressão 3D está a ser cada vez mais explorada em todas as áreas da produção automóvel. À medida que a compreensão do valor da impressão 3D continua a espalhar-se pela indústria automóvel, a tecnologia aditiva continuará a remodelar a forma como concebemos, construímos e mantemos os veículos em todo o mundo. O número crescente de iniciativas governamentais em tecnologias de fabrico de impressão 3D e a procura de inovações e preços mais baixos por parte dos consumidores estão a impulsionar ainda mais o mercado da impressão 3D para automóveis.

A impressão 3D na indústria automóvel está em plena expansão. Deu origem a realizações espectaculares na indústria automóvel. Atualmente, os fabricantes de automóveis estão a integrar cada vez mais a impressão 3D nas suas linhas de produção. A utilização da impressão 3D para a produção de peças finais está a ganhar cada vez mais força. Poder-se-ia dizer que o futuro já chegou, uma vez que a impressão 3D está a ser utilizada para produzir automóveis completos - tudo, desde concept cars utilitários a automóveis eléctricos desportivos. O futuro da prototipagem automóvel está repleto de inovações. Mais informações sobre a impressão 3D na indústria automóvel podem ser encontradas nos livros em [20,21].

REFERÊNCIAS

[1] "O mercado da impressão 3D automóvel atingirá mais de 8 mil milhões de dólares até 2024,"

https://www.equipment-news.com/automotive-3d-printing-market-to-reach-over-us8-billion-by-2024-2/
[2] "7 Examples of 3D printing applications in automotive industry," fevereiro de 2023, https://zortrax.com/blog/7-examples-of-3d-printing-applications-in-automotive-industry/
[3] "Serviço de impressão 3D na indústria automóvel", agosto de 2021, Fonte desconhecida
[4] M. N. O. Sadiku, U. C. Chukwu, e J. O. Sadiku, "3D printing in automotive," *Innovative Mult-disciplinary Journal of Applied Technology,* vol. 2, no. 5, 2024, pp. 214226.
[5] F. R. Ishengoma e T. A. B. Mtaho, "Impressão 3D: Perspectivas dos países em desenvolvimento, engenharia informática e aplicações", *International Journal of Computer Applications*, vol. 104, n.º 11, outubro de 2014, pp. 30-34.
[6] M. N. O. Sadiku, S. M. Musa e O. S. Musa, "3D printing in the chemical industry", *Invention Journal of Research Technology in Engineering and Management,* vol. 2, n.º 2, fevereiro de 2018, pp. 24-26.
[7] M. Oleksy, K. Dynarowicz, e D. Aebisher, "Rapid prototyping technologies: 3D printing applied in medicine," *Pharmaceutics,* vol. 15, no. 8, 2023.
[8] D. Pitukcharoen, "Manual de impressão 3D para principiantes". https://www.metmuseum.org/-/media/files/blogs/digital-media/3dprintingbookletforbeginners.pdf
[9] M. Elgendy, "The impact of 3D printing on prototyping in the automotive industry", outubro de 2023, https://www.azom.com/article.aspx?ArticleID=23053
[10] "Impressão 3D de peças para automóveis: Um guia completo para a impressão 3D na indústria automóvel", agosto de 2022, https://autoprotoway.com/3d-printing-car-parts-in-the-automotive-industry/
[11] "Impressão 3D na indústria automóvel," https://3dgence.com/america/3dnews/3d-printing-in-automotive-industry/
[12] "O maior parceiro de platina da Stratasys na Ásia," https://deed3dprinting.com/
[13] "Road to the 3D printed car: 9 Ways 3D printing is changing the automotive industry" novembro de 2022, https://formlabs.com/blog/3d-printed-car-how-3d-printing-is-changing-the-automotive-
indústria/
[14] T. Horton, "Impressão 3D na indústria automóvel," https://additive-x.com/blog/3d-printing-in-the-automotive-industry/
[15] "10 exemplos empolgantes de impressão 3D na indústria automóvel em 2021", maio de 2019, https://amfg.ai/2019/05/28/7-exciting-examples-of-3d-printing-in-the-automotive-
indústria/
[16] "6 Ways 3D printers changed automotive manufacturing," https://www.stratasys.com/en/resources/blog/how-3d-printers-changed-automotive-manufacturing/
[17] A. Michalik, "The role of 3D printing in automotive manufacturing", setembro 2024,
https://www.cbtnews.com/the-role-of-3d-printing-in-automotive-fabrico/#:~:text=o%20produto%20final.-
,Parts%20Manufacturing,vehicle%20performance%20and%20fuel%20efficiency.
[18] Mitras 3D, "Automotive applications of 3D printing", julho de 2023 https://www.mitras3d.com/html/blogs/automotive.html

[19] "10 dos maiores desafios na expansão do fabrico aditivo para produção em 2020 [resumo de especialistas]", outubro de 2019, https://amfg.ai/2019/10/08/10-of-the-biggest-challenges-in-scaling-additive-fabrico-para-produção-expert-roundup/
[20] K. Robles, *Impressão 3D de projectos reais para a indústria automóvel.* Revista Reflexiva.
GRIN Verlag, 2017.
[21] M. Kahl, *Relatório Especial: Impressão 3D e a indústria automóvel.* Automotive World Limited, 2016.

CAPÍTULO 15 : IMPRESSÃO 3D NO SECTOR AEROESPACIAL

"A aviação é a prova de que, se tivermos vontade, temos a capacidade de alcançar o impossível"

- Eddie Rickenbacker

15.1 INTRODUÇÃO

Uma impressora 3D tem mais capacidade de fabrico do que uma máquina de fabrico tradicional. É considerada uma tecnologia disruptiva que irá mudar o fabrico. É utilizada há décadas nas indústrias automóvel e aeroespacial. A impressora 3D é também utilizada por amadores, pequenas empresas, criativos, fabricantes, arquitectos e, sobretudo, empreiteiros para criar instantaneamente uma variedade de produtos.

A indústria aeronáutica é uma das indústrias mais regulamentadas em todo o mundo. Está em constante evolução, com novas tecnologias a serem introduzidas para melhorar a segurança, a eficiência e o desempenho. A procura de novos aviões comerciais está a disparar. Uma dessas tecnologias que revolucionou o fabrico e a manutenção de aeronaves é a impressão 3D. Embora a criação de peças para aeronaves seja dispendiosa e demorada através da metalurgia tradicional, o fabrico aditivo simplifica o processo. É o oposto dos processos de fabrico subtractivos, como a maquinagem CNC (controlo numérico computorizado), em que o material é removido de uma peça de trabalho para criar peças.

As técnicas de fabrico tradicionais impõem frequentemente limitações às possibilidades de conceção devido aos condicionalismos das ferramentas e dos processos de moldagem. A Figura 15.1 mostra uma fábrica tradicional típica de fabrico de aeronaves [1].

Figura 15.1 Uma fábrica de aviões típica [1].

A impressão 3D, tecnicamente conhecida como fabrico aditivo, é um processo de fabrico que cria peças camada a camada até que toda a peça tridimensional esteja completa. A tecnologia tem vindo a transformar todas as indústrias, produzindo objectos tridimensionais com base nos comandos dados por programas de software. É muito valorizada na indústria aeroespacial, que sempre esteve na vanguarda da inovação tecnológica, impulsionando os avanços nos transportes, nas comunicações e na exploração. Atualmente, os fabricantes do sector aeroespacial utilizam a tecnologia de impressão 3D para conceber, construir e manter aviões comerciais e militares. A introdução da impressão 3D no sector aeroespacial foi um desenvolvimento inovador para as indústrias aeroespacial e de defesa (A&D) [2].

Este capítulo examina a utilização da tecnologia de impressão 3D na indústria aeroespacial. Começa por explicar o que é a impressão 3D. Apresenta a impressão 3D na indústria aeronáutica e aeroespacial. Apresenta várias aplicações da impressão 3D no sector aeroespacial. Destaca as vantagens e os desafios da utilização da impressão 3D na indústria aeroespacial. Conclui com alguns comentários.

15.2 O QUE É A IMPRESSÃO 3D?

A impressão 3D (também conhecida como fabrico aditivo (AM) ou prototipagem rápida (RP)) foi inventada no início dos anos 80 por Charles Hull, considerado o pai da impressão 3D. Desde então, tem sido utilizada nos sectores da indústria transformadora, automóvel, eletrónica, aviação, aeroespacial, aeronáutica, engenharia, arquitetura, farmacêutica, produtos de consumo, educação, entretenimento, medicina, missões espaciais, militar, indústria química, indústria marítima, indústria gráfica e indústria de joalharia [3]

Uma impressora 3D funciona através da "impressão" de objectos. Em vez de utilizar tinta, utiliza materiais mais substanciais - plástico, metal, borracha e semelhantes. Digitaliza um objeto - ou pega numa digitalização existente de um objeto - e corta-o em camadas, que podem depois ser convertidas num objeto físico. Camada a camada, a impressora 3D pode replicar imagens criadas em programas CAD. Por outras palavras, a impressão 3D dá instruções a um computador para aplicar camada após camada de um material específico (como plástico ou metal) até o produto final estar construído. Isto é diferente dos métodos de fabrico convencionais, que muitas vezes se baseiam na remoção (por corte, perfuração, picagem, trituração, forjamento, etc.) em vez da adição. Os modelos podem ser multicoloridos para realçar caraterísticas importantes, como tumores, cavidades e trajectos vasculares. A tecnologia 3DP pode construir um objeto 3D com quase todas as formas imagináveis definidas num ficheiro de desenho assistido por computador (CAD). Trata-se de tecnologia aditiva, diferente das técnicas de fabrico tradicionais, que são processos subtractivos em que o material é removido por corte ou perfuração [4].

Nos últimos anos, a impressão 3D começou a entrar na moda, com alguns modelos a tornarem-se suficientemente acessíveis para serem utilizados em casa. Muitas indústrias e profissões em todo o mundo utilizam atualmente a impressão 3D. Esta desempenha um papel fundamental para tornar as empresas mais competitivas. O fosso entre a indústria e os estudantes pode ser colmatado através da inclusão no currículo das mesmas ferramentas de ponta, como a impressão 3D, que os profissionais utilizam todos os dias. Existem casas, próteses, dispositivos cirúrgicos, drones, aparelhos auditivos e componentes de motores eléctricos impressos em 3D. Como mostra a Figura 15.2, a impressão 3D envolve três etapas [5].

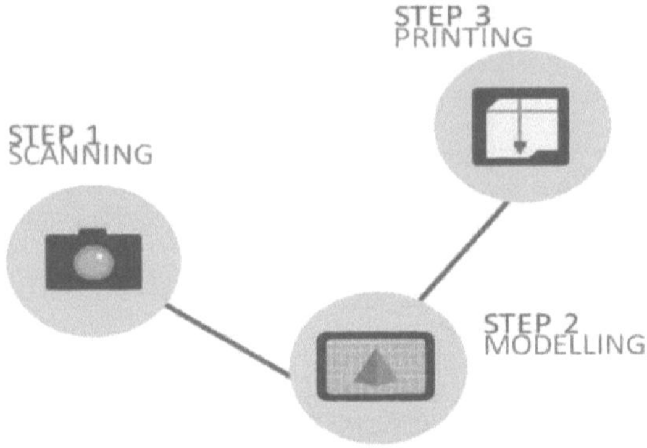

Figura 15.2 A impressão 3D envolve três etapas [5].

Uma impressora 3D típica é apresentada na Figura 15.3 [6].

Figura 15.3 Uma impressora 3D típica [6].

15.3 IMPRESSÃO 3D NO SECTOR AEROESPACIAL

A origem da impressão 3D na indústria aeroespacial remonta ao final da década de 1980. A indústria foi precursora da impressão 3D e contribuiu significativamente para o seu desenvolvimento. Foi uma das primeiras indústrias a implementar a impressão 3D em 1989. Desde 1989, as empresas desta indústria têm vindo a utilizar a tecnologia de impressão 3D, que permite desenhos complexos que são impossíveis de produzir utilizando tecnologias tradicionais como a moldagem por injeção. Os engenheiros aeroespaciais foram fundamentais para o desenvolvimento do processo de impressão 3D. Muitas empresas do sector aeroespacial utilizam a impressão 3D em várias capacidades. Alguns dos principais intervenientes na indústria aeroespacial que utilizam a impressão 3D incluem [7]:

1. Airbus
2. Boeing
3. Bombardeiro
4. Embraer
5. Lockheed Martin
6. GE Aviação
7. Pratt & Whitney
8. Rolls-Royce
9. SpaceX
10. NASA

Estas empresas aeroespaciais têm vindo a utilizar a tecnologia de impressão 3D para criar peças para os seus aviões. A impressão 3D é atualmente utilizada para fabricar quase todas as peças de aeronaves, como motores, bocais, acessórios de cabina, condutas de ar, suspensão do motor, painéis de instrumentos, suportes, etc. A indústria aeroespacial é um ambiente altamente exigente. Requer elementos impecáveis que sejam capazes de suportar o desgaste contínuo e condições de alta pressão e alta temperatura. A mais recente geração de aviões comerciais está atualmente a voar com mais de 1000 peças sobresselentes impressas em 3D. Os projectos na indústria aeroespacial começam frequentemente como modelos conceptuais que mostram um componente de uma aeronave. Alguns fabricantes imprimem peças de substituição em 3D, enquanto outros utilizam tecnologias de impressão 3D para conceber e avaliar peças complexas de aeronaves. Existem vários tipos diferentes de impressão 3D que podem ser utilizados na indústria aeroespacial. Os métodos mais comuns são os seguintes [7]:

1. *Modelação por deposição fundida* (FDM): Este é um tipo de impressão 3D que utiliza um filamento termoplástico extrudido para criar peças camada a camada. O FDM funciona através da extrusão de materiais termoplásticos aquecidos, camada a camada, para criar o objeto pretendido. As máquinas FDM têm várias vantagens, incluindo o baixo custo, a pequena dimensão e uma grande variedade de materiais disponíveis para impressão. A impressão FDM no sector aeroespacial destina-se mais a fins de prototipagem e verificação do design do que a peças funcionais de aeronaves.

2. *Estereolitografia* (SLA): Este é um processo de impressão 3D que utiliza resina de polímero fotossensível colocada com precisão e curada por luz UV para criar peças camada a camada. As principais desvantagens das máquinas SLA incluem os elevados custos iniciais e de manutenção e o facto de as resinas não serem amigas do ambiente.

3. *Sinterização selectiva a laser* (SLS): Este é um processo de impressão 3D que sinteriza e funde com precisão pós termoplásticos para formar peças camada a camada. Quando uma camada está completa, é depositado mais pó, o tabuleiro de construção desce e o processo repete-se. A SLS é óptima para produzir peças com geometrias complexas a altas resoluções.

4. *Fusão por feixe de electrões* (EBM): Este é um processo de impressão 3D que utiliza pó metálico condutor de eletricidade e feixes de electrões para fabricar peças camada a camada. O processo de impressão tem de ocorrer no vácuo para evitar que as moléculas de gás interfiram com a energia emitida pelo feixe de electrões.

5. *Deposição direta de energia* (DED): Trata-se de um processo de impressão 3D que utiliza uma fonte de energia, como um feixe de electrões, um laser ou um arco de plasma,

para fundir o pó ou o filamento à medida que este é depositado a partir de um bocal. As principais vantagens de uma impressora DED são o facto de permitir o controlo da estrutura do grão das peças impressas e de permitir a produção de peças grandes com poucas ferramentas.

Nas aplicações da indústria aeroespacial são utilizados vários materiais diferentes. Os materiais mais comuns utilizados são enumerados e descritos de seguida [8]:

1. *Cerâmica*: As cerâmicas são materiais inorgânicos. São óptimos para aplicações aeroespaciais devido à sua resistência à corrosão, leveza e resistência ao desgaste. No entanto, as cerâmicas são excecionalmente duras e quebradiças, o que dificulta o seu fabrico em peças.

2. *Fibras de carbono:* São fios longos, excecionalmente finos, mas fortes, de átomos de carbono. Os compósitos de fibra de carbono são ideais para aplicações aeroespaciais, uma vez que são tão fortes como o aço, mas mais leves do que o alumínio. No entanto, a fibra de carbono é cara e difícil de produzir, o que limita as potenciais aplicações que pode ter na indústria aeroespacial.

3. *Vidro:* Trata-se de um material transparente, quebradiço e amorfo que tem sido utilizado desde a antiguidade. O vidro impresso em 3D não é utilizado para janelas de aviões. Em vez disso, os filamentos e pós preenchidos com vidro são frequentemente utilizados para reforçar plásticos e para fazer compósitos de vidro que são úteis para reduzir o peso das aeronaves.

4. *Metais:* Estes são excelentes condutores de calor e eletricidade em comparação com outros materiais. Metais como o alumínio e o titânio são amplamente utilizados em aviões devido à sua resistência à corrosão e à elevada relação resistência/peso. Uma das principais desvantagens dos metais é o facto de serem pesados.

5. *Polímeros:* São materiais compostos por cadeias de moléculas que se repetem. Exemplos comuns de polímeros no sector aeroespacial incluem termoplásticos sintéticos como o nylon e o ABS (acrilonitrilo butadieno estireno). Os polímeros são óptimos para aplicações aeroespaciais, uma vez que são leves e duradouros.

6. *Compósitos:* Os materiais compósitos são compostos por dois ou mais materiais constituintes cujas propriedades se complementam. Os materiais compósitos têm vantagens estruturais, tais como elevada resistência e baixo peso. Por exemplo, as superligas de titânio são altamente benéficas para a indústria aeroespacial. A utilização de titânio em vez de materiais convencionais provou reduzir significativamente o peso de componentes cruciais de aeronaves. Uma desvantagem dos materiais compósitos impressos em 3D é o facto de não serem biocompatíveis e poderem ser caros.

15.4 APLICAÇÕES DA IMPRESSÃO 3D NO SECTOR AEROESPACIAL

A indústria aeroespacial tem estado sempre na vanguarda da inovação. A impressão 3D é útil para numerosas aplicações na indústria aeroespacial, uma vez que esta indústria se baseia em peças altamente personalizadas e dispendiosas que não beneficiam de economias de escala. A Figura 15.4 mostra diferentes formas de utilização da impressão 3D na indústria aeroespacial [9].

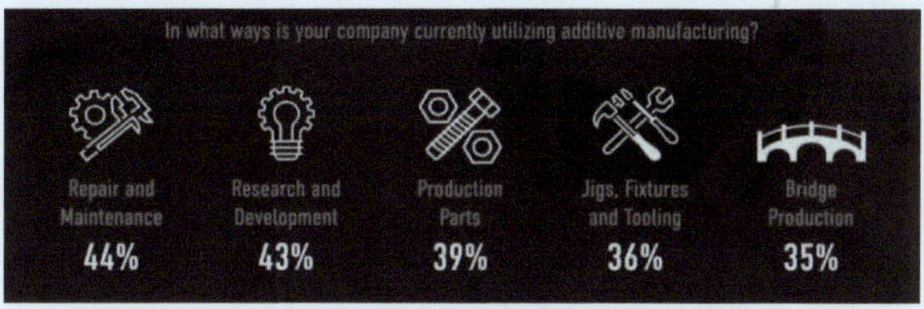

Figura 15.4 Diferentes formas de utilização da impressão 3D na indústria aeroespacial [9].

O mercado mundial da impressão 3D no sector aeroespacial é apresentado na Figura 15.5 [10].

Figura 15.5 O mercado mundial da impressão 3D no sector aeroespacial [10].

As aplicações comuns da tecnologia 3D no sector aeroespacial incluem as seguintes [11,12]:

Componentes de motores: A tecnologia de impressão 3D oferece uma liberdade única no fabrico e produção de vários componentes. A Masten Space Systems começou a imprimir motores de foguetões em 3D em 2014. Inicialmente, desenvolveram pequenos propulsores de teste e, em 2016, aumentaram a escala para um motor de impulso de espada larga que pesa 25.000 libras.

A Elliptika desfruta agora de uma criação mais rápida de novos designs de antenas e poupa dinheiro devido à impressão 3D de peças de utilização final. A Boeing (a maior empresa aeroespacial do mundo) lançou a primeira antena de satélite metálica impressa em 3D do mundo em 2019. Há vários anos que a Airbus utiliza a tecnologia de impressão 3D para fabricar e reparar várias peças das suas aeronaves. Está a explorar a utilização do fabrico aditivo para diferentes fins, especialmente a substituição do fabrico convencional por um aditivo para reduzir os custos. As primeiras peças de aeronaves impressas em 3D foram utilizadas numa aeronave de teste da Airbus. A figura 15.6 mostra um motor a jato impresso em 3D [13].

Figura 15.6 Um motor a jato impresso em 3D [13].

As peças produzidas através do fabrico aditivo podem ser mais fortes e mais leves do que as produzidas através do fabrico tradicional. As seguintes peças aeroespaciais podem ser todas fabricadas por impressão 3D [8]:

1. Bicos de combustível
2. Ossos dos desejos
3. Caixas
4. Aerofólios
5. Fechos de portas
6. Luminárias
7. Encosto do banco
8. Painéis
9. Peças de acabamento

2. *Prototipagem:* A prototipagem refere-se aos processos relacionados com a conceção e o teste de novos conceitos de design e o desenvolvimento das respectivas ferramentas. A indústria aeroespacial adoptou a impressão 3D no final dos anos 80 para a criação de protótipos e, desde então, nunca mais olhou para trás. A impressão 3D é uma ferramenta prática para criar protótipos ou custos de produção a um preço mais baixo e a uma velocidade mais rápida. A impressão 3D adequa-se claramente a muitas aplicações de prototipagem e de utilização final no sector aeroespacial e da aviação. A A&M Tool and Design desenvolve máquinas e peças personalizadas para a ótica, a robótica e a indústria aeroespacial. A loja começou a utilizar impressões 3D para a criação de protótipos para testar a função e o ajuste. A impressão 3D permite à equipa produzir peças muito mais rapidamente, utilizar o dia inteiro, configurar as impressões para funcionarem durante a

noite e utilizar as funcionalidades no dia seguinte. A Figura 15.7 mostra o protótipo impresso em 3D de um avião [14].

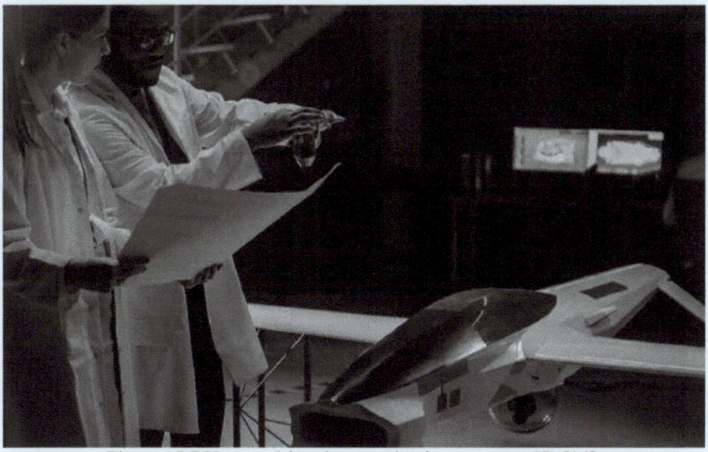

Figura 15.7 Um protótipo de um avião impresso em 3D [14].

3 .*Componentes estruturais:* Estes são componentes interiores e exteriores que ajudam a formar e a suportar o corpo rígido de uma aeronave. Os componentes estruturais, como suportes e braços, podem ser fabricados por processos de impressão 3D, como EBM e DED, utilizando titânio e ligas de titânio, cobre e ligas de níquel.

4. *Componentes interiores:* Os componentes interiores das aeronaves incluem tudo, desde o equipamento de aviónica até aos acessórios da cabina, como fechos de portas e luminárias. O SLA e o SLS são dois métodos populares de impressão 3D normalmente utilizados para fabricar componentes interiores para aeronaves. A Figura 15.8 mostra o interior de uma aeronave impresso em 3D [15].

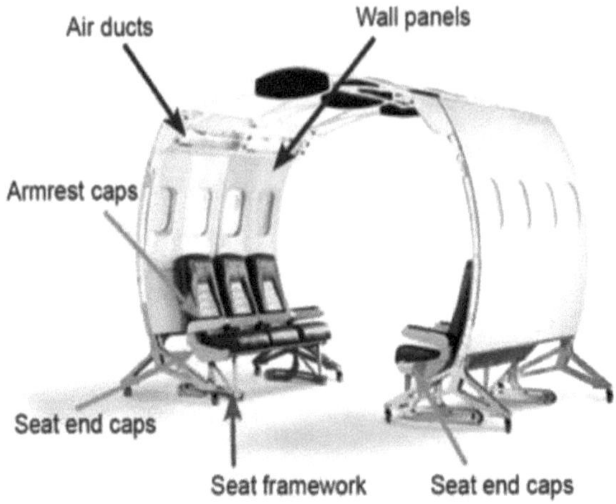

Figura 15.8 Interior de avião impresso em 3D [15].

5. *Reparações e manutenção:* Uma das aplicações mais vantajosas da impressão 3D no sector aeroespacial é a capacidade de produzir peças sobresselentes a pedido e realizar reparações rápidas. A impressão 3D oferece aos engenheiros do sector aeroespacial uma solução inestimável para operações de reparação e manutenção. Os engenheiros podem produzir rapidamente peças de substituição no local, minimizando o tempo de inatividade e reduzindo os custos associados a aeronaves imobilizadas. Dado que uma aeronave dura normalmente 20 a 30 anos, tem de ser sujeita a manutenção, reparação e revisão (MRO) para se manter segura e eficiente.

6. *Impressão 3D no espaço:* Todas as vantagens que a impressão 3D aeroespacial traz às aeronaves comerciais aplicam-se igualmente a aeronaves mais pequenas, como satélites, foguetões espaciais, veículos aéreos não tripulados (UAVs) e drones. O potencial da impressão 3D na indústria aeroespacial estende-se muito para além da atmosfera da Terra. Desde 1960, a humanidade já pilotou dezenas de missões a Marte. O fabrico para aplicações espaciais requer um elevado grau de precisão. As técnicas de impressão 3D como a DMLS (Diret Metal Laser Sintering) e a EBM (Electron Beam Melting) são excelentes na produção de peças com tolerâncias reduzidas. Os investigadores da NASA estão agora a estudar o desempenho de peças SLA galvanizadas no espaço. A impressão 3D de componentes aeroespaciais tem sido efectuada desde a década de 1990. Conseguiram reduzir os custos, aumentar a eficiência e acelerar o processo de fabrico. Uma vez que muitas das peças necessárias para as missões espaciais são feitas de alumínio, titânio ou aço, a NASA está a colaborar com vários pequenos empresários para produzir tecnologias de impressão em metal para a Estação Espacial Internacional. A Figura 15.9 mostra uma conduta de controlo impressa em 3D utilizada num veículo de lançamento espacial [14].

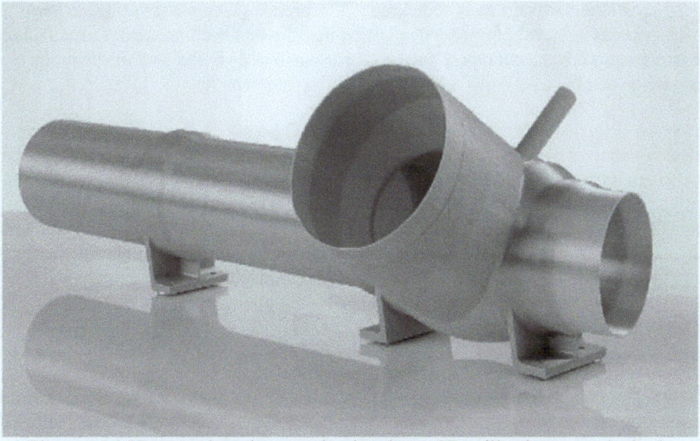

Figura 15.9 Uma conduta de controlo pintada em 3D utilizada num veículo de lançamento espacial [14].

7. *Indústria aeroespacial e de defesa:* Esta indústria é uma das primeiras a adotar a impressão 3D. Constitui uma proporção significativa do mercado do fabrico de aditivos. Contribui fortemente para os esforços de investigação em curso na indústria. Para indústrias como a aeroespacial e a defesa, onde são produzidas peças altamente complexas em volumes reduzidos, a impressão 3D é ideal. Utilizando esta tecnologia, é possível criar geometrias complexas sem ter de investir em equipamento de ferramentas dispendioso. Isto oferece à indústria aeroespacial e de defesa uma forma económica de produzir pequenos lotes de peças de forma rentável. No que diz respeito à defesa, a impressão 3D tem o potencial de mudar a forma como as peças finais do equipamento militar são produzidas.

15.5 BENEFÍCIOS

A impressão 3D é atualmente utilizada para fabricar quase todas as peças de aeronaves, como motores, bocais, acessórios de cabina, condutas de ar, suspensão do motor, painéis de instrumentos, suportes, etc. As vantagens da utilização de componentes impressos em 3D no sector aeroespacial são inúmeras. A tecnologia de impressão 3D tem as vantagens de maximizar a produção, encurtar o tempo de colocação no mercado, reduzir os custos e muito mais. A impressão 3D ajuda a manter a indústria aeroespacial no ar. A melhoria do design dos aviões é uma das principais vantagens da impressão 3D para o sector aeroespacial. Outros benefícios da impressão 3D no sector aeroespacial são os seguintes [8,9]:

Peso reduzido: Uma das vantagens mais notáveis do fabrico de peças através da impressão 3D é a redução do peso. Numa indústria em que a redução de peso (lightweighting) pode levar a enormes poupanças de custos, a impressão 3D permitiu aos fabricantes aeroespaciais criar aviões mais leves e mais eficientes em termos de combustível de uma forma mais económica. A impressão 3D pode ser utilizada para substituir peças de metal por peças de plástico mais leves. Os componentes produzidos por impressão 3D reduzem o peso total da aeronave, o que consequentemente reduz o consumo de combustível e melhora o desempenho da aeronave.

2. *Personalização:* A flexibilidade da impressão 3D permite a personalização a um nível que não é possível com os métodos de fabrico tradicionais. As tecnologias de impressão 3D têm um impacto significativo na indústria aeroespacial quando uma melhoria substancial no desempenho da aeronave pode justificar o custo de componentes únicos altamente complexos. A tecnologia é particularmente útil na indústria aeroespacial, onde cada aeronave é única e são frequentemente necessárias modificações para satisfazer os requisitos específicos do cliente. As peças podem ser adaptadas a uma aeronave específica (suportes personalizados e leves) ou a um tipo de aeronave (de carga, de passageiros ou mesmo um helicóptero).

3. *Prototipagem:* Tal como noutras indústrias, a indústria aeroespacial utiliza a prototipagem rápida para produzir peças prontas a utilizar a partir de conceitos de design iniciais. A prototipagem é uma prática comum na indústria aeroespacial. Os engenheiros podem utilizar a impressora 3D e o material de impressão 3D adequados para criar protótipos rapidamente com diferentes formas, ajustes e funcionalidades. Os materiais de engenharia para impressão 3D também permitem o teste e a validação completos do desempenho do protótipo.

4. *Liberdade de conceção:* A indústria aeroespacial beneficia da liberdade que o fabrico aditivo oferece na conceção de estruturas complexas. Várias empresas experimentaram a liberdade de conceção devido ao fabrico aditivo. A melhoria do design das aeronaves é uma das principais vantagens da impressão 3D para o sector aeroespacial. Embora a simplificação seja uma vantagem fundamental, a impressão 3D também oferece a oportunidade de fabricar designs complexos que não podem ser feitos utilizando métodos tradicionais como a moldagem por injeção.

5. *Cadeia de fornecimento melhorada:* O desenvolvimento e a construção de um avião é uma operação vasta. A impressão 3D melhora a eficiência do fabrico e reduz os prazos de entrega da cadeia de abastecimento, produzindo uma vasta gama de componentes a partir de uma vasta gama de matérias-primas

6. *Relação custo-eficácia:* As peças impressas em 3D podem ser fabricadas em muito menos etapas do que as peças produzidas por processos de fabrico tradicionais. Este facto ajuda a reduzir os custos globais de produção e o desperdício. As companhias aéreas estão a analisar a forma como podem utilizar a impressão 3D para reduzir o custo das peças de substituição.

7. *Eficiência do material:* Ao utilizar apenas a quantidade de material necessária para preencher o volume final da peça, os designs impressos em 3D reduzem o desperdício. Em comparação com as técnicas de fabrico subtractivas convencionais, a impressão 3D minimiza o desperdício ao adicionar material apenas onde é necessário.

8. *Produção mais rápida:* As empresas de fabrico que utilizam a impressão 3D afirmam que a tecnologia é pelo menos duas vezes mais rápida do que os métodos de fabrico tradicionais. Com o fabrico a pedido, a fácil personalização e a consolidação de peças

possibilitada pelo fabrico aditivo, os fabricantes aeroespaciais podem reduzir significativamente o seu tempo de colocação no mercado. Para além de produzir peças funcionais a pedido, as tecnologias de impressão 3D ajudam os engenheiros a reparar peças funcionais num curto espaço de tempo.

9 .*Produção no local:* Uma enorme vantagem da impressão 3D é a produção no local. O transporte de peças e materiais implica custos de tempo e dinheiro. Com o fabrico aditivo, os componentes personalizados podem ser impressos no local.

10. *Sustentabilidade:* A indústria aeroespacial, como todas as indústrias, está sob pressão para se tornar mais sustentável. A sustentabilidade e as considerações ambientais estão a tornar-se componentes integrais do ethos da indústria aeroespacial. O influxo da aviação tem um custo; o dobro do número de aviões a circundar a Terra significa emissões de carbono mais pesadas, maior consumo de combustível e maior ruído a pairar no ar. A impressão 3D pode atenuar o impacto das aeronaves no ambiente.

15.6 DESAFIOS

A utilização do fabrico aditivo pode estar a dar os primeiros passos em algumas formas, mas estamos a assistir à adoção de peças que têm um risco mais elevado associado. A integração da impressão 3D nos fluxos de trabalho tradicionais de fabrico aeroespacial representa um desafio em termos de compatibilidade, normalização e coordenação. Outros desafios da impressão 3D no sector aeroespacial incluem os seguintes [8,16]:

1. *Materiais limitados disponíveis:* Embora muitos plásticos e metais amplamente utilizados sejam compatíveis com a impressão 3D, milhares de ligas e compostos ainda são incompatíveis. Este facto limita as potenciais aplicações para as quais a impressão 3D pode ser utilizada na indústria aeroespacial.

2. *Estrutura fraca da peça:* Uma vez que as peças impressas em 3D foram fundidas camada a camada, as peças podem ser surpreendentemente fracas sob certas tensões. Alguns métodos de impressão 3D, como o FDM e o SLS, produzem peças com propriedades anisotrópicas. Isto pode ser indesejável para certas peças de suporte de carga e limita o potencial de várias aplicações de impressão 3D para a indústria aeroespacial.

3. *Custo elevado:* As impressoras 3D eram um investimento dispendioso, eram lentas e demasiado pequenas para terem aplicações industriais em grande escala. Atualmente, os custos relacionados com a instalação e o funcionamento foram significativamente reduzidos. O fabrico aditivo é a tecnologia perfeita para pequenas tarefas de manutenção. Embora as impressoras de grandes dimensões possam produzir objectos maiores, as máquinas ocupam mais espaço e são significativamente mais caras do que as impressoras de bancada.

4. *Regulamentação:* Garantir a segurança e a conformidade regulamentar continua a ser um desafio crítico. Os componentes aeroespaciais têm de cumprir normas e certificações rigorosas para garantir o seu desempenho, fiabilidade e segurança.

5. *Economias de escala:* A impressão 3D aeroespacial pode produzir um único artigo ou um pequeno lote de artigos de forma mais rápida e eficiente do que os métodos de fabrico tradicionais. O fabrico aditivo é excelente no sector aeroespacial, mas é pouco adequado

para grandes lotes de peças idênticas. Isto porque, com a impressão 3D, o custo está diretamente relacionado com a quantidade. Nas indústrias que dependem de economias de escala, a impressão 3D não é muitas vezes viável.

6. *As peças não são lisas:* A maioria das peças impressas em 3D terminam com linhas de camadas rugosas e inconsistências na superfície. Isto torna a impressão 3D inviável para certas indústrias.

7. *Tamanho da peça:* As impressoras 3D têm restrições de tamanho inerentes que as tornam incapazes de produzir componentes de grandes dimensões. Não estão à altura da escala de produtos exigida pela indústria aeroespacial,

15.7 CONCLUSÃO

O sector aeroespacial tem vindo a tirar partido da impressão 3D há muitos anos. A tecnologia já não é uma novidade para a indústria aeroespacial e para os fabricantes que criam objectos sólidos a partir de ficheiros digitais há mais de uma década. Os avanços na tecnologia de impressão 3D e nos materiais de qualidade aeroespacial reformularam a forma como os fabricantes do sector aeroespacial abordam o design e a produção. A impressão 3D está a transformar o fabrico aeroespacial, revolucionando a forma como os aviões aterram e descolam e como os motores podem funcionar eficientemente.

A impressão 3D está a mudar gradualmente a forma como os veículos são desenvolvidos atualmente. À medida que a compreensão da impressão 3D continua a espalhar-se pela indústria aeroespacial, a tecnologia continuará a remodelar a forma como construímos e mantemos aeronaves e naves espaciais. É de esperar que mais empresas comecem a desenvolver operações de impressão 3D no local e a investir na tecnologia. As aplicações actuais e futuras são muito vastas. Ao abraçar todo o potencial da impressão 3D, o sector aeroespacial está pronto para atingir novos patamares. Sem a impressão 3D, as aeronaves do futuro nunca poderão descolar. Para mais informações sobre a tecnologia de impressão 3D no sector aeroespacial, consultar os livros [17-21].

REFERÊNCIAS

[1] S. Moore, "Impressão 3D de titânio em aplicações de fabrico aeroespacial", maio de 2020,
https://www.azom.com/article.aspx?ArticleID=19272

[2] M. N. O. Sadiku, U. C. Chukwu, e J. O. Sadiku, "3D printing in aerospace," *Innovative Mult-disciplinary Journal of Applied Technology,* vol. 2, no. 5, 2024, pp. 201213.

[3] F. R. Ishengoma e T. A. B. Mtaho, "Impressão 3D: Perspectivas dos países em desenvolvimento, engenharia informática e aplicações", *International Journal of Computer Applications*, vol. 104, n.º 11, outubro de 2014, pp. 30-34.

[4] M. N. O. Sadiku, S. M. Musa e O. S. Musa, "3D printing in the chemical industry", *Invention Journal of Research Technology in Engineering and Management,* vol. 2, n.º 2, fevereiro de 2018, pp. 24-26.

[5] D. Pitukcharoen, "3D printing booklet for beginners," https://www.metmuseum.org/-/media/files/blogs/digital- media/3dprintingbookletforbeginners.pdf

[6] D. Mikkelsen, "3D printing revolutionising aerospace and defence logistics, predicts GlobalData," abril de 2024, https://www.defsecme.com/defence/tech/3d-printing-revolutionising-aerospace-and- defence-logistics-predicts-globaldata#:~:text=The%20burgeoning%203D%20printing%20market,exceed%20%2470%20billion%20by%202030.

[7] "8 Uses of 3D printing in the aircraft industry," maio de 2023,

https://www.xometry.com/resources/3d-printing/uses-of-3d-printing-in-the-aircraft-industry/
[8] "Impressão 3D no sector aeroespacial: Materials, processes, and classifications," maio de 2023, https://www.xometry.com/resources/3d-printing/3d-printing-in-aerospace/
[9] C. Huskamp, "Printing is the future of aerospace & defense manufacturing", https://www.jabil.com/blog/3d-printing-in-aerospace-and-defense-manufacturing.html
[10] "Análise do tamanho e da quota de mercado da impressão 3D aeroespacial - Tendências de crescimento e previsões (2024 - 2029)," https://www.mordorintelligence.com/industry-reports/3d-printing-in-aerospace-and-defesa-mercado
[11] "Melhorar a indústria aeroespacial: Exploring 3D printing applications for companies," https://www.cadcrowd.com/blog/enhancing-the-aerospace-industry-exploring-3d- printing-applications-for-companies/
[12] "As melhores aplicações da impressão 3D na indústria aeroespacial," https://additive-x.com/blog/applications-of-3d-printing-aerospace-industry/
[13] "Impressão 3D para a indústria aeroespacial e a aviação," https://www.hubs.com/knowledge-base/aerospace-3d-printing-applications
[14] "Qual o contributo da impressão 3D para a indústria aeroespacial?" 2022 https://filament2print.com/gb/blog/152_what-does-3d-printing-contribute-to-the-aeros.html
[15] "As 3 principais formas como a impressão 3D está a transformar os interiores dos aviões," https://www.designworldonline.com/top-3-ways-3d-printing-is-transforming-aircraft-interiors/#:~:text=Paneling%2C%20seat%20trays%2C%20framework%2C, the%20production%20of%20aerospace%20parts.
[16] "Impressão 3D de peças aeroespaciais: Porque é que não é uma ameaça para a maquinagem CNC," https://readingplastic.com/3d-printing-aerospace-machining/
[17] P. A. Maxwell, *Tecnologia de impressão 3D: Da medicina ao aeroespacial (Technology 101 Book 26).* Publicado de forma independente, 2023.
[18] D. Bhate (ed.), *Design for Additive Manufacturing: Concepts and Considerations for the Aerospace Industry (Conceitos e considerações para a indústria aeroespacial).* SAE International, 2018.
[19] F. H. Froes e R. Boyer (eds.), *Additive Manufacturingfor the Aerospace Industry (Fabrico Aditivo para a Indústria Aeroespacial).* Elsevier Science, 2019.
[20] G. Blokdyk, *Impressão 3D em requisitos padrão aeroespaciais e de defesa.* Emereo Pty Limited, 2018.
[21] I. Hussain, *Impressão 3D no sector aeroespacial: Revolucionando a fabricação e o design.* Publicado de forma independente, 2023.

CAPÍTULO 16 : IMPRESSÃO 3D NO ESPAÇO

"Todos os sectores serão afectados pelo espaço. A Internet não existiria sem a comunicação espacial." - Dylan Taylor

16.1 INTRODUÇÃO

A exploração do espaço e a habitação noutros corpos celestes são marcos importantes do progresso tecnológico. Existem obstáculos que impedem os seres humanos de se instalarem simplesmente na Lua e em Marte. Uma forma promissora de ultrapassar esses obstáculos é a utilização do fabrico aditivo (AM), também conhecido como impressão 3D. A humanidade tem vindo a utilizar a impressão 3D na indústria espacial desde a década de 2000. Em 2011, o gigante aeroespacial europeu Airbus enviou a primeira peça impressa em 3D para fora da nossa atmosfera. A empresa repetiu o feito em 2015, quando produziu a primeira peça impressa em 3D qualificada para o espaço para substituir um componente de satélite. Em 2024, a Estação Espacial Internacional (ISS), a Administração Nacional de Aeronáutica e Espaço (NASA) e a Made in Space fizeram história ao imprimir com sucesso em 3D o primeiro objeto no espaço. Estes sucessos iniciais abriram caminho para expedições espaciais de longa duração.

Com as ambições crescentes da exploração do espaço profundo, que se estende a corpos celestes como a Lua e Marte, existe uma procura sem precedentes de soluções de fabrico inovadoras. Muitos elementos cruciais para o bem-estar dos astronautas, como a alimentação, as necessidades diárias e os alojamentos lunares, têm potencial para serem fabricados através da impressão 3D. Tanto a NASA como a Agência Espacial Europeia (ESA) estão a avançar com planos para a impressão 3D na Lua e na Estação Espacial Internacional (ISS). O seu objetivo é construir habitações, infra-estruturas, ferramentas ou peças sobresselentes necessárias para fazer avançar a exploração espacial, possivelmente utilizando poeiras ou rochas espaciais como matéria-prima. Figura **16.1** mostra a maior instalação de impressão 3D do mundo a produzir foguetões [1].

Figura 16.1 A maior instalação de impressão 3D do mundo a produzir foguetões [1].

Para além da NASA, da ISS e da ESA, as empresas interessadas na impressão 3D no espaço incluem a Relativity Space, a Orbital Matter, a Rocketdyne, a Boeing, a Airbus, a Made in Space e a SpaceX.

A impressão 3D, também conhecida como fabrico aditivo, é uma técnica para fabricar um objeto tridimensional de quase todas as formas através de processos aditivos em que camadas sucessivas de material são colocadas sob controlo informático para gerar a forma precisa do modelo programado. É um processo industrial que abriu novas formas de encarar o modo como as peças são concebidas. Surgiu como uma inovação líder no fabrico espacial in-situ porque oferece capacidades de fabrico rápidas e a pedido sem precedentes no espaço. A impressão 3D no espaço é essencial porque pode fabricar localmente estruturas complexas e personalizadas, diminuindo substancialmente as despesas da missão ao lançar apenas matérias-primas e componentes essenciais. A impressão 3D é excelente no fabrico de componentes para reparações de emergência no espaço [2].

Este capítulo examina a utilização da tecnologia de impressão 3D no espaço. Começa por explicar o que é a impressão 3D. Apresenta a impressão 3D na indústria espacial. Fornece várias aplicações da impressão 3D no espaço. Destaca as vantagens e os desafios da utilização da impressão 3D na indústria espacial. Conclui com alguns comentários.

16.2 O QUE É A IMPRESSÃO 3D?

A impressão 3D (também conhecida como fabrico aditivo (AM) ou prototipagem rápida (RP)) foi inventada no início dos anos 80 por Charles Hull, considerado o pai da impressão 3D. Desde então, tem sido utilizada nos sectores da indústria transformadora, automóvel, eletrónica, aviação, aeroespacial, aeronáutica, engenharia, arquitetura, farmacêutica, produtos de consumo, educação, entretenimento, medicina, missões espaciais, militar, indústria química, indústria marítima, indústria gráfica e indústria de joalharia [3]

Uma impressora 3D funciona através da "impressão" de objectos. Em vez de utilizar tinta, utiliza materiais mais substanciais - plástico, metal, borracha e semelhantes. Digitaliza um objeto - ou pega numa digitalização existente de um objeto - e corta-o em camadas, que podem depois ser convertidas num objeto físico. Camada a camada, a impressora 3D pode replicar imagens criadas em programas CAD. Por outras palavras, a impressão 3D dá instruções a um computador para aplicar camada após camada de um material específico (como plástico ou metal) até o produto final estar construído. Isto é diferente dos métodos de fabrico convencionais, que muitas vezes se baseiam na remoção (por corte, perfuração, picagem, trituração, forjamento, etc.) em vez da adição. Os modelos podem ser multicoloridos para realçar caraterísticas importantes, como tumores, cavidades e trajectos vasculares. A tecnologia 3DP pode construir um objeto 3D com quase todas as formas imagináveis definidas num ficheiro de desenho assistido por computador (CAD). Trata-se de tecnologia aditiva, diferente das técnicas de fabrico tradicionais, que são processos subtractivos em que o material é removido por corte ou perfuração [4].

Nos últimos anos, a impressão 3D começou a entrar na moda, com alguns modelos a tornarem-se suficientemente acessíveis para serem utilizados em casa. Muitas indústrias e profissões em todo o mundo utilizam atualmente a impressão 3D. Esta desempenha um papel fundamental para tornar as empresas mais competitivas. O fosso entre a indústria e os estudantes pode ser colmatado através da inclusão no currículo das mesmas ferramentas de ponta, como a impressão 3D, que os profissionais utilizam todos os dias. Existem casas, próteses, dispositivos cirúrgicos, drones, aparelhos auditivos e componentes de motores eléctricos impressos em 3D. Como mostra a Figura 16.2, a impressão 3D envolve três etapas [5].

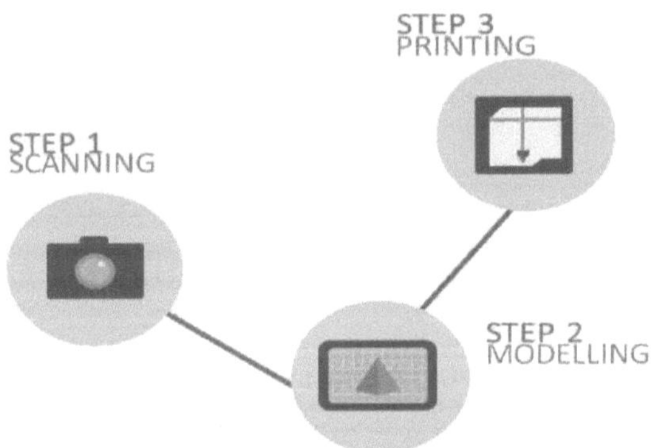

Figura 16.2 A impressão 3D envolve três etapas [5].

Uma impressora 3D típica é apresentada na Figura 16.3 [6].

Figura 16.3 Uma impressora 3D típica [6].

16.2 IMPRESSÃO 3D NO ESPAÇO

O processo de impressão 3D envolve a criação de objectos tridimensionais através da aplicação de camadas de materiais de acordo com um modelo digital. Esta tecnologia de ponta já entrou em diversos domínios, desde os cuidados de saúde à construção. Já está a perturbar muitas indústrias da moda, da engenharia e da indústria aeroespacial. É frequentemente muito mais barata do que os métodos tradicionais de fabrico industrial, especialmente em aplicações de baixo volume. Atualmente, a impressão 3D está a ser cada vez mais adoptada no sector espacial. A impressão 3D no espaço começa por sair do chão e escapar à gravidade da Terra.

Até à data, a impressão 3D tem revelado oportunidades promissoras em diversas aplicações espaciais, incluindo a produção de dispositivos e alimentos espaciais, avanços na biomedicina espacial, reparações de eletrónica e sensores e a recuperação e utilização de recursos espaciais. As impressoras 3D normais utilizam plásticos ou metais para construir objectos tridimensionais. A NASA, a agência espacial norte-americana, é pioneira na exploração da impressão 3D, fornecendo financiamento para muitas novas tecnologias. A sua adoção entusiástica da impressão 3D deve-se em grande parte ao custo. A impressão 3D proporciona os baixos volumes de produção, os elevados graus de liberdade de conceção e o baixo custo que as suas missões exigem. Em 2013, a NASA anunciou o financiamento para o desenvolvimento de uma impressora 3D capaz de criar alimentos para os astronautas. Conseguiu criar pizza impressa em 3D no espaço, como mostra a Figura 16.4 [7].

Figura 16.4 Pizza impressa em 3D no espaço [7].

A impressão 3D no espaço é uma proeza tecnológica impressionante que já produziu resultados significativos. Sistemas informáticos sofisticados podem ajudar os sistemas de controlo de missões na Terra a operar remotamente impressoras 3D a bordo de naves espaciais ou presentes em estações espaciais. Por conseguinte, sem sistemas informáticos avançados, todo o processo de impressão 3D, tanto na Terra como no espaço, não seria viável [8].

No que respeita aos materiais, a atual tecnologia de impressão 3D no espaço pode ser classificada em três categorias: polímeros, metais e substâncias carregadas de células. A impressão 3D de polímeros no espaço evoluiu significativamente, demonstrando os avanços tecnológicos e o sucesso do fabrico a pedido de componentes funcionais. A impressão 3D de metais no espaço teve origem no fabrico de ferramentas e trará novas capacidades de fabrico em órbita.

16.3 APLICAÇÕES DA IMPRESSÃO 3D NO ESPAÇO

A tecnologia de impressão 3D minimiza os resíduos e continua a avançar rapidamente em termos de tamanho, custo, complexidade e tipos de materiais imprimíveis. Tem muitas utilizações no quotidiano, desde a impressão de casas inteiras até à produção de peças para naves espaciais. Seguem-se as aplicações típicas da impressão 3D na exploração espacial.

1. *Astronautas:* Os astronautas beneficiam da impressão 3D com dispositivos a bordo de naves espaciais e estações que ajudam a sustentar longas missões no espaço entre reabastecimentos. Os actuais astronautas debatem-se com a falta de peso, em parte resolvida através de exercício e de contramedidas médicas. Esta situação poderá tornar-se ainda mais grave se passarem anos em vez de meses em órbita. Os astronautas já utilizaram impressoras 3D para substituir ou reparar peças de plástico. O fabrico a pedido permite aos astronautas produzir rapidamente ferramentas e componentes adaptados às suas necessidades específicas. A figura 16.5 mostra alguns astronautas [9].

Figura 16.5 Alguns astronautas [9].

2. *Bioimpressão no Espaço:* A exposição prolongada ao ambiente espacial, marcada pela microgravidade e pelo aumento da radiação, conduz a efeitos prejudiciais, como a perda de massa muscular e óssea, a redução da atividade cardiovascular, a alteração das funções motoras e a diminuição da cicatrização de feridas. Para compreender estes impactos e desenvolver construções de tecidos específicos para os astronautas, a bioimpressão 3D surgiu como uma ferramenta poderosa. Uma capacidade de bioimpressão 3D permitiria uma resposta mais flexível e versátil a situações de emergência.

3. *Estação Espacial Internacional* (ISS): Há mais de dezanove anos que esta é a casa dos astronautas. Os astronautas realizam investigação científica utilizando dezenas de instalações especiais a bordo da estação espacial, que também lhes proporciona um local para comer, dormir, relaxar e fazer exercício. Para que tudo isto seja possível, é necessário enviar anualmente para a estação mais de 7000 libras de peças sobresselentes. O projeto enviou a primeira impressora 3D para a estação espacial em 2014. Desenvolvida pela Made in Space, esta impressora utilizou um processo de fabrico de filamentos fundidos (FFF), alimentando um fio contínuo de plástico através de uma extrusora aquecida e para um tabuleiro, camada a camada, para criar um objeto 3D. Este processo específico de impressão 3D não é afetado de forma significativa pela microgravidade [10].

4. *Uma impressora 3D de gravidade zero:* Utilizando a tecnologia de impressão 3D, é agora possível fabricar peças sobresselentes no espaço. Os astronautas descobriram que o fabrico aditivo é uma tecnologia viável para ser utilizada mesmo em microgravidade. A NASA e a Made in Space colaboraram para produzir uma impressora 3D que pode funcionar em ambientes de gravidade zero. A figura 16.6 mostra a impressora 3D Zero G da Made in Space em colaboração com a NASA [7]

Figura 16.6 A impressora 3D Zero-G [7].

5. *Satélites:* A impressão 3D também está a ser cada vez mais utilizada no espaço para satélites. Os satélites estão a ser cada vez mais fabricados com recurso ao fabrico aditivo no espaço. Atualmente, existem projectos de várias empresas, incluindo a Boeing e a Airbus, que utilizaram o fabrico aditivo para criar peças cada vez mais complexas e leves para os seus satélites.

6. *Aeroespacial:* A tecnologia de impressão 3D está a ser cada vez mais utilizada no sector aeroespacial e, em particular, na exploração espacial para várias aplicações. Isto deve-se ao facto de permitir o fabrico de peças mais leves, mais baratas e mais eficientes, devido às geometrias únicas que são possíveis com a AM, bem como aos materiais utilizados. Uma dessas aplicações envolve a utilização do fabrico aditivo para propulsores. O fabrico aditivo está também a ser utilizado na indústria aeroespacial para a criação de foguetões impressos em 3D. A indústria aeroespacial está a enfrentar a criação de alimentos impressos em 3D.

7. *Motores de foguetões:* As empresas espaciais estão a recorrer à impressão 3D. Cada vez com mais frequência, os engenheiros estão a utilizar o processo SLS para imprimir em 3D peças de motores de foguetões com um pó de liga de cobre, que pode suportar altas temperaturas. Conceberam um motor de foguetão impresso em 3D que é 15% mais eficiente do que os produzidos tradicionalmente. A Figura 16.7 mostra um motor de foguetão impresso em 3D pela SpaceX [7].

Figura 16.7 Motor de foguetão impresso em 3D pela SpaceX [7].

8. *Fabrico no espaço:* Para missões espaciais longas, pode ser conveniente ter uma forma de fabricar peças de naves espaciais no caso de ocorrerem danos inesperados. Atualmente, a maior utilização da impressão 3D na indústria espacial é o fabrico de peças de naves espaciais a partir da Terra. Por exemplo, a SpaceX utiliza a impressão 3D para produzir peças para as suas naves espaciais Falcon 9, Dragon e Starship. Algumas empresas procuram fabricar foguetões e naves espaciais inteiras utilizando a impressão 3D. Estão em curso esforços para fazer avançar a impressão 3D para apoiar o fabrico inspirado, uma capacidade que se tornará cada vez mais importante para o futuro das viagens espaciais. Reduzirá a necessidade de missões de reabastecimento dispendiosas e de recursos intensivos para estações espaciais e outras bases fora do mundo. Também conduzirá à criação de plataformas de fabrico baseadas no espaço (em órbita, na Lua e em planetas como Marte). A impressão 3D no espaço é uma tecnologia experimental que tem um vasto potencial para revolucionar a exploração espacial, permitindo aos astronautas fabricar peças sobresselentes, ferramentas, componentes-chave e materiais de construção a pedido [11]. As empresas estão interessadas em estabelecer instalações de fabrico no espaço para tirar partido do ambiente de gravidade zero e de vácuo.

9. *Alimentos no espaço:* a impressão 3D pode ser utilizada para criar alimentos para missões de longa duração que mantenham o sabor e os nutrientes sem se degradarem. O desenvolvimento de alimentos que possam ser impressos em 3D é outra dificuldade que o sector aeroespacial está a enfrentar. Algumas empresas utilizam a tecnologia 3D para produzir os chamados alimentos espaciais. Conseguem produzir carne à base de células que tem a mesma textura, sabor e estrutura de um bife tradicional. Uma abordagem integrada da nutrição humana no espaço está a ser desenvolvida por um grupo de profissionais nos domínios da tecnologia, da alimentação e do espaço [12]. A comida

espacial é um tipo de produto alimentar criado e processado para consumo pelos astronautas durante as missões no espaço exterior. Estes alimentos têm requisitos específicos para proporcionar uma dieta equilibrada e uma nutrição adequada aos indivíduos que trabalham no espaço. A Figura 16.8 apresenta um exemplo de alimento espacial [13].

Figura 16.8 Um exemplo de alimentação espacial [13].

16.4 BENEFÍCIOS

As vantagens da impressão 3D no espaço são muitas. Os avanços na tecnologia de impressão 3D oferecem soluções para melhorar as opções alimentares, reduzir o desperdício e permitir a preparação a pedido no espaço. A impressão 3D poderá revolucionar a exploração espacial, ajudando os astronautas a criar objectos no espaço e a pedido. Mesmo que a matéria-prima ainda precise de ser lançada, imprimir a peça é mais eficiente do que transportá-la inteira até ao seu destino final. A flexibilidade e a rápida disponibilidade da impressão 3D melhorarão consideravelmente a autonomia dos astronautas. Outros benefícios da impressão 3D no espaço são os seguintes [14-17]:

1. *Prototipagem rápida:* A impressão 3D facilita a prototipagem rápida, permitindo aos engenheiros produzir e testar projectos rapidamente. Este processo iterativo permite ciclos de desenvolvimento mais eficientes, reduzindo o tempo necessário para refinar e aperfeiçoar componentes para missões espaciais. A impressão 3D pode fabricar peças em poucas horas, o que acelera
o processo de criação de protótipos. Um protótipo funcional criado por impressão 3D pouparia muito tempo. A impressão 3D pode ser uma solução económica para componentes baratos em quantidades relativamente pequenas.

2. *Resíduos:* A natureza aditiva da impressão 3D significa que são gerados poucos resíduos, eliminando o problema da eliminação de resíduos no espaço. A impressora utilizada no espaço pela NASA foi desenvolvida para testar a tecnologia de reciclagem de resíduos de materiais plásticos em filamentos de alta qualidade para impressão 3D. Recentemente, a Made in Space Recycler foi lançada para a estação espacial para investigar quais os materiais mais eficazes para reciclar em filamentos de impressão 3D e quais os que resistem a múltiplas utilizações sem se degradarem.

3.*Poupança:* Assim, ter uma impressora 3D na estação espacial poderia facilitar a vida dos tripulantes e resultar em poupanças significativas. A NASA tem estado a testar peças de motores de foguetões fabricadas através da impressão 3D, que é significativamente mais barata e mais eficiente do que as técnicas de fabrico tradicionais para essas peças. O fabrico no espaço pode reduzir o custo e o tempo de transporte de materiais a partir da Terra, permitindo uma exploração espacial mais sustentável e eficiente.

4. *Personalização:* A impressão 3D tem o potencial de revolucionar o fabrico no espaço, tornando-o mais sustentável, económico e flexível. Pode criar ferramentas e componentes personalizados para missões específicas, que se podem adaptar às necessidades em constante mudança. A tecnologia é capaz de construir peças e objectos personalizados a pedido. O fabrico no espaço pode permitir a produção de peças personalizadas, concebidas especificamente para ambientes espaciais, reduzindo o risco de falha do equipamento. A opção de imprimir tecido de substituição com uma forma personalizada para substituir diretamente uma parte do corpo afetada pelo cancro está a abrir opções de tratamento não só para a exploração espacial, mas também na Terra.

5. *Complexidade reduzida:* A impressão em 3D de pequenas partes de grandes estruturas espaciais no solo e a sua montagem no espaço pode reduzir a complexidade do fabrico espacial.

6. *Reduzir o peso de lançamento:* É preciso pensar muito para preparar algo para entrar em órbita. É necessária uma quantidade significativa de combustível para se libertar da gravidade da Terra e colocar em órbita estas construções maciças. O foguetão tem de gerar força suficiente para ultrapassar a força da gravidade. Quanto mais pesado for o míssil, mais difícil se torna. A impressão 3D pode ajudar a reduzir o peso de lançamento de várias formas. Os foguetões impressos em 3D são mais leves por natureza, exigindo menos combustível e força para escapar à gravidade da Terra. Isto, por sua vez, ajuda a reduzir o custo de cada lançamento e a quantidade de combustível queimado.

7. *Repor os stocks:* Fazer as malas para uma viagem é sempre uma tarefa difícil. Imagine o quão mais desafiante se torna quando não pode simplesmente ir à loja da esquina porque está em órbita. Mesmo os planos mais bem elaborados nunca sobrevivem ao contacto com o vácuo do espaço. Os astronautas podem precisar de algo que ninguém se lembrou de levar na mala. Em 2014, os astronautas da Estação Espacial Internacional (ISS) fabricaram o primeiro objeto impresso em 3D no espaço. Os engenheiros da NASA desenvolveram-no em terra para eliminar a necessidade de um lançamento extra de um foguetão para lhes trazer uma única ferramenta. Os astronautas também podem utilizar impressoras 3D para construir os seus fatos e roupas espaciais. Isto elimina a necessidade de reabastecer a nave espacial com novo equipamento

8. *Reciclagem no Espaço:* Um dos problemas de enviar a humanidade para o espaço exterior é o facto de termos tendência para gerar lixo onde quer que vamos. A Estação Espacial Internacional não é exceção. A impressão 3D dá aos astronautas uma forma de transformar os seus resíduos de plástico em algo útil, reciclando-os em filamentos de impressão 3D. Isto significa que há menos resíduos que precisam de ser deitados fora ou devolvidos à Terra, mantendo as coisas mais limpas para todos.

9. *Fabrico a pedido:* O fabrico aditivo permite a produção de peças a pedido, eliminando a necessidade de inventários extensos de componentes sobresselentes. Isto é particularmente importante para missões de longa duração em que o reabastecimento ou o acesso à Terra não é viável.

10. *Amigo do ambiente:* Uma vez que esta tecnologia reduz a quantidade de desperdício de material utilizado, este processo é inerentemente amigo do ambiente. No entanto, os benefícios ambientais são alargados quando se consideram factores como a melhoria da eficiência do combustível devido à utilização de peças leves impressas em 3D.

16.5 DESAFIOS

Embora o processo de impressão 3D tenha sido dominado na Terra, a impressão de metal no espaço apresenta o seu próprio conjunto de desafios técnicos. Os desafios da impressão 3D em ambientes espaciais extremos incluem a microgravidade, níveis elevados de vácuo, diferenciais de temperatura significativos e o impacto da radiação cósmica e solar. A impressão 3D responde a desafios como a redução da massa, o fabrico de componentes complexos e as limitações de recursos. Um dos principais desafios que os astronautas enfrentam é a falta de peças de substituição específicas a bordo da estação espacial. A impressão 3D extra-veicular e a impressão 3D planetária colocam desafios notavelmente mais significativos do que a impressão 3D intra-veicular no espaço. Outros desafios da impressão 3D no espaço são os seguintes [14-18]:

1. *Custo elevado:* Um dos principais desafios é o custo do transporte de materiais e equipamento para o espaço. O custo do lançamento de um único quilograma de material para o espaço é atualmente de cerca de 10.000 dólares, o que torna proibitivo o transporte de grandes quantidades de materiais e equipamento. A coisa mais difícil e mais cara do espaço é lá chegar. Por isso, o Pentágono está a procurar formas de reduzir a fatura, incluindo colocar impressoras 3D em órbita para reparar satélites mais pequenos.

2. *Microgravidade:* Um dos desafios que a exploração espacial enfrenta é a ausência de gravidade no espaço. Isto coloca desafios formidáveis à impressão 3D baseada no espaço, afectando tanto a fase de impressão como a de pós-produção. O ambiente de microgravidade pode afetar a qualidade e a precisão dos objectos impressos em 3D. A ausência de gravidade leva a que os materiais fundidos formem gotículas esféricas durante a impressão, causando interrupções e comprometendo a qualidade da impressão. O fluxo de calor alterado devido à microgravidade introduz problemas térmicos, afectando a qualidade das peças em temperaturas espaciais flutuantes. Fazer com que as impressoras funcionem num ambiente de gravidade quase nula e com ausência de pressão não é uma tarefa trivial. A Figura 16.9 mostra uma impressora 3D que passou nos testes de voo em microgravidade [20].

Figura 16.9 Uma impressora 3D que passa nos testes de voo em microgravidade [20].

3. *Vácuo do espaço:* O vácuo do espaço, caracterizado pela ausência de uma atmosfera, altera fundamentalmente a dinâmica de transferência de calor essencial para o processo de impressão 3D. A ausência de convecção como mecanismo de dissipação de calor no vácuo exige estratégias inovadoras de gestão térmica. O ambiente de vácuo introduz desafios na deposição de camadas.

^.*Materiais adequados:* Uma das principais desvantagens é a disponibilidade limitada de materiais adequados no espaço para a impressão 3D. Há limites para a quantidade de materiais que podem ser transportados para o espaço. Este facto levou ao desenvolvimento de técnicas de impressão inovadoras e de materiais capazes de utilizar recursos indígenas. No espaço, onde existe microgravidade ou gravidade zero, o comportamento dos materiais é diferente

5.*Segurança:* Trata-se de proteger a Estação Espacial Internacional (ISS) do ambiente de impressão agressivo causado pelo laser e pelo calor que este gera. A impressora está instalada numa caixa metálica selada, que funciona como um cofre. A segurança e a contaminação são factores-chave não só para a ISS, mas também para uma futura utilização na Lua.

6.Sem normas: Um dos desafios é o facto de não existirem normas sólidas sobre como testar materiais impressos em 3D, mas várias organizações, incluindo a NASA, estão a trabalhar em procedimentos de teste.

7) *Inspeção em órbita:* Outro desafio é a inspeção em órbita das peças fabricadas no espaço. Para utilizar uma peça no espaço, é necessário saber se esta cumpre os requisitos para a utilização a que se destina. O teste destes sistemas de fabrico na estação espacial abre caminho para permitir que essas missões sejam mais independentes da Terra.

8. *Grandes volumes:* A impressão 3D tem um custo estático, ao contrário de técnicas mais convencionais como a moldagem por injeção, em que a produção de grandes volumes pode ser mais rentável. Embora o investimento inicial na impressão 3D possa ser inferior ao de outros métodos de fabrico, uma vez aumentado para produzir grandes volumes para a produção em massa, o custo por unidade não diminui como aconteceria com a moldagem por injeção.

9. *Redução dos postos de trabalho na indústria transformadora:* Outra das desvantagens da tecnologia 3D é a potencial redução do trabalho humano, uma vez que a maior parte da produção é automatizada e efectuada por impressoras. No entanto, muitos países do terceiro mundo dependem de empregos pouco qualificados para manterem as suas economias a funcionar, e esta tecnologia pode pôr em risco estes empregos no sector da manufatura ao eliminar a necessidade de produção no estrangeiro.

10. *Imprecisões de design:* Outro potencial problema com a impressão 3D está diretamente relacionado com o tipo de máquina ou processo utilizado, com algumas impressoras a terem tolerâncias mais baixas, o que significa que as peças finais podem diferir do desenho original. Esta situação pode ser corrigida no pós-processamento, mas há que ter em conta que isso aumentará ainda mais o tempo e o custo de produção.

Ultrapassar estes obstáculos técnicos é crucial para garantir a fiabilidade e a precisão dos processos de impressão 3D no espaço. Dado o ritmo dos progressos realizados até à data, estamos confiantes de que estes desafios serão ultrapassados.

16.6 CONCLUSÃO

A NASA, a Agência Espacial Europeia (ESA) e as agências espaciais da Rússia, China e Índia estão a explorar ativamente e já utilizam a impressão 3D para ajudar a atingir os seus objectivos de exploração, científicos, de segurança e comerciais. A NASA está a trabalhar para desenvolver e incorporar a tecnologia de impressão 3D em várias frentes diferentes. Por exemplo, a agência atribuiu uma subvenção de 125 000 dólares a um investigador que pretende construir um protótipo de impressora 3D para alimentos. A ESA planeia lançar a sua própria impressora 3D na Estação Espacial Internacional no primeiro semestre de 2016. A ESA está recentemente a investigar a viabilidade de utilizar a tecnologia de impressão 3D para construir uma base lunar utilizando materiais lunares. A impressão 3D oferece um meio potencial de facilitar a colonização lunar com uma logística reduzida a partir da Terra [21]. A SpaceX é outra empresa que utiliza a impressão 3D como parte integrante do fabrico.

A impressão 3D passou de melhor amiga dos amadores a uma das ferramentas mais úteis em quase todos os sectores. Na exploração espacial, a impressão 3D tornou-se simplesmente parte da vida. A ideia de fabricar bens no espaço ganhou atenção. O casamento da impressão 3D

A impressão 3D e a exploração espacial representam uma fronteira de inovação que está a remodelar a forma como concebemos e executamos missões para além do nosso planeta natal. A impressão 3D está a revolucionar a conceção dos veículos de lançamento, reduzindo o número de componentes, integrando geometrias complexas em estruturas leves e acelerando todo o ciclo de conceção e fabrico. As previsões para a década de 2020 são elevadas: O turismo espacial tornar-se-á uma realidade, a primeira mulher chegará à Lua, será construída uma base lunar permanente, a exploração do nosso sistema solar irá aumentar, a primeira missão humana chegará a Marte e terá início o fabrico comercial no espaço. Uma vez no espaço, a impressão 3D tem vários papéis fundamentais a desempenhar: O ambiente "zero-g" da órbita espacial abre portas à impressão de materiais que não são possíveis sob a influência da gravidade terrestre [1]. Mais informações sobre a impressão 3D na indústria espacial estão disponíveis nos livros em [22-25].

REFERÊNCIAS

[1] "Impressão 3D no espaço: mais de 10 projectos a observar em 2021," janeiro de 2021, https://all3dp.com/2/3d-printing-in-space-projects/#google_vignette

[2] M. N. O. Sadiku, U. C. Chukwu, e J. O. Sadiku, "3D printing in space," *Innovative Mult-disciplinary Journal of Applied Technology,* vol. 2, no. 5, 2024, pp. 238-248.

[3] F. R. Ishengoma e T. A. B. Mtaho, "Impressão 3D: Perspectivas dos países em desenvolvimento, engenharia informática e aplicações", *International Journal of Computer Applications*, vol. 104, n.º 11, outubro de 2014, pp. 30-34.

[4] M. N. O. Sadiku, S. M. Musa e O. S. Musa, "3D printing in the chemical industry", *Invention Journal of Research Technology in Engineering and Management,* vol. 2, n.º 2, fevereiro de 2018, pp. 24-26.

[5] D. Pitukcharoen, "3D printing booklet for beginners," https://www.metmuseum.org/-/media/files/blogs/digital- media/3dprintingbookletforbeginners.pdf

[6] "Impressão 3D na arquitetura", maio de 2020, https://portella.com/blog/3d-printing-in-architecture/

[7] "3D printing for space," agosto de 2021, https://www.aniwaa.com/guide/3d-printers/3d-printing-for-space/#:~:text=3D%20printing%20could%20revolutionize%20space,things%20like%20food%20or%20buildings!

[8] "Impressão 3D no espaço: Pioneering humanity's journey beyond earth," abril de 2024, https://aapkiawaaz.pk/3d-printing-in-space-pioneering-humanitys-journey-beyond-earth/#:~:text=The%20advantages%20of%203D%20printing,tailored%20to%20their%20 needs específicos.

[9] D. Jamie, "Quais são as aplicações da impressão 3D no espaço?" janeiro de 2022, https://www.3dnatives.com/en/top-10-3d-printing-space/

[10] "Solving the challenges of long duration space flight with 3d printing," dezembro de 2019, https://www.nasa.gov/missions/station/solving-the-challenges-of-long-duration-space- flight-with-3d-printing/

[11] C. Hall, "3D Printing & the Future of Space Exploration", fevereiro de 2024, https://www.cutter.com/article/3d-printing-future-space-exploration

[12] "O papel da impressão 3D na investigação espacial", janeiro de 2023 https://3dincredible.com/role-of-3d-printing-in-space-research/

[13] "Tabuleiro de comida espacial," https://www.nasa.gov/johnson/exhibits/space-food-tray/

[14] M. Mao et al., "3D printing in space: From mechanical structures to living", *International Journal of Extreme Manufacturing,* vol.6, fevereiro de 2024.

[15] "A primeira impressora 3D de metal do mundo para o espaço está a caminho da ISS", janeiro de 2024, https://www.airbus.com/en/newsroom/stories/2024-01-the-worlds-first-metal-3d-printer- for-space-is-on-its-way-to-the-iss#:~:text=The%20first%20metal%203D%20printer,to%20the%20Moon%20or%20Mars.

[16] "Impressão 3D no espaço: Avanços e desafios para o fabrico de aditivos", https://www.linkedin.com/pulse/3d-printing-space-advancements-challenges-additive

[17] Quais são os benefícios da impressão 3D no espaço?" abril de 2023,

https://astroblog.cosmobc.com/benefits-3d-printing-space/

[18] E. Calandrelli, "NASA is sending a 3D printer to space that you can use," março de 2016, https://techcrunch.com/2016/03/19/nasa-is-sending-a-3d-printer-to-space-that-you-can-
utilização/
[19] Quais são as vantagens e desvantagens da impressão 3D?
https://www.twi-global.com/technical-knowledge/faqs/what-is-3d-printing/pros-and-cons
[20] "Impressão 3D no espaço: Uma nova dimensão (galeria de fotos)," agosto de 2013, https://www.space.com/22359-3d-printing-space-manufacturing-photos.html
[21] M. Wall, "How 3D printing could aid space exploration", novembro de 2014 https://www.space.com/27860-3d-printing-space-exploration.html
[22] Conselho Nacional de Investigação (EUA). Comité de fabrico aditivo baseado no espaço, *Impressão 3D no espaço.* Imprensa das Academias Nacionais, 2014.
[23] Y. Li, X. Li, e D. Shen, *3D Printing in Space: An Illustrated Introduction.* Singapura: Springer Nature, 2024.
[24] R. Elhajjar e T. Gill, *Studies Into Additive Manufacturing for In-Space Manufacturing (Estudos sobre fabrico aditivo para fabrico no espaço).* SAE International, 2016.
[25] J. Yang, *Modelação 3D com o Tinkercad para impressão 3D - para o espaço: Basta criar.* Toysinbox, 2009.

CAPÍTULO 17 : IMPRESSÃO 3D NA DEFESA

"Assim, os princípios da guerra são: Não dependa de o inimigo não vir, mas dependa da nossa prontidão contra ele. Não dependa do facto de o inimigo não atacar, mas dependa da nossa posição que não pode ser atacada." - Sun Tzu

17.1 INTRODUÇÃO

O campo da tecnologia de defesa está em constante evolução, e uma inovação revolucionária que surgiu nos últimos anos é a impressão 3D. Esta tecnologia tem o potencial de transformar a forma como os mísseis são produzidos. A promessa de redução de custos na produção de ferramentas e componentes para equipamento militar, a flexibilidade de conceção e o fabrico no local a pedido, a impressão 3D dá muita liberdade aos especialistas militares. A figura 17.1 mostra como a maior impressora 3D de betão do mundo constrói casernas para o exército dos EUA em Champaign, Illinois [1].

Figura 17.1 A maior impressora 3D de betão do mundo constrói casernas [1].

Embora os EUA tenham sido os pioneiros na adoção da impressão 3D na defesa, a lista de países que incorporam esta tecnologia continua a crescer. Várias nações, como os EUA, Reino Unido, Espanha, Canadá, Austrália e França, investiram significativamente na utilização do fabrico aditivo para o desenvolvimento de equipamento militar, veículos e armas. Estão a investir milhares de milhões na impressão 3D e em tecnologias relacionadas.

A impressão 3D, também conhecida como fabrico aditivo, é um processo de criação de objectos tridimensionais através da adição de material camada a camada com base num modelo digital. Percorreu um longo caminho desde que foi desenvolvida pela primeira vez na década de 1980. Tal como noutras indústrias, a impressão 3D está a ganhar terreno nos campos da defesa e militar. A tecnologia está a revolucionar a forma como as forças armadas de todo o mundo adquirem e mantêm o seu equipamento. À medida que a impressão 3D foi ganhando terreno nos últimos anos nos sectores da defesa, as empresas de fabrico de aditivos têm vindo a trabalhar no sentido de promover economias de escala. O sector militar pode beneficiar da impressão 3D, uma vez que o pessoal militar está exposto a todo o tipo de ambientes em todo o mundo [2].

Este capítulo analisa a forma como a indústria da defesa adoptou a impressão 3D. Começa por explicar o que é a impressão 3D. Apresenta a impressão 3D na indústria da defesa. Fornece várias aplicações da impressão 3D na defesa. Destaca os benefícios e desafios da utilização da impressão 3D na indústria da defesa. Conclui com alguns comentários.

17.2 O QUE É A IMPRESSÃO 3D?

A impressão 3D (também conhecida como fabrico aditivo (AM) ou prototipagem rápida (RP)) foi inventada no início dos anos 80 por Charles Hull, considerado o pai da impressão 3D. Desde então, tem sido utilizada nos sectores da indústria transformadora, automóvel, eletrónica, aviação, aeroespacial, aeronáutica, engenharia, arquitetura, farmacêutica, produtos de consumo, educação, entretenimento, medicina, missões espaciais, militar, indústria química, indústria marítima, indústria gráfica e indústria de joalharia [3]

Uma impressora 3D funciona através da "impressão" de objectos. Em vez de utilizar tinta, utiliza materiais mais substanciais - plástico, metal, borracha e semelhantes. Digitaliza um objeto - ou pega numa digitalização existente de um objeto - e corta-o em camadas, que podem depois ser convertidas num objeto físico. Camada a camada, a impressora 3D pode replicar imagens criadas em programas CAD. Por outras palavras, a impressão 3D dá instruções a um computador para aplicar camada após camada de um material específico (como plástico ou metal) até o produto final estar construído. Isto é diferente dos métodos de fabrico convencionais, que muitas vezes se baseiam na remoção (por corte, perfuração, picagem, trituração, forjamento, etc.) em vez da adição. Os modelos podem ser multicoloridos para realçar caraterísticas importantes, como tumores, cavidades e trajectos vasculares. A tecnologia 3DP pode construir um objeto 3D com quase todas as formas imagináveis definidas num ficheiro de desenho assistido por computador (CAD). Trata-se de tecnologia aditiva, diferente das técnicas de fabrico tradicionais, que são processos subtractivos em que o material é removido por corte ou perfuração [4].

Nos últimos anos, a impressão 3D começou a entrar na moda, com alguns modelos a tornarem-se suficientemente acessíveis para serem utilizados em casa. Muitas indústrias e profissões em todo o mundo utilizam atualmente a impressão 3D. Esta desempenha um papel fundamental para tornar as empresas mais competitivas. O fosso entre a indústria e os estudantes pode ser colmatado através da inclusão no currículo das mesmas ferramentas de ponta, como a impressão 3D, que os profissionais utilizam todos os dias. Existem casas, próteses, dispositivos cirúrgicos, drones, aparelhos auditivos e componentes de motores eléctricos impressos em 3D. Como mostra a Figura 17.2, a impressão 3D envolve três etapas [5].

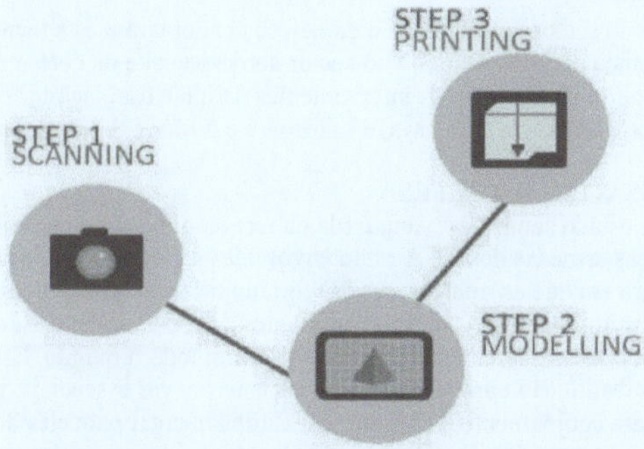

Figura 17.2 A impressão 3D envolve três etapas [5].

Uma impressora 3D típica é apresentada na Figura 17.3 [6].

Figura 17.3 Uma impressora 3D típica [6].

A utilização do fabrico aditivo expandiu-se através de dispositivos médicos, aeroespacial, engenharia automóvel, moda, construção e outros domínios. Numerosas empresas de impressão 3D oferecem menus prontos de diferentes materiais e técnicas.

Várias empresas do sector aeroespacial e da defesa já adoptaram esta tecnologia nas suas operações. O avanço da impressão 3D no sector aeroespacial e da defesa é, em grande parte, impulsionado pelos principais intervenientes da indústria, incluindo a GE, a Airbus, a Boeing, a Safran, a GKN, a Stratasys, a Latécoère e o Moog Aircraft Group.

17.3 IMPRESSÃO 3D NA DEFESA

Os militares têm estado sempre na vanguarda da tecnologia e a impressão 3D não é exceção. As forças armadas dos EUA estão envolvidas na tecnologia de fabrico aditivo desde 2012, altura em que as impressoras 3D foram utilizadas pela primeira vez no terreno pelo Exército, Marinha e vários contratantes do DoD. A impressão 3D está a ser utilizada por unidades militares de diferentes países em todo o mundo. Estão a criar tudo, desde peças de substituição para veículos, navios e aeronaves essenciais, bem como novos designs para equipamento de segurança. É fundamental para eles desenvolverem o equipamento correto para fins de defesa, uma questão de vida ou morte no campo de batalha.

Embora existam atualmente vários tipos diferentes de AM, cada um deles forma um objeto da mesma forma básica: Uma máquina programada adiciona material, camada a camada, até formar um objeto tridimensional. Poucas tecnologias são tão badaladas no sector militar como o fabrico de aditivos, e por boas razões: A capacidade de produzir componentes a pedido, no momento em que são necessários, transformará a logística, reduzirá o desperdício de material e permitirá a personalização, tudo isto com uma fração dos custos e dos tempos envolvidos no processo de fabrico do que as técnicas tradicionais. É possível criar protótipos e testar rapidamente novos projectos, sem ter de criar linhas de produção ou ferramentas dispendiosas. Ao contrário dos métodos de fabrico tradicionais, a impressão 3D oferece flexibilidade e capacidade de resposta, especialmente para responder às necessidades dos sectores aeroespacial e da defesa.

A beleza da engenharia aditiva, do design e do fabrico de produtos é o facto de se ter esse fio condutor vital desde o momento em que se começa a conceber a peça, a analisá-la, a otimizar a topologia, a torná-la mais leve, a imprimir, a terminar e a inspecionar. Enquanto grande parte do mundo continua a pensar na tecnologia AM como uma forma conveniente de fabricar objectos de plástico resistentes a partir de impressoras 3D, o pessoal militar a todos os níveis tem vindo a ultrapassar os seus limites muito para além do que a maioria imaginava ser possível. A seleção de materiais de impressão 3D disponíveis para aplicações aeroespaciais e de defesa vai desde termoplásticos de qualidade de engenharia a pós metálicos. A rapidez de utilização e a versatilidade resumem o que torna o fabrico aditivo diferente. Quando é necessário construir algo com tecnologia de ponta, fazemo-lo e sentimo-nos confortáveis com o risco. O fabrico de peças através de uma impressora 3D pode reduzir o tempo e o custo em comparação com a encomenda de peças especializadas.

17.4 APLICAÇÕES DA IMPRESSÃO 3D NA DEFESA

São inúmeras as formas como os militares estão a utilizar a impressão 3D para melhorar o fluxo de trabalho dos seus membros de serviço. Os profissionais da defesa também têm utilizado a impressão 3D para criar bunkers, estruturas de proteção de veículos, pontes e edifícios em vários locais do mundo para apoiar e alojar pessoal e maquinaria militar nas bases e no terreno. Todos os ramos das forças armadas dos EUA (Exército, Força Aérea, Marinha e Fuzileiros Navais) utilizam a impressão 3D. Estão a explorar formas mais eficientes e eficazes de imprimir em 3D em qualquer lugar no terreno, seja a bordo de um navio no mar ou num acampamento base remoto. Algumas das aplicações comuns da impressão 3D no sector da defesa incluem as seguintes [7,8]:

Prototipagem: A capacidade de imprimir um protótipo em 3D e fazer ajustes numa questão de minutos é crucial. Um protótipo pode ser impresso várias vezes com as mesmas especificações. Os protótipos militares podem ser impressos em 3D de forma rápida e económica. A tecnologia de impressão 3D está a ser utilizada pelos militares para criar protótipos e conceber novos equipamentos. O fabrico aditivo é uma solução ideal para a criação rápida de modelos conceptuais e protótipos. É amplamente utilizado na indústria da defesa para produzir rapidamente protótipos sem a necessidade de ferramentas dispendiosas. Os conceitos de design, bem como os testes de validação, podem ser efectuados muito mais rapidamente, encurtando assim o ciclo de desenvolvimento do produto. Por exemplo, a impressão 3D facilitou o fabrico de armas, como mostra a Figura 17.4 [9].

Figura 17.4 A impressão 3D facilitou o fabrico de armas [9].

2. *Peças de substituição:* Talvez a vantagem mais crucial da escolha da tecnologia de impressão 3D em relação às técnicas de fabrico tradicionais resida na produção de peças de substituição, permitindo uma manutenção e reparação altamente eficientes dos sistemas de defesa militar. Uma vez que a vida útil média de uma aeronave pode variar entre 20 e 30 anos, a manutenção e a reparação tornaram-se funções importantes na indústria. Agora, o tempo de produção pode ser reduzido de semanas, ou mesmo meses, para uma questão de horas. A indústria da defesa depende fortemente de peças sobresselentes e de substituição. A impressão 3D torna-se uma opção viável, uma vez que facilita a produção económica e relativamente rápida de peças e ferramentas a pedido, ajudando a manter uma frota envelhecida sem ter de encomendar uma peça sobresselente ou de regressar a um porto. Uma vez que as peças de substituição podem esgotar rapidamente o stock, podem ser utilizadas técnicas de digitalização 3D para fazer a engenharia inversa de uma peça disponível, que depois pode ser facilmente replicada através da impressão 3D. A Figura 17.5 mostra peças sobressalentes impressas em 3D [10], enquanto a Figura 17.6 mostra uma reparação de solda que incorpora peças

impressas em 3D [11].

Figura 17.5 Peças sobresselentes impressas em 3D pelo exército [10].

Figura 17.6 Soldadores que efectuam reparações incorporando peças de impressoras 3D [11].

3. *Componentes estruturais:* A impressão 3D pode ter um impacto significativo na produção de peças finais para equipamento militar. As aplicações do fabrico aditivo neste domínio são variadas, desde suportes complexos e pequenos drones de vigilância, até motores a jato

componentes e cascos de submarinos. O Exército dos EUA melhorou a absorção de impacto do capacete de combate do Exército através da impressão 3D, incorporando geometrias de rede avançadas. A Figura 17.7 mostra um componente estrutural impresso em 3D [12].

Figura 17.7 Um componente estrutural impresso em 3D [12].

4. *Impressão 3D em metal:* As empresas têm utilizado a tecnologia de impressão 3D para imprimir equipamento militar e de defesa numa variedade de metais, independentemente da complexidade do desenho. Trata-se de uma grande mudança em relação ao fabrico convencional, que tornava inúteis muitos desenhos complexos devido à sua incapacidade de os produzir. Atualmente, as armas militares impressas em 3D, como armas, lançadores de foguetes, drones e até mísseis, podem ser produzidas utilizando a impressão 3D e materiais como o aço, o aço inoxidável, o alumínio, o titânio, a liga de níquel e o cromo-cobalto. A Figura 17.8 mostra soldadores que utilizam a impressão 3D [13].

Figura 17.8 Os soldadores estão a utilizar a impressão 3D [13].

5. *Impressão 3D em plástico:* A impressão 3D em plástico provou ser fundamental para efeitos de criação de protótipos, investigação e desenvolvimento e reabastecimento no sector da defesa. As operações militares serão prejudicadas se não existirem abastecimentos como alimentos, combustível para veículos, munições e ferramentas para reparação e manutenção. Os materiais utilizados incluem nylon, PC e Alumide.

6. *Material médico:* Outra área em que os militares estão a utilizar a impressão 3D é a criação de material médico. Isto é especialmente importante em situações de combate, onde o tempo é essencial. Os materiais médicos impressos em 3D podem ser produzidos rápida e facilmente no terreno, o que significa que os soldados podem ser tratados mais rapidamente e têm mais hipóteses de sobreviver em situações de combate. O fabrico aditivo também pode desempenhar um papel fundamental no sector médico militar, fornecendo implantes personalizados, próteses e ferramentas médicas no terreno.

7. *Estruturas impressas em 3D:* Os profissionais da defesa também têm utilizado a impressão 3D para criar bunkers, estruturas de proteção de veículos, pontes e edifícios em vários locais do mundo para apoiar e alojar pessoal e maquinaria militar em bases e no terreno. Os militares estabeleceram parcerias com empresas civis para começar a construir casernas impressas em 3D para alojar membros do serviço em missões de treino. Também têm utilizado a impressão 3D robótica gigante para criar bunkers, estruturas de proteção de veículos, pontes e edifícios em vários locais do mundo para apoiar e alojar pessoal e maquinaria militar em bases e no terreno. A figura 17.9 é um exemplo de um edifício impresso em 3D [14].

Figura 17.9 Um edifício impresso em 3D [14].

8. *Fabrico de armaduras:* À medida que a tecnologia de impressão 3D continua a avançar, estão a ser exploradas novas fronteiras no campo das armaduras e das aplicações militares. A tecnologia pode ser utilizada para criar equipamento personalizado em massa para os militares, como fatos de armadura que se adaptam confortavelmente ao utilizador. Permite a criação de ferramentas especializadas para a remoção de minas terrestres e a eliminação de explosivos.

17.5 BENEFÍCIOS

A impressão 3D tem o potencial de transformar a indústria da defesa, proporcionando novas formas de imprimir peças de substituição em 3D a pedido, reduzindo simultaneamente os custos de produção de ferramentas e componentes e permitindo novas possibilidades de engenharia de projeto. Outros benefícios da impressão 3D no sector da defesa são os seguintes [8]:

1. *Desenvolvimento de produtos mais rápido:* A impressão 3D acelera significativamente o processo de design, uma vez que não requer ferramentas. Reduz o tempo de produção de semanas, ou mesmo meses, para uma questão de horas. Em contrapartida, o fabrico tradicional pode demorar meses a produzir as ferramentas necessárias para criar peças finais e protótipos. A indústria da defesa pode capitalizar a tecnologia para contornar as ferramentas dispendiosas e demoradas, reduzindo assim o tempo necessário para o desenvolvimento de produtos.

2. *Liberdade de conceção:* Os projectistas têm agora a liberdade de cortar caraterísticas desnecessárias no equipamento, o que ajuda a reduzir drasticamente o peso total do produto. A indústria da defesa pode tirar partido da capacidade da impressão 3D para produzir objectos optimizados e de forma livre. Aproveitando as ferramentas de design avançadas, os engenheiros de design podem reduzir o número de componentes numa montagem para apenas um, simplificando assim grandemente o processo de montagem.

3. *Personalização:* A impressão 3D oferece a oportunidade de criar peças personalizadas, adaptadas para funções específicas. Os soldados podem utilizar sistemas de impressão 3D para fabricar peças personalizadas a pedido. Os designs personalizáveis de impressão 3D são vitais para alcançar maiores níveis de agilidade e flexibilidade nas forças armadas.

4. *Produção a pedido:* Uma das principais vantagens da impressão 3D é o facto de permitir o fabrico a pedido, o que significa que os militares podem imprimir os artigos de que precisam quando precisam deles, especialmente no campo de batalha, onde o tempo é muitas vezes essencial e, por vezes, há vidas em jogo. Com a impressão 3D, os militares podem criar as peças de que necessitam no local, quer seja na base, nas linhas da frente ou no mar. A coordenação da logística e do transporte constitui uma parte significativa de qualquer orçamento militar. É mais económico imprimir peças personalizadas, ferramentas e peças sobressalentes perto do ponto de utilização, uma solução que o fabrico aditivo proporciona. Isto implica que os soldados em áreas remotas também podem utilizar a impressão 3D em seu benefício.

5. *Redução de resíduos:* A impressão 3D reduz o custo do material para a indústria da defesa e também reduz a produção de resíduos, aumentando assim a eficiência do material. Uma vez que o fabrico de produtos de defesa requer matérias-primas dispendiosas, como o titânio, quando estas matérias-primas são desperdiçadas, a quantidade de dinheiro que vai em vão prejudica o orçamento da empresa. Os métodos tradicionais de fabrico de produtos de defesa não são acessíveis para a maioria das empresas, mas o fabrico aditivo permite, sem dúvida, poupar algumas despesas.

6. *Redução de custos:* A impressão 3D elimina o custo das ferramentas e da configuração. Isto torna todo o processo muito mais económico e viável. O fabrico aditivo não só torna a produção mais barata, como também poupa muito tempo. A redução dos custos de armazenamento, a maior personalização e a viabilidade fazem da impressão 3D a melhor opção para a indústria da defesa.

7. *Redução de peso:* O peso é um dos factores mais importantes a ter em conta quando se trata da conceção de aeronaves. Existem inúmeras formas através das quais os militares estão atualmente a trabalhar para fabricar maquinaria, equipamento e veículos mais leves e mais seguros para utilização em combate, bem como em operações diárias. Não é invulgar um único soldado transportar entre 90 a 140 lbs de equipamento, incluindo armas, munições, água, MREs, baterias e equipamento de proteção pessoal. O aumento do peso dos veículos de transporte, aviões e navios pode diminuir a eficiência do combustível e reduzir a capacidade de manobra e a velocidade. Por conseguinte, os militares estão muito interessados em desenvolver formas de reduzir o peso sem sacrificar o desempenho. O Exército dos EUA está a investigar metais leves, como o titânio, ligas de titânio e compósitos híbridos de azulejos de cerâmica para os seus veículos de combate da próxima geração.

8. *Consolidação de peças:* Uma das principais vantagens da impressão 3D é a consolidação de peças: a capacidade de integrar várias peças num único componente. A redução do número de peças necessárias pode simplificar significativamente o processo de montagem e manutenção, reduzindo o tempo necessário para a montagem.

9. *Democratização:* A tecnologia de impressão 3D trouxe a democratização. O fabrico de armas artesanais e ilegais tornou-se mais acessível. Durante muito tempo, as pessoas não puderam fabricar armas artesanais. O aparecimento da tecnologia de impressão 3D muda tudo. As pessoas não podiam fabricar armas antes e agora podem fazê-lo graças à impressão 3D.

17.6 DESAFIOS

Embora os protótipos militares possam ser impressos em 3D de forma rápida e económica, a implementação mais alargada do fabrico aditivo para a produção de peças finais ainda enfrenta uma série de desafios. Persistem desafios como as limitações dos materiais, a normalização e os processos de certificação. Tal como acontece com qualquer tecnologia emergente, existem potenciais desafios relacionados com riscos e vulnerabilidades de segurança. Outros desafios da impressão 3D na indústria da defesa incluem os seguintes [8]:

1. *Garantia de qualidade:* Uma das principais preocupações da indústria da defesa é a garantia de qualidade, uma vez que todas as peças têm de cumprir requisitos de desempenho rigorosos. Os militares têm de ter a certeza da repetibilidade e exatidão do processo de produção da impressão 3D.

2. *Ausência de normas:* A falta de normas também pode ser um problema. A rapidez de utilização e a versatilidade resumem o que torna o fabrico aditivo diferente. Atualmente, não existem normas industriais totalmente definidas para peças impressas em 3D na indústria da defesa. É crucial estabelecer um conjunto abrangente de normas para gerir os processos de impressão 3D e qualificar as peças impressas. Os materiais também têm de

ser certificados por uma norma definida, o que aumenta o trabalho de desenvolvimento exigido pelo DoD para aproveitar um domínio ainda imaturo para esta tarefa. As normas de segurança têm de ser publicadas e implementadas. Atualmente, existem regulamentos pouco claros que impedem que as armas impressas em 3D cheguem ao cidadão comum.

3. *Lacuna de competências:* Embora a impressão 3D tenha sido utilizada na indústria da defesa durante vários anos, continua a haver uma lacuna de competências em AM. Será necessária mais formação sobre as particularidades da produção de AM, do design para AM, da manutenção e da gestão da cadeia de fornecimento para fazer avançar a utilização mais alargada do fabrico aditivo nas forças armadas. Os EUA têm sido capazes de cultivar uma forte base académica e atrair talentos globais em AM, com os EUA a comandar a maior parte do mercado global de impressoras 3D industriais, com 33%. Embora ligeiramente atrás dos EUA no impacto académico, a China fez progressos significativos no sector comercial.

4. *Segurança digital:* Se as forças armadas utilizarem o fabrico aditivo para produção localizada e a pedido, será vital garantir a segurança dos ficheiros CAD digitais. Isto exigirá medidas de segurança digital adicionais para garantir que os ficheiros não podem ser acedidos externamente e que as cadeias de fornecimento digitais permanecem seguras. Garantir a integridade do processo de impressão 3D e evitar a produção de componentes contrafeitos são considerações cruciais para salvaguardar os interesses da segurança nacional.

5.*Ameaças à segurança:* A impressão 3D pode permitir novas ameaças criminais e de segurança, como a capacidade de imprimir armas. A impressão 3D pode permitir que as armas entrem em circulação sem registo e as armas de plástico ou cerâmica impressas podem tornar ineficazes as medidas de segurança comuns. As forças armadas ocidentais estão preocupadas com o facto de os adversários poderem utilizar a impressão 3D para copiar ou desenvolver sistemas de armas avançados.

6. *Limitações da arma:* As armas impressas em 3D feitas de plástico podem ser danificadas pela exposição ao calor e têm uma capacidade limitada antes de precisarem de ser arrefecidas. Podem também ser vulneráveis a encravamentos e desalinhamentos.

7. *Vulnerabilidade a ataques cibernéticos:* A transferência digital de ficheiros durante a impressão 3D pode expor informações sensíveis sobre a conceção ou a localização das instalações. Este facto pode deixar o sistema vulnerável a ataques informáticos que podem roubar dados ou causar avarias.

Estes desafios impedem a libertação de todo o potencial da impressão 3D para utilização militar.

17.7 CONCLUSÃO

Prevê-se que a indústria da defesa irá expandir os seus braços para a impressão 3D nos próximos 10 anos. A impressão 3D tem o potencial de mudar fundamentalmente a forma como as peças são fabricadas e entregues. Este facto pode ter enormes implicações para o futuro da cadeia de fornecimento militar. Num cenário militar cada vez mais complexo, a impressão 3D tem o potencial de satisfazer as principais necessidades de defesa. A utilização da impressão 3D nas forças armadas permite-lhes ser mais auto-suficientes. Com as impressoras 3D, os militares podem imprimir peças de substituição e componentes para o seu equipamento, em vez de terem de depender de fornecedores externos.

A tecnologia de impressão 3D está a revolucionar a indústria militar, proporcionando uma forma rápida e barata de produzir peças sobresselentes, protótipos e até sistemas de armas completos. No futuro, a tecnologia de impressão 3D tornar-se-á ainda mais sofisticada e generalizada. Terá um impacto transformador no modo de funcionamento das forças armadas [11]. O futuro da impressão 3D para as forças armadas mundiais parece certamente risonho. Mais informações sobre a tecnologia de impressão 3D na indústria da defesa podem ser encontradas nos livros [15-17].

REFERÊNCIAS

[1] C. Collins, "Additive manufacturing", outubro de 2019, https://www.defensemedianetwork.com/stories/additive-manufacturing-department-of-defense-3d-printing-military-logistics/

[2] M. N. O. Sadiku, U. C. Chukwu, e J. O. Sadiku, "3D printing in defense," *Innovative Mult-disciplinary Journal of Applied Technology,* vol. 2, no. 5, 2024, pp. 226237.

[3] F. R. Ishengoma e T. A. B. Mtaho, "Impressão 3D: Perspectivas dos países em desenvolvimento, engenharia informática e aplicações", *International Journal of Computer Applications*, vol. 104, n.º 11, outubro de 2014, pp. 30-34.

[4] M. N. O. Sadiku, S. M. Musa e O. S. Musa, "3D printing in the chemical industry", *Invention Journal of Research Technology in Engineering and Management,* vol. 2, n.º 2, fevereiro de 2018, pp. 24-26.

[5] D. Pitukcharoen, "3D printing booklet for beginners," https://www.metmuseum.org/-/media/files/blogs/digital- media/3dprintingbookletforbeginners.pdf

[6] C. Connolly, "The transformative power of 3D printing: From imagination to reality", maio de 2024, https://medium.com/@ciaranpconnolly/the-transformative-power-of-3d-printing-from- imagination-to-reality-a31d5e48fc3b#:~:text=3D%20printing%20has%20the%20power,up%20a%20world%20of%20possibilities.

[7] "Como é que a impressão 3D está a transformar a indústria da defesa?" junho de 2018, https://amfg.ai/2018/06/19/how-3d-printing-is-transforming-the-defence-industry/

[8] "Inovações no domínio da defesa com aplicações militares de impressão 3D", novembro de 2019, https://www.zeal3dprinting.com.au/defence-innovations-with-3d-printing-military- applications/

[9] T.M. Issa, A. A. English, "3D-printed weapons: A Interpol e os peritos em defesa alertam para a evolução de uma ameaça "grave"," https://english.alarabiya.net/features/2022/11/01/3D-printed-weapons-Interpol-and-especialistas-em-defesa-avisados-da-ameaça-séria-evolutiva-

[10] C. Lee, "Army Gung-Ho on 3D printing spare parts," dezembro de 2020, https://www.nationaldefensemagazine.org/articles/2020/12/11/army-gung-ho-on-3d-printing-spare-parts

[11] C. Harris, "Best 3D printers for military applications," abril de 2023, https://all3dp.com/1/3d-printing-military-applications/ https://all3dp.com/1/3d-printing-military-applications/#google_vignette

[12] "Aplicações industriais da impressão 3D: O guia definitivo", https://amfg.ai/industrial-applications-of-3d-printing-the-ultimate-guide/

[13] M. Roaten, "Military looks for novel ways to employ 3D printing," junho de 2021, https://www.nationaldefensemagazine.org/articles/2021/6/11/military-looks-for-novel-ways-to-employ-3d-printing

[14] "O exército vira-se para a impressão 3D", junho de 2023, https://shop3duniverse.com/blogs/digital-fabrication-in-the-news/the-military-turns-to-

3d-
printing#:~:text=3D%20printing%20technology%20is%20being,turnaround%20times%20for%20design%20changes.
[15] A. B. Badiru, V. V. Valencia, e D. Liu (eds.) *Additive Manufacturing Handbook: Product Development For The Defense Industry*. Boca Raton, FL: CRC Press, 2017.
[16] Gabinete de Prestação de Contas do Governo dos Estados Unidos, *Defense Additive Manufacturing Dod Needs to Systematically Track Department-Wide 3D Printing Efforts*. Plataforma de publicação independente CreateSpace, 2017.
[17] G. Blokdyk, *Impressão 3D em requisitos padrão aeroespaciais e de defesa*. Emereo Pty Limited, 2018.

MIX
Papier aus verantwortungsvollen Quellen
Paper from responsible sources
FSC® C105338

Printed by Books on Demand GmbH, Norderstedt / Germany